Verantwortung von Ingenieurinnen und Ingenieuren

Lutz Hieber · Hans-Ullrich Kammeyer (Hrsg.)

Verantwortung von Ingenieurinnen und Ingenieuren

Herausgeber
Lutz Hieber
Universität Hannover
Deutschland

Hans-Ullrich Kammeyer
Ingenieurkammer Niedersachsen (Hannover)
und Bundesingenieurkammer (Berlin)
Deutschland

Gefördert und organisatorisch unterstützt durch die Ingenieurkammer Niedersachsen

ISBN 978-3-658-05529-5   ISBN 978-3-658-05530-1 (eBook)
DOI 10.1007/978-3-658-05530-1

Die Deutsche Nationalbibliothek verzeichnet diese Publikation in der Deutschen Nationalbibliografie; detaillierte bibliografische Daten sind im Internet über http://dnb.d-nb.de abrufbar.

Springer VS
© Springer Fachmedien Wiesbaden 2014
Das Werk einschließlich aller seiner Teile ist urheberrechtlich geschützt. Jede Verwertung, die nicht ausdrücklich vom Urheberrechtsgesetz zugelassen ist, bedarf der vorherigen Zustimmung des Verlags. Das gilt insbesondere für Vervielfältigungen, Bearbeitungen, Übersetzungen, Mikroverfilmungen und die Einspeicherung und Verarbeitung in elektronischen Systemen.

Die Wiedergabe von Gebrauchsnamen, Handelsnamen, Warenbezeichnungen usw. in diesem Werk berechtigt auch ohne besondere Kennzeichnung nicht zu der Annahme, dass solche Namen im Sinne der Warenzeichen- und Markenschutz-Gesetzgebung als frei zu betrachten wären und daher von jedermann benutzt werden dürften.

Gedruckt auf säurefreiem und chlorfrei gebleichtem Papier

Springer VS ist eine Marke von Springer DE. Springer DE ist Teil der Fachverlagsgruppe Springer Science+Business Media.
www.springer-vs.de

Inhalt

Hans-Ullrich Kammeyer & Lutz Hieber
Einleitung 9

Teil I: Grundsätzliches

Walther Ch. Zimmerli
Verantwortung kennen oder Verantwortung übernehmen?
Theoretische Technikethik und angewandte Ingenieurethik 15

Hans-Ullrich Kammeyer
Grundsätzliches zur Ethik für Ingenieure 33

Harald Noske
Empfehlungen aus persönlicher Praxiserfahrung 39

Rainer Heimsch
Nachhaltigkeit als Herausforderung 49

Lutz Hieber
Technische Aspekte der Risikogesellschaft 59

Wolfgang Mathis
Die »schöne neue Welt« und die Verantwortung der Ingenieure 77

Gerhard Wegner
Treuhänderisches Handeln in der Berufspraxis von Ingenieuren   85

Peter Nickl
Risikogesellschaft und die German Angst   95

Teil II: Technische Chancen und Risiken

Peter Schaumann
Verantwortung im zivilen Ingenieurwesen   105

Jörg Seume
Entscheidungsspielräume im Alltag des Maschinenbau-Ingenieurs   113

Heyno Garbe
Grenzwertüberschreitungen: Todsünde oder kalkulierbares Risiko?   121

Jürgen Meins
Chancen und Risiken bei der Entwicklung elektrotechnischer Systeme:
Magnetschwebetechnik als exemplarischer Fall   129

Manfred Krafczyk
Risiko und Verantwortung im Kontext modellbasierter Analyse
und Prognose von Ingenieursystemen   137

Teil III: Lehre und Studium

Sabine Christine Langer & Jens-Uwe Böhrnsen
Innovationsschübe und die Verantwortung der Lehrenden
in den Ingenieurwissenschaften   147

Bernd Meinerzhagen
Verantwortung in der Lehre. Zwei Fallbeispiele   161

Heike Horeschi
Sensibilisierung für die Dimensionen
der Ingenieur-Verantwortung in der Lehre   169

Inhalt

Teil IV: Sorgfalt und Sicherheit

Bernd Schulz-Forberg
Qualitätsmerkmal technische Sicherheit
als Basis für eine moderne Fehlerkultur 179

Peter Hecker
Kooperation von Mensch und Maschine in der Luftfahrt 191

Hans-Hermann Prüser
Was bei der Planung und Herstellung einer Eisenbahntrasse
relevant sein kann 201

Hanspeter Boos
Energiecontrolling: Erfolgskontrolle für die Anlagentechnik 215

Hero Weber
Von der schwierigen Aufgabe des Prüfens. Messtechnische Aspekte
beim Prüfen geometrischer Toleranzen in der Fertigungsmesstechnik 221

Hans-Ullrich Kammeyer
Schlusswort 229

Autorinnen und Autoren 233

Einleitung

Hans-Ullrich Kammeyer & Lutz Hieber

Ingenieurinnen und Ingenieure tragen oft hohe Verantwortung. Wer eine Stahlkonstruktion gestaltet, sich mit Grenzwerten elektromagnetischer Strahlung beschäftigt oder eine Maschine entwirft, bewegt sich nicht nur im Feld der »exakten« Wissenschaften. Solche Tätigkeiten erfordern individuelle Wertungen. Nicht nur die harten Fakten sind zu bedenken. Neben ökonomischen werden immer wieder ökologische, medizinische, soziale, psychologische, kulturelle und politische Aspekte für die Ingenieurtätigkeit relevant. Eine Stahlkonstruktion soll sicher gebaut sein, Strahlung darf Menschen nicht gefährden, eine Maschine soll im Produktionsprozess problemlos funktionieren, und außerdem sind Grundsätze der Nachhaltigkeit und Bedürfnisse beteiligter Menschen zu beachten. In diesem Sinne bestehen Parallelen zu anderen Berufsgruppen, deren Tätigkeiten unmittelbar für menschliches und gesellschaftliches Befinden relevant sind.

Der Verantwortung von Ingenieurinnen und Ingenieuren kommt gesellschaftlich sicher ebenso große Bedeutung zu wie der Verantwortung von Ärzten. Doch das technische Denken ist nicht in derselben Weise mit Wertorientierungen durchflochten wie medizinisches Denken und ärztliche Praxis. In der ärztlichen Praxis steht der Mensch unmittelbar im Fokus des Handelns, während das technische Denken abstraktere Betrachtungen von unmittelbaren und mittelbaren Gefährdungen im Fokus hat. Im medizinischen Feld steht zwar das Naturwissenschaftliche im Zentrum, doch in vielen Zusammenhängen wird Verantwortung angesprochen – dieses Thema ist durchgehend in der Berufspraxis präsent.

Für Ingenieure liegen die Verhältnisse jedoch anders, und zwar aufgrund der bislang vorherrschenden Fachkultur. Ähnlich wie die Mediziner spüren auch Ingenieure immer wieder den Druck der Verantwortlichkeit. Da ihr Denken indes durch einen allgemeinen Objektivitätsanspruch imprägniert scheint, schwebt dieses Thema oft gleichsam unverbunden neben dem fachlichen Diskurs. Deshalb bleibt es von der Berufswelt abgekoppelt und gerät auf diese Weise gewissermaßen in die Nähe von Privatangelegenheiten, die nach Gutdünken entschieden werden. Dieser Zustand ist nicht zufriedenstellend. Die gegebenen Verhältnisse müssen aber durchaus nicht so bleiben, wie sie gegenwärtig sind.

Zu kurz gegriffen wäre allerdings, das Problem der Verantwortung von Ingenieurinnen und Ingenieuren zu bewältigen, indem man es an die nach eigenem Verständnis für moralische Fragen zuständigen Fachwissenschaften (Philosophie, Theologie oder Sozialwissenschaften) abgäbe. Denn auf der Hand liegt, dass diese Disziplinen nur von außen, also ohne angemessenen technisch-naturwissenschaftlichen Sachverstand, auf die konkreten Problemstellungen der Ingenieure blicken können. Deshalb verbietet sich ein bloßes Abschieben des Themas der Verantwortlichkeit auf diese Gruppe von Ethik-Spezialisten. Und aus denselben Gründen verbietet es sich, Verantwortung für technische Entwicklungen an die politischen Entscheidungsträger zu delegieren. Vielmehr muss es darum gehen, ganz ähnlich wie im Feld der Medizin, ein Bewusstsein für Verantwortlichkeiten unmittelbar mit dem Beruflichen zu verknüpfen, um in konkreten Fällen zu angemessenen Entscheidungen zu gelangen. So sind beispielsweise die medizinischen Studiengänge nicht ausschließlich auf die Aneignung von Fachwissen ausgerichtet, sondern ständig fließen auch gesellschaftliche Fragestellungen und Wertorientierungen ein. Ganz ähnlich erscheint es möglich, den ausschließlich technisch-naturwissenschaftlichen Rationalismus der technischen Ausbildung im Hinblick auf eine Sensibilisierung für Verantwortlichkeit zu erweitern. Und genau diese Sensibilisierung ist wichtig, weil *nur* Ingenieurinnen und Ingenieure eine angemessene *fachliche Beurteilungskompetenz* besitzen.

Für das Spektrum der Ingenieurberufe kann also – ähnlich wie für die Medizin – die Diskussion um Verantwortlichkeit weder auf Geistes- und Sozialwissenschaften noch auf die Politik abgeschoben werden, weil dort eben entsprechender ingenieurwissenschaftlicher Sachverstand nur unzureichend vorhanden ist. Deshalb hat die Ingenieurkammer Niedersachsen das Thema aufgegriffen, das vermeintlich Fachfremde mit dem fachlichen Diskurs zu verbinden. In diesem Zusammenhang wurden drei Symposien durchgeführt, die an der Leibniz Universität Hannover, an der Technischen Universität Braunschweig und an der Jade Hochschule in Oldenburg stattfanden. Zielsetzung war das Sichtbarmachen ganzheitlicher Betrachtungen von Wirkungssystemen und der Versuch einer Synthese von fachlichen, ökonomischen und ethischen Aspekten. Die Ingenieurinnen und Ingenieure aus den Bereichen des Maschinenbaus, der Elektrotechnik und dem Bauingenieurwesen trugen ihre Sichtweise zur Verantwortung in ihren Arbeitsfeldern vor, und sie diskutierten fächerübergreifend. Sie entwickelten aus ihrer beruflichen Praxis hilfreiche Ansätze für verantwortungsbewusstes Denken und Handeln, das sich selbstverständlich aus dem Kontext ihrer konkreten Arbeitsgebiete ergab. Da sie Probleme ihrer beruflichen Praxis ansprachen, die nur durch umsichtiges Denken und Handeln vermieden werden können, gelang es ihnen, Hinweise für das Vermeiden problematischer Entscheidungen zu entwickeln.

Die Symposien öffneten sich auch philosophischen und gesellschaftswissenschaftlichen Ansätzen. Denn Sichtweisen von »außen«, von Sozialwissenschaftlern und Philosophen, können nützliche Einsichten und Hilfen bieten – auch sie waren in den Diskurs integriert. Insgesamt beteiligten sich siebzehn Ingenieurinnen und Ingenieure unterschiedlicher Fächer und vier Geistes- bzw. Sozialwissenschaftler an den fruchtbaren Diskussionen. Im Vordergrund stand die notwendige ganzheitliche Betrachtung, und es gelang, ausschließlich fachbezogene Sichtweisen zu überwinden.

Für die Vorbereitung jedes der Symposien waren viele Vorgespräche zu führen. Dabei zeigte sich eine Tendenz, die zwar auch für das Thema der Verantwortung des Ingenieurs relevant, aber zugleich *nicht* ingenieur-spezifisch ist. Ingenieure sind Menschen, die fachwissenschaftlich ausgebildet und in entsprechenden Bereichen berufstätig sind. Ihre berufsspezifische Sozialisation ist zwar für ihre Arbeit grundlegend, aber ihre *Persönlichkeitsstrukturen* als Menschen sind unterschiedlich. Der Soziologe Norbert Elias widmete sich in seinen »Studien über die Deutschen« der Analyse von Persönlichkeitsstrukturen. Er zeigte, dass sie Prägung durch geschichtliche Prozesse aufweisen. Für die Mitteleuropäer weist er nach, dass eine über Jahrhunderte ungebrochene absolutistische und obrigkeitliche Tradition lange Nachwirkungen zeitigt. Denn Eltern und Schulen erziehen Kinder, und dadurch tragen sie bestehende Verhaltensweisen (die meist unbewusst bleiben) weiter. Das heißt, sozialpsychologisch ausgedrückt, dass *Zivilcourage*, also die Fähigkeit, individuelle Verantwortung emanzipatorisch wahrzunehmen, ungleichmäßig verteilt ist. Solche Fähigkeiten sind aber erforderlich, wenn es um das tatsächliche Wahrnehmen von Verantwortung geht. Da nun Ingenieurinnen und Ingenieure eben auch Menschen wie alle anderen sind, entwickeln einige die Fähigkeit, über ihre Verantwortlichkeiten zu sprechen, während sich andere eher scheuen, sich auf einem Symposium, also hochschulöffentlich, zu solchen Themen zu äußern. Deshalb zogen sich einige der angesprochenen Ingenieure noch während der Planungsphase der Symposien mit unterschiedlichen Begründungen zurück. Sie hätten zwar, wie sie unter vier Augen erklärten, durchaus das Thema der Verantwortung von Ingenieuren aus ihrer Erfahrung beleuchten können. Doch letztendlich entschieden sie, die Bühne des hochschulöffentlichen Diskurses zu meiden. Auch solche Prozesse wirkten sich auf die Auswahl der Referentinnen und Referenten aus, die an den Symposien teilnahmen. So können die Ingenieurinnen und Ingenieure unterschiedlicher Fachrichtungen, die sich zunächst auf den Symposien und dann anschließend als Autoren engagiert mit dem Thema der Verantwortung auseinandersetzten, zur *Ermutigung* aller Fachkolleginnen und -kollegen beitragen, ihre individuelle Verantwortung auch in beruflichen Fragen wahrzunehmen. Hier gilt es, das Spannungsverhältnis zwischen Ökonomie, Staat und Fachlichkeit im Sinne der Letzteren zu stärken.

Ingenieurinnen und Ingenieure sind wie kein anderer Kulturberuf wegen der zum Teil nicht vorhersehbaren Auswirkungen technischer Errungenschaften dem Gemeinwohl in herausragender Weise verpflichtet. Sie sollten sich also mit der Verantwortung, die sie tragen, im praktischen Berufsleben auseinandersetzen können. Da das jedoch nicht jedem Einzelnen gleichermaßen möglich scheint, verweist auch darauf, dass es unerlässlich ist, genau dieses Thema stärker in die Aus- und Weiterbildungsgänge einzubeziehen. Denn indem Dimensionen verantwortlichen Handelns zum Bestandteil fachspezifischer Sozialisation werden, erhalten sie im Ingenieur-Denken stärkere Präsenz und können nach und nach zu etwas Selbstverständlichem werden.

Die Beiträge, die Ingenieurinnen und Ingenieure der unterschiedlichen Fachrichtungen und auch die Geistes- und Sozialwissenschaftler im Rahmen der Symposien präsentierten, sind im vorliegenden Band zusammengefasst. Das Buch ist auf den Gebrauch in der ingenieurwissenschaftlichen Aus- und Weiterbildung zugeschnitten. Da wir uns bewusst sind, dass es nicht ausreicht, die Ausbildung von Ingenieurinnen und Ingenieuren durch eine moralische Fassade aufzupeppen, beispielsweise durch eine zusätzliche Vorlesung zur Ingenieur-Ethik, setzten wir grundlegend an: eben am Fachwissen. Das Buch verfolgt das Ziel, bereits studienbegleitend gangbare Pfade durch den Wald der Formeln und Fakten zu legen, um den Ingenieurinnen und Ingenieuren zu ermöglichen, ihre späteren beruflichen Tätigkeiten in gesellschaftlich verantwortungsvoller Weise zu reflektieren. Darüber hinaus bietet es fundierte Ansätze aus den Geistes- und Sozialwissenschaften, um die unmittelbar aus der Ingenieurtätigkeit erwachsenden Überlegungen zu ergänzen und zu vertiefen. Das macht es auch für eine Selbstreflexion derer, die im Ingenieurberuf stehen, geeignet. Dies Buch bietet also, durch die fachliche Bandbreite der Beiträge und die Fundierung in der Ingenieurpraxis, die solide Grundlage einer Ethik des Ingenieurberufs in unserer kompliziert gewordenen technisch-industriellen Welt.

Teil I
Grundsätzliches

Verantwortung kennen oder Verantwortung übernehmen?

Theoretische Technikethik und angewandte Ingenieurethik

Walther Ch. Zimmerli
Stiftungsprofessur Geist und Technologie, Humboldt-Universität zu Berlin;
Collegium Helveticum, ETH Zürich

Der Begriff »Verantwortung« hat aus Gründen, die noch zu diskutieren sein werden, auch und gerade vor dem Hintergrund einer zunehmend technologisierten Welt in den letzten drei Jahrzehnten eine ebenso beeindruckende wie besorgniserregende Karriere erlebt. In solchen Fällen drängt sich immer die bange ideologiekritische Frage auf, die seit einem Jahrzehnt ihren Ausdruck in Harry Frankfurts inzwischen fast schon kanonisch zu nennender Vulgärformel gefunden hat: Handelt es sich dabei um ein »bullshit-Wort«[1], also um eines jener beliebten omnipräsenten Füllwörter, die letztlich nichts aussagen, weil sie sich nicht hinreichend konkretisieren lassen und mit denen man sich prächtig durchmogeln kann?

Um diesen Verdacht auszuschließen, ist es hilfreich, sich um die praktische Relevanz in Form der Konkretisierbarkeit dieses Begriffs zu kümmern[2], und das heißt hier: den abstrakten Beriff »Verantwortung« zu kontextualisieren, anders: über die Differenz von »Verantwortung kennen« und »Verantwortung übernehmen« nachzudenken.

Die Frage, ob (und wenn ja: in welcher Weise) Menschen auch für etwas verantwortlich sein können, das sie weder gewollt haben noch auch haben voraussehen können, war im römischen Recht noch eindeutig negativ dahingehend entschieden, dass man nicht verpflichtet sei, etwas zu tun, das man nicht tun könne (»ultra posse nemo

---

1   H. G. Frankfurt, *Bullshit,* Frankfurt a. M. 2006; vgl. W. Ch. Zimmerli/S. Wolf, »Außenansichten – oder warum Spurwechsel so wichtig sind«, in: dies. (Hrsg.), *Spurwechsel. Wirtschaft weiter denken,* Hamburg 2006, 7–12, bes. 8 ff.; R. Dahrendorf, »Versuch und Irrtum. Das Prinzip Verantwortung im Kapitalismus«, ebd. 171–184.
2   Vgl. hierzu und im Folgenden auch eine meiner früheren Studien, die im Zusammenhang eines Ingenieurkammer-Projekts anlässlich der im Jahr 2000 in Hannover durchgeführten EXPO entstanden ist: Walther Ch. Zimmerli, »Ethik in der Technik – überfällig oder überflüssig?«, in: ders. (Hrsg.), *Ethik in der Praxis. Wege zur Realisierung einer Technikethik,* Hannover 1998, 13–29.

obligatur«[3]). Unter Bedingungen eines an den Erfahrungen mit der Technikfolgenforschung und -abschätzung geschulten spätmodernen Technikverständnisses scheint das nicht mehr (oder jedenfalls: nicht mehr in jeder Hinsicht) uneingeschränkt selbstverständlich zu sein. Zum einen ist daran zu erinnern, dass rechtliche und ethische Normen zwar verwandt, aber nicht identisch sind. Zum anderen haben sich aber nicht nur in der Ethik selbst (ebenso wie im Recht) allerhand Veränderungen ergeben, sondern insbesondere auch das hier anstehende Anwendungsgebiet, die Technik, ist geradezu durch konstanten dynamischen Wandel charakterisiert. Die Binsenweisheit, dass Technik die Welt verändert, gewinnt eine neue Dimension in dem Maße, in dem Technik rekursiv wird, und daraus erklärt sich auch die zunehmende Geschwindigkeit dieses Wandels.

Kurz: Nicht nur die Technik verändert sich mit zunehmender Geschwindigkeit, sondern auch die Ethik unterliegt einem Wandel, und es wird zu zeigen sein, wie der Wandel in der Ethik mit demjenigen in der Technik zusammenhängt. Im Folgenden soll das – eher exemplarisch als systematisch – in vier Schritten versucht werden: In einem ersten Argumentationsgang soll typologisch skizziert werden, wie es von dem Technikverständnis der frühen Neuzeit zu der gegenwärtigen Auffassung einer reflexiven Technologie kommen konnte (1). Der nächste Durchgang wird reziprok der Frage nach der Entwicklung des Verantwortungsbegriffs in Interaktion mit den verschiedenen Techniktypen gelten (2). Damit sind die Voraussetzungen bereit gestellt, um den Übergang von theoretischer Ethik zur Angewandten Ethik herauszuarbeiten (3), um vor diesem Hintergrund die Ingenieurethik als einen konkreten Fall dieser Hinwendung zur anwendungsorientierten Ethik bis hin zu den Instrumenten einer professionellen Ethik des Berufsstandes der Ingenieure in ihrer Orientierung am Dissens darzustellen (4).

1 Technikentwicklung

Wie Friedrich Nietzsche bereits festgestellt hat[4], tendieren wir Menschen dazu, uns dem Zwang der zu Begriffen geronnenen Metaphern auszuliefern und unser Denken von diesen Verdinglichungen beherrschen zu lassen. Das gilt in starkem Maße auch für den Begriff »Technik«. Zwar sagen uns alle Analysen, dass sich Technik, längst zu Technologie geworden, derzeit nicht nur auf dem Weg in ein nachmodernes Zeitalter befindet, sondern selbst auch als einer der Hauptreiber dieses Prozesses wirkt. Nichtsdestoweniger ist unser Denken von Technik (und auch von Mensch, Natur und Kultur) immer noch an traditionell substantialistischen Modellen orientiert, so als ob sie, selbst wenn

---

3 *Digesten* 50,17,185.
4 F. Nietzsche, »Über Wahrheit und Lüge im aussermoralischen Sinne«, in: ders., *Sämtliche Werke. Kritische Studienausgabe* Bd. 1, München/Berlin 1980, 88 f. et passim.

sie sich wandelt, substanziell das bliebe, was sie »ihrem Wesen nach und eigentlich« ist. Und eben daraus erklärt sich der jahrhundertelange »Streit um die Technik«[5], der – bei Lichte besehen – weitgehend obsolet ist.

Ein anderes, der Gegenwart angemesseneres und flexibleres Modell versteht alle Begriffe, und in unserem Falle ganz besonders die Begriffe »Technik«, »Mensch«, »Natur« und »Kultur« als Knotenpunkte in einem dichten Netzwerk[6], die sich gegenseitig funktional definieren. Konkreter: Unter Verwendung unterschiedlich weit entwickelter Werkzeuge verändern die Menschen die Natur so, dass sie ihr materielle wie ideelle Werte abgewinnen können. Die auf diese Weise gesellschaftlich wie geschichtlich unterschiedliche Weise des Veränderns nennen wir »Kultur«, und so ist es denn auch nicht weiter verwunderlich, wenn von »Technologie als Kultur«[7] die Rede sein kann.

Im Folgenden sei auf eine Typologie zurückgegriffen, die, an anderer Stelle ausführlicher entwickelt[8], die funktionale Dynamik der Entwicklung von Technik zu Technologie in vier Stufen an der Differenz der Beziehungsmuster von Mensch, Technik, Natur und Kultur eher illustriert als analysiert: Dieser Typologie zufolge lässt sich die Entwicklung der neuzeitlichen europäischen Technik, die von allem Anbeginn an einen engen Zusammenhang zu derjenigen der Wissenschaft hatte, ohne jedoch mit dieser zusammenzufallen, in vier Stufen mit jeweils korrespondierenden Typen unterteilen. Dabei ist festzuhalten, dass sich diese Stufen nicht trennscharf ablösen, sondern durchaus auch überlagern können, – ja: es finden sich palimpsestartig durchaus auch Überschreibungen der verschiedenen Typen, so dass es auf jeder Stufe eine Art Koexistenz mit tiefer liegenden Relikten früherer Stufen gibt:

Das erste Beziehungsmuster von Mensch, Natur, Kultur und Technik ist geprägt durch das, was ich den *Judo-Typus* nenne: Technik wird hier im Kontext der sich herausbildenden neuzeitlichen Wissenschaften als menschliche Kunstfertigkeit verstanden, die Natur durch die gezielten menschlichen Eingriffe so zu verändern, dass sie den Interessen der Menschen besser nützen kann. Im als Grundmodell unterstellten »Kampf« der Menschen gegen die Natur bekämpfen die Menschen diese nicht durch frontalen Angriff, sondern durch gezielten Einsatz der Naturkräfte selbst, in einer Formel von Francis Bacon: »natura non nisi parendo vincitur«[9]. Der technikverwendende Mensch der beginnenden Neuzeit versteht sich so zwar als »homo faber«, aber nach Maßgabe der Natur, in die er eingreift, also »*homo faber mensura naturae*«.

---

5   F. Dessauer, *Streit um die Technik*, 2. Aufl. Frankfurt a. M. 1958.
6   Der Begriff ‚Netzwerk‘ ist in den vergangenen fünf Jahrzehnten zu einer Art von Metaparadigma geworden, das sich in nahezu allen Bereichen von Wissenschaft, Technologie und Lebenswelt durchgesetzt hat, nicht zuletzt unterstützt und plausibilisiert durch die ubiquitäre Wirksamkeit des WWW. Vgl. auch W.Ch. Zimmerli, »Die Menschen der Zukunft – Vom Denken und Handeln in Netzwerken«, in: G. Seubold (Hrsg.), *Die Zukunft des Menschen – Philosophische Ausblicke*, Bonn 1999, 145–167.
7   Walther Ch. Zimmerli, *Technologie als Kultur*, 2., überarb. Aufl. Hildesheim/Zürich/New York 2005.
8   Vgl. hierzu und im Folgenden Walther Ch. Zimmerli, »Wandelt sich die Verantwortung mit dem technischen Wandel?«, in: H.Lenk/G. Ropohl (Hrsg.), *Technik und Ethik*, Stuttgart 1987, 92–111.
9   F. Bacon, *Novum Organum*, in: ders., *Works* 1, 157 (1.3).

Mit der industriellen Revolution entsteht ein neues Beziehungsmuster, das ich als *Reproduktions-Profit-Typus* bezeichne. Nun wird nämlich Technik unter dem überwältigenden Eindruck, den die Umwälzung durch die industrielle Güterproduktion hinterlässt, durch den Verwertungszusammenhang der industriell gefertigten Produkte definiert. Aufgrund der Eigenschaften der »großen Maschinerie« werden nämlich jetzt die Produkte maschinell nahezu identisch reproduzierbar. Dadurch aber wird die Technik zugleich zu einer der notwendigen Bedingungen einer gewinnorientierten Ökonomie, die auf Massenproduktion beruht (»economy of scale«). Aufgrund eben der Eigenschaften der industriellen Produktion, die die massenhafte Herstellung identischer Güter erlaubt, wird aber – und darauf hat niemand deutlicher hingewiesen als Karl Marx[10] – der einzelne Arbeiter austauschbar, da er nicht mehr durch seine spezifische handwerkliche Kunstfertigkeit definiert ist. Das wiederum bleibt nicht ohne Rückwirkungen auf das sozioökonomische System, innerhalb dessen sich das ereignet, und damit auch auf das Selbst- und Fremdverständnis der beteiligten Menschen und deren Kultur. Es resultiert die Vorstellung eines »homo faber«, der dadurch definiert ist, dass er haushälterisch auf die Bilanzen seines auf massenhafte Reproduzierbarkeit angelegten Produzierens achtet: der »*homo faber oeconomicus*«[11].

Die oben bereits erwähnte Rekursivität wissenschaftlich induzierter oder mindestens optimierter Technik findet ihren ersten manifesten Ausdruck in der zweiten, der wissenschaftlich-technischen Revolution, in der Wissenschaft, technisch vermittelt, selbst zur Produktivkraft wird[12]. Das so entstehende Beziehungsmuster von Mensch, Natur, Kultur und Technik nenne ich den *Weißkittel-Typus*. Eben dadurch dass Wissenschaft selbst Produktivkraft wird, verändert sich auch das zuvor industriell geprägte Bild von Technik: Statt ölverschmierter Monteure und Fabrikarbeiter mit Schraubenschlüsseln in der Hand treten nun die Damen und Herren in weißen Kitteln, die die hochkomplizierten digitalen Instrumente ablesen und interpretieren. Nur noch in wenigen Bereichen sind Nicht-Techniker bzw. Nicht-Wissenschaftler überhaupt in der Lage, Korrekturen oder gar Reparaturen der von ihnen benutzten technischen Systeme selbst vorzunehmen. Für homo faber bedeutet das, dass seine ursprüngliche und ihm wesenhaft zuzuschreibende Kompetenz, seine technische Welterfassung und -veränderung seinerseits noch zu kontrollieren, zusehends schwindet; in dem Maße, in dem er zum »*homo faber scientificus*« wird, transformiert er sich zugleich in den »*homo faber ignorans*«.

Und damit sind wir nun in der Gegenwart angelangt, in der Wissenschaft und Technik längst zur Technologie hybridisiert sind, und zwar in dem (zunehmenden) Maße, in dem sich die rekursive Wendung diese Hybridisierung ihrer selbst in Gestalt der IuK-

---

10 K. Marx, Das Kapital I, *Marx Engels Werke* (MEW), Bd. 23, 508 ff. et passim.
11 Vgl. G. Kirchgässner, *Homo Oeconomicus*, Tübingen 1991. Die übliche Diskussion um den »homo oeconomicus« greift in der Regel zu kurz, da sie diese produktionstechnische Dimension vernachlässigt.
12 Beispielhaft für die in den 70er Jahren des 20. Jahrhunderts im Systemwettstreit breit geführte Diskussion vgl. E. Stölting, *Wissenschaft als Produktivkraft. Die Wissenschaft als Moment des gesellschaftlichen Arbeitsprozesses*, München 1974.

Technologie als Quertechnologie bedient. Damit ist verbunden, dass – seinerseits vermittelt durch IuK-Technologie – der Traum von der Beherrschung und immer weiteren Verbesserung der Welt durch Technologisierung immer weiterer Lebensbereiche ausgeträumt ist, weswegen ich dieses Beziehungsmuster von Mensch, Natur, Kultur und Technik als *Aufwach-Typus* bezeichne. Er ist charakterisiert durch eine zunehmende Beschäftigung mit den (ungewollten) Folgen und Nebenfolgen, die die zunehmende Technologisierung mit sich bringt. Es ist das zu verzeichnen, was man eine »reflexive Wendung« nennen könnte, die sich von der Lebenswelt bis in die Wissenschaft hinein durchzieht. Der Preis, den wir lebensweltlich für zusätzliche Komfortelemente technologischer Art zu entrichten bereit sind, sinkt; wir mitteleuropäischen Menschen sind zutiefst zerrissen und gespalten angesichts unserer ungewollten, aber immer weiter zunehmenden Abhängigkeit von unseren Technologien, die zudem – NSA lässt grüßen – auch zu einer zunehmenden Aufweichung der Sicherheit unserer Privatsphäre geführt hat. Wissens-, wissenschafts- und technologietheoretisch wirkt sich das so aus, dass das klassische wissenschaftliche Wissen vom Typus 1 immer stärker durch das reflexiv gewendete Wissen vom Typus 2[13] überformt wird. Eine Befassung mit den verschiedenen Formen des Nichtwissens scheint unabweisbar zu werden.[14] So hat der bislang höchste Fortschritt des Wissens invers einen fast nicht mehr steigerbaren Grad des Nichtwissens herbeigeführt; und das ist nicht nur so, sondern wir wissen auch, dass es so ist: homo faber technologicus ist nicht nur weiterhin homo faber ignorans, sondern nun auch *homo faber doctus ignorans*«.

2 Verantwortungsbegriff

Nachdem wir nun den Wandel des Technikverständnisses in der Neuzeit typologisch rekonstruiert haben, wäre es zwar reizvoll, das auch in Bezug auf die Ethik und zumal auf den in Bezug auf Technik in ihr dominierenden Verantwortungsbegriff zu tun, aber das stieße auf zwei nicht so sehr ethische als vielmehr epistemologische Hindernisse: Zum einen haben wir in unserem durch die deutschsprachige Ethik zumal eines Immanuel Kant geprägten moralischen Diskurs einen deontologischen Bias, soll heißen: für uns ist eine Berücksichtigung der Folgen einer Handlung für die Ermittlung ihrer Moralität nach wie vor eine vielleicht akademisch interessante, aber ethisch eher nach-

---

13 M. Gibbons/C. Limoges/H. Nowotny/S. Schwartzman/P. Scott/M. Trow, *The New Production of Knowledge: the Dynamics of Science and Research in Contemporary Society*, London 1994; H. Nowotny/P. Scott/M. Gibbons, *Re-thinking Science: Knowledge in an Age of Uncertainty*, Cambridge 2001. Vgl. auch L. Hessels/H. von Lente, »Re-thinking New Knowledge Production: A Literature Review and a Research Agenda«, in: *Research Policy*, vol. 37 (2008), 740–760.
14 Vgl. W. Ch. Zimmerli, »Weisheit in einer technologischen Zivilisation. Gedanken über Wahrheit, Glauben und Wissen, Nichtwissen und Magie«, in: U. Nehmbach/H. Rusterholz/P. M. Zulehner (Hrsg.), *Informationes Theologiae Europae*, Frankfurt a. M. 2012, 173–186.

geordnete, wenn nicht rundweg unmoralische Betrachtungsweise; für die Bewertung der Moralität einer Handlung zählt eher die in sie investierte Gesinnung. Zum anderen aber bezieht sich der hier relevante Begriff der Verantwortung ganz explizit auf die Folgen einer Handlung, messe man deren moralischen Gehalt nun utilitaristisch oder in irgendeiner anderen Weise. Und das wird noch verschärft dadurch, dass sich eine der wirkungsvollsten ethischen Auseinandersetzungen mit der »technologischen Zivilisation«, das Hauptwerk des Philosophen Hans Jonas, ganz explizit »Das Prinzip Verantwortung«[15] nennt.

So betrachtet, unterliegt zwar auch der Verantwortungsbegriff einem Wandel, aber er kann per definitionem nicht genau mit dem typologisch dargestellten Wandel des Technikverständnisses korrelieren. Daher soll nun weniger historisch idealtypisch, sondern zunächst ontologisch und dann begriffsanalytisch vorgegangen werden, nicht zuletzt auch in der Absicht, an Hans Jonas und seinen Versuch anzuknüpfen, den Humeschen Einwand gegen einen Schluss vom Sein auf das Sollen, den sogenannten naturalistischen Fehlschluss, zu entkräften. Dazu sei ein kurzer Blick hinter die scheinbare Selbstverständlichkeit geworfen, die das Verbot des Schlusses von Sein auf Sollen plausibel zu machen scheint.

Explizit verbieten muss man ja eigentlich nur etwas, das sich nicht schon von selbst verbietet. Und in der Tat ist das, was damit gemeint ist, wenn von einem »naturalistischen Fehlschluss« die Rede ist, außerhalb der akademischen Philosophie gang und gäbe. Die in positiver wie negativer Formulierung sich äußernde normative Kraft des Faktischen ist allgegenwärtig – etwa in der Gestalt der Formel »Das haben wir schon immer so gemacht« oder »Das haben wir noch nie so gemacht«, in Kurzform »Wo kämen wir denn da hin?« Gewiss, man kann das nun syllogistisch ausbuchstabieren, und dann sähe es etwa so aus:

- Alles, was immer schon auf eine bestimmte Art und Weise gemacht worden ist, hat sich bewährt und ist daher gut.
- X wurde immer schon auf diese bestimmte Art und Weise gemacht.
- Die Art und Weise, in der X gemacht wurde, hat sich bewährt und ist daher gut.

Man kann dies auch die »konservative Variante« des naturalistischen Fehlschlusses nennen. Dieser korrespondiert reziprok die »progressive Variante«, nach dem syllogistischen Muster:

- Alles, was immer schon auf eine bestimmte Art und Weise gemacht worden ist, hemmt den Fortschritt und ist daher schlecht.
- X wurde immer schon auf diese bestimmte Art und Weise gemacht.

---

15 Hans Jonas, *Das Prinzip Verantwortung. Versuch einer Ethik für die technologische Zivilisation*, Frankfurt a. M. 1979.

- Die Art und Weise, in der X immer schon gemacht worden ist, hemmt den Fortschritt und ist daher schlecht.

An diesen beiden Extremfällen lässt sich eines zeigen: Im engeren Sinne handelt es sich weder um einen Fehlschluss, noch ist er in anderer Hinsicht falsch und daher zu verbieten. Ganz im Gegenteil: Beide Schlüsse sind formal korrekt und könnten nun handlungstheoretisch auch noch als praktische Syllogismen rekonstruiert werden. Für unseren Zusammenhang wichtiger ist aber, dass in beiden Syllogismen Begriffe enthalten sind, die man als Hybride von deskriptiven und präskriptiven Geltungsansprüchen verstehen kann; ich meine die Begriffe »bewährt« und »fortschrittlich«.

Versucht man nun, diesen Befund genauer auf die Bedingungen seiner Möglichkeit zu befragen, so kann man davon ausgehen, dass es gar nicht um den Dualismus von Sein und Sollen, sondern um das geht, was diesen Dualismus erst ermöglicht. Und das wiederum kann nicht seinerseits ein Dualismus sein. So betrachtet sieht es so aus, als ob der Quellgrund oder die »Gabelung« des Seins in Sein und Sollen etwas mit dem das Sein vom Sollen unterscheidenden Wesen, dem Menschen zu tun hätte. Anders formuliert: Wir Menschen führen die Sein-Sollen Differenz durch unserer sprachlich-gedankliche Auslegung in die Welt erst ein, indem wir einen deskriptiven und einen präskriptiven Gestus unserer Weltauslegung einnehmen können. Nochmals anders formuliert: In dem Maße, in dem wir die Welt, genauer: die Natur, als ein vielfach rückgekoppeltes Netzwerk verstehen, lässt sich auch sagen, dass letztlich alles mit allem zusammenhängt. Im deskriptiven Gestus führt das zu einem komplexeren Verständnis von Kausalität, im präskriptiven Gestus zu einem anderen und ebenfalls komplexeren Verständnis von Zuständigkeit oder Verantwortung. Kurz und formelhaft: Da in der Natur alles mit allem zusammenhängt und da reflektierte Zusammenhänge dieser Art im präskriptiven Gestus »Verantwortung« heißen, ist im Prinzip jeder für alles verantwortlich (Sartre[16]).

Vor diesem ontologischen Hintergrund stellt der Begriff »Verantwortung« so etwas wie die im präskriptiven Gestus sprachlich gefasste reflexive Stufe dessen dar, was im deskriptiven Gestus als bloßes Faktum der Relationalität im Netzwerk erscheint. Das bedeutet aber, verantwortlich sein oder verantwortlich gemacht werden kann ein Handlungssubjekt nur für solches, was in mehr oder minder starkem Maße von ihm abhängt bzw. von ihm beeinflusst werden kann. Und das hat nun zur Folge, dass der Verantwortungsbegriff sich zunächst nur auf die Folgen derjenigen Handlungen bezieht, an denen der Mensch als Handlungssubjekt (oder Akteur) auslösend oder zumindest mit-auslösend beteiligt gewesen ist. Für solches von ihm Ausgelöstes oder Mit-Ausgelöstes muss der Mensch als Handlungssubjekt Rede und Antwort stehen, eben: sich ver-antwort-en. Dadurch wird der Mensch als Handlungssubjekt zugleich auch zum Verantwortungs-

---

16 J.-P. Sartre, »Ist der Existentialismus ein Humanismus?«, 1946, dt. in ders., *Drei Essays*, Frankfurt/Berlin/Wien 1979, 12 ff.

subjekt, und die an die Auslösungsbedingung geknüpfte Art von Verantwortung soll »interne Verantwortung« heißen.

So weit trägt uns die ontologisch hinterlegte Analyse des Zusammenhangs von deskriptivem und präskriptiv reflektiertem Netzwerkparadigma und damit auch die theoretische oder reine Ethik. Nun aber ereignet sich der Einbruch der Technik in die Welt, deren Entwicklung wir oben typologisiert haben. Mit der zunehmenden Ausdifferenzierung und Hochspezialisierung der wissenschaftsinduzierten Technologie wächst auch die Unüberschaubarkeitsvermutung gegenüber den Folgen der Anwendung von Technologien und mit ihr die Einsicht, dass eine Einschränkung der Verantwortung auf die »interne Verantwortung« (s. o.) nicht mehr ausreicht und auch normativ nicht mehr zulässig ist.

Um das besser verstehen zu können, sei nun der Verantwortungsbegriff einer elementaren sprachphilosophischen Analyse unterzogen, die uns fraglos helfen wird, der ihrerseits hochkomplex gewordenen Untersuchung der Verantwortungsbeziehung weiter zu folgen. Betrachten wir zu diesem Zwecke den Verantwortungsbegriff genauer, so stellt sich heraus, dass er zwar beliebig viele begriffliche Facetten hat – begriffsanalytisch formuliert: eine im Grundsatz n-stellige Relation ist –, dass es aber ein Minimalerfordernis gibt, um ihn zu bestimmen – erneut begriffsanalytisch formuliert: dass »Verantwortlichsein« eine mindestens dreistellige Relation ist:

Jemand (Verantwortungssubjekt) ist *für etwas oder jemanden* (Verantwortungsbereich) *einer anderen Person oder Institution gegenüber* (Verantwortungsinstanz) *verantwortlich*.

Alle drei, Instanz, Bereich und Subjekt der Verantwortung, haben sich im Verlauf der Geschichte der neuzeitlichen Säkularisierung entscheidend verändert: An die Stelle Gottes als universeller Verantwortungsinstanz tritt – jedenfalls zum Teil und jedenfalls im Nordwesten – die Gesamtheit aller vernünftigen Wesen in Gegenwart und Zukunft. Der Verantwortungsbereich wird um die Menge neuer Handlungsmöglichkeiten linear und in jüngerer Zeit durch deren Unterstützung durch die neuen Technologien exponentiell erweitert.

Und daher stellt sich denn die in den vergangenen Jahren breit diskutierte Frage, ob sich auch das Verantwortungssubjekt entsprechend verändert habe. Ausgehend von der zutreffenden Beobachtung, dass es von den Unternehmen über Parteien und andere Institutionen eine an Bedeutung zunehmende Anzahl von überindividuellen Akteuren gibt, herrschte eine Zeitlang die Meinung vor, diese Erweiterung des Spektrums der Akteure habe auch eine entsprechende Verschiebung beim Verantwortungssubjekt zur Folge. Dagegen hielt und halte ich fest: Das ist nicht so; mit der unbestreitbaren Tatsache der immer weiteren Verlagerung der Ebene der handelnden Subjekte in Richtung auf Teams, Gruppen, Kollektive und Institutionen verlagert sich nicht auch das Verantwortungssubjekt. Dieses bleibt das einzelne Individuum; es ist und bleibt Letztadressat moralischer Verantwortung, wenn auch in unterschiedlichen Rollen, die es im Einzelnen zu analysieren gilt.

Eine andere Verschiebung indessen ist erheblich größerer Bedeutung: Während in dem linear-kausalen Modell der Zurechnung individueller Verantwortung das Verantwortungssubjekt nur für solche Handlungsfolgen verantwortlich war (oder sich verantwortlich fühlen musste), die es selbst kausal ausgelöst hatte (»interne Verantwortung«), ist das nun angesichts der neuen Technologien nicht mehr der Fall; vielmehr treten Handlungs- und Verantwortungssubjekt auseinander; anders: Von einem Verantwortungssubjekt müssen nun auch Handlungsfolgen verantwortet werden, die nicht von ihm (oder nicht von ihm allein) ausgeführt oder veranlasst worden sind. Das ist eine Konsequenz, die sehr viel radikaler und weiter führend ist, als es die Verschiebung der Rolle des Letztadressaten der Verantwortung vom Individuum auf die Institution wäre.

3   Ethik – von der Theorie zur Praxis

So weit – aber auch nicht weiter – kommt man mit der reinen theoretischen Ethik. Im Bereich der Verantwortungsethik reicht sie zur Begründung eines allgemeinen Verantwortungskonzeptes, zur Analyse der Aspekte des Verantwortungsbegriffes und zur Beantwortung der Frage nach dem Letztadressaten sowie der Veränderung von Verantwortungsinstanz und Verantwortungsbereich aus. Indessen fehlt es ihr an inhaltlicher Füllung, die über die Funktion von Beispielen hinausginge.

In diesem Zusammenhang gilt es nun, einem Phänomen Rechnung zu tragen, das man als die »Anwendungswendung« (»application turn«) bezeichnen kann: In der zweiten Hälfte des 20. Jahrhunderts sind Anwendungsfragen immer stärker in den Fokus des Interesses gerückt, und es haben sich immer mehr Bindestrich-Ethiken auch akademisch etabliert, wofür nicht zuletzt die Veröffentlichung eigener Handbücher ein sicheres Indiz ist[17]: Das reicht von der noch eher traditionellen Rechtsethik über Wirtschafts- und Unternehmensethik bis zur Medizinethik oder allgemeiner: der Wissenschaftsethik, der Genethik, der Medienethik, der Tierethik und der ökologischen Ethik etc. In diesem bunten Strauß darf dann natürlich auch unser Thema, die Technikethik, oder stärker in Richtung der *professional ethics* formuliert: die Ingenieurethik, nicht fehlen.

Um diese Wendung zu verstehen, ist es hilfreich, sich an den Titel eines kleinen Aufsatzes von Stephen Toulmin aus dem Jahr 1982 zu erinnern: »How Medicine Saved the Life of Ethics«[18]. Damit ist ein Zusammenhang angesprochen, der als »Rekursivität« bezeichnet werden kann, da er sich auf die Rückwirkung der Anwendung ethischer Prinzipien auf diese selbst bezieht. Je vielfältiger nämlich die potentiellen Anwendungsfelder von Ethik werden, desto offensichtlicher wird, dass es keineswegs so ist, wie uns die

---

17 Stellvertretend für viele andere sei hier nur das umfassende Standardhandbuch genannt: J. Nida-Rümelin (Hrsg.), *Angewandte Ethik. Die Bereichsethiken und ihre theoretische Fundierung*, 2. überarb. und erw. Aufl. Stuttgart 2005.
18 S. Toulmin, »How medicine saved the life of ethics«, in: J. P. DeMarco/R. M. Fox (eds.), *New Directions in Ethics: The Challenge of Applied Ethics*, New York 1986, 265–281.

alte – deontologische oder teleologische – Prinzipienethik einzureden versuchte: dass nämlich die ethischen Prinzipien überzeitlich und unwandelbar gelten, während sich nur immer neue Anwendungsfelder eröffnen. Vielmehr zeigt sich mit unübersehbarer Deutlichkeit, dass sich mit der Dynamik der sich verändernden Anwendungsfälle auch die Prinzipien verschieben können. Das ist mit der Rede von der »Rettung« der Ethik durch Anwendung, in diesem Falle in der Medizin, gemeint.

Bei genauerer Betrachtung zeigt sich indes, dass die diesem Zusammenhang zu Grunde liegende Struktur noch um mindestens ein Glied komplexer ist: Die Angewandte Ethik beruht auf der Anwendung geltender moralischer Prinzipien, der Kritik von deren Anwendbarkeit bzw. Reichweite sowie der Formulierung neuer, abgewandelter, erweiterter oder präzisierter Prinzipien. Wer philosophisch geschult ist, sieht leicht, dass die hier am Beispiel der Angewandten Ethik vorgeführte Struktur Analogien zu dem aufweist, was wir im Kontext des Verstehens den »hermeneutischen Zirkel« nennen (was damit zu tun haben mag, dass in Gadamers Worten Verstehen Applikation immer einschließt[19]), der wie die hier analysierte Anwendungsstruktur in der Ethik nicht vitiös, sondern heuristisch konstruktiv ist.

Dass das, obwohl es sofort ins Auge fällt, dennoch nur selten gesehen wird, mag daran liegen, dass die »alte« Ethik, deren Leben durch die neuen Anwendungsschleifen gerade gerettet wird, diese hermeneutische Rekursivität nicht nur nicht gesehen, sondern im Namen des von ihr häufig vertretenen Universalitätsanspruches sogar explizit geleugnet und als Relativismus verteufelt hat. Während die Ethik vor ihrem »application turn« Begründung moralischer Prinzipien mit aus vorwiegend didaktischen Gründen ersonnenen Beispielen war, besteht sie heute vorwiegend aus Anwendungsanalyse, die sich um die veränderte Begründung moralischer Prinzipien kümmert. Kurz, prägnant (und daher wohl auch ein wenig irreführend) formuliert:

Heute reicht es nicht mehr zu wissen, was moralisch richtig ist, sondern man muss darüber hinaus als Ethiker über sehr viel richtiges Wissen in den Feldern der Anwendung verfügen.

An dem in der Technikethik und in der Politik derzeit intensiv diskutierten Beispiel der Energieversorgung nach der Energiewende lässt sich das erkennen. Regenerative Energien sind per se eben noch keine ethisch abgesicherte Option, so lange keine Antwort auf die entscheidende Frage gegeben wird, wie aus Sonnen- und Windkraftwerken gewonnene Energie gespeichert werden kann, und solange man nicht weiß, dass hier die Wasserstoffspeichertechnologie eine entscheidende Rolle spielen könnte.

Dazu kommt aber noch ein Weiteres, das in der Definition von Angewandter Ethik bereits angelegt ist:

Es reicht heute nicht mehr aus, sehr viel richtiges Wissen über die Anwendung des moralisch Richtigen zu haben, sondern man muss auch wissen, wie man es umsetzt.

---

19 H.-G. Gadamer, *Wahrheit und Methode*, Tübingen 1960, 290 ff. et passim.

Erneut an unserem Beispiel expliziert: Selbst wenn man weiß, dass Wasserstofftechnologie als Speichertechnologie eine entscheidende Rolle spielen kann, sind regenerative Energien per se immer noch keine ethisch abgesicherte Option, so lange man nicht weiß, mit welchem Druck (60 bar) der gewonnene und als Energiespeicher genutzte Wasserstoff wieder in die Gasnetze eingespeist werden kann bzw. muss.

Die mit dem hermeneutischen Charakter der Technikethik zusammenhängende »Wissensimprägnierung« ist indessen nicht das einzige neue Charakteristikum der Angewandten Ethik; es gilt in ihr vielmehr auch noch, der Tatsache Rechnung zu tragen, dass wir in einer pluralistischen Gesellschaft leben, in der das Problem nicht darin liegt, dass wir keinen Wertekanon mehr hätten, sondern dass wir nicht mehr *einen* allgemeinverbindlichen Wertekanon, sondern *viele* haben. Und das ist gemeint mit der Rede von der pluralistischen Gesellschaft: Unter Bedingungen des Wertepluralismus muss Abschied genommen werden von der Vorstellung der einen allgemeinverbindlichen Ethik. Vielmehr gilt es, moralisch legitime Verfahren eben nicht »von Staats wegen«, sondern im Rahmen unserer pluralistischen »civil society« zu finden. Das aber heißt, dass die Angewandte Ethik sowohl hermeneutisch als auch prozedural angelegt sein muss – und das gilt nicht nur, aber auch für die Technikethik.

Daher müssen wir nach Verfahren suchen, die in einer pluralistischen Gesellschaft z. B. dazu dienen sollen, in Situationen, von denen Menschen mit durchaus unterschiedlichen Wertvorstellungen betroffen sind, Lösungen zu finden, auf die diese sich einigen können, nicht weil sie dieselben, sondern obwohl sie eben ganz verschiedene Wertvorstellungen haben. Das müssen von der pragmatischen Logik her, Prinzipien sein, die inhaltlichen Dissens ermöglichen. Anders formuliert: Es geht um Prinzipien, die sicherstellen, dass die inhaltlichen Dissense so spät wie irgend möglich zum Austrag kommen, also um Prinzipien der *Dissensermöglichung*. In philosophischer Terminologie ausgedrückt handelt es sich dabei um Verfahrensprinzipien, die die Bedingungen der Möglichkeit von Dissensen sicherstellen, anders gesagt: um transzendentale Prinzipien, und diese können zunächst einmal, da sie sicherstellen sollen, dass es erst so spät wie irgend möglich, um inhaltliche Dissense geht, nicht ihrerseits materiale, sondern nur formale Prinzipien sein:[20]

1) Bei der Beurteilung der Moralität einer technischen Handlung, eines Handlungskontextes oder gar einer ganzen Technologie wird daher auf einer obersten Ebene nur deren Konformität hinsichtlich der formalen Vernunftprinzipien der Moderne (universelle Verallgemeinerbarkeit, Gerechtigkeit als Fairness etc.) geprüft; alles, was aufgrund dieser Prüfung nicht eindeutig ver- oder geboten ist, muss auf der nächsten Ebene weiter abgeklärt werden.

---

20 Vgl. W. Ch. Zimmerli/M. Aßländer, »Wirtschaftsethik«, in: J. Nida-Rümelin (Hrsg.), *Angewandte Ethik*, a. a. O., 311.

Tabelle 1   4-Stufen-Modell der ethischen Beurteilung

	Verboten	Weiter abzuklären	Geboten
(1) Formale Prinzipien			
(2) Regionale Prinzipien			
(3) Berufsständische Prinzipien			
(4) Materiale Werte			

2) Auf dieser Ebene sind die regional verallgemeinerbaren Prinzipien angesiedelt, z. B. der Grundsatz des Vorrangs der schlechten Prognose (»worst case analysis«) o. ä. Auch hier wird nach demselben Muster der Elimination von eindeutig ge- bzw. verbotenen Handlungsoptionen geprüft, und nur die aufgrund dieses Tests nicht eindeutig zuzuordnenden Optionen sind auf einer dritten Ebene weiter abzuklären.

3) Diese Ebene beinhaltet die in berufsständisch stark ausdifferenzierten Gesellschaften wie der unsrigen immer wichtiger werdenden Prinzipien der professionellen Ethiken, aufgrund deren bestimmte Handlungen zwar nicht universell und auch nicht regional, sondern nur für Angehörige desselben Berufsstandes allgemein verbindlich oder untersagt sind.

4) Nur das, was weder aufgrund der formalen Vernunftprinzipien der Moderne noch aufgrund der regional oder berufsständisch verallgemeinerbaren Prinzipien eindeutig positiv oder negativ entschieden werden kann, muss nun einer Entscheidung aufgrund differenter materialer Werte unterzogen werden.

Wenn oben in den verantwortungstheoretischen Erörterungen allgemein davon die Rede war, dass trotz aller institutionellen und überindividuellen Ausdifferenzierung das Individuum stets Letztadressat der Verantwortung bleibe, ist hier der Ort, die sich hierbei nahe legenden Fußangeln zu diskutieren, um potentielle Missverständnisse auszuschließen: Und zwar geht es dabei insbesondere um die Unterscheidung des Individuums als Verantwortungssubjekt von den möglichen theoretischen Zugängen. Das lässt sich, da es dort bereits am differenziertesten analysiert und diskutiert worden ist, am besten anhand der Beziehung von Technik- und Wirtschaftsethik darstellen[21], bei der es um die Verantwortung von Akteuren geht, die z. B. im Kontext eines Unternehmens technisch handeln. Was häufig verwechselt wird (und daher zum Trugschluss führt, auch korporative oder institutionelle Akteure könnten Letztadressat von Verantwortung werden), ist die Differenz zwischen Mikro-, Meso- und Makroebene, auf denen

---

21 Vgl. *ebd.*, 327.

Tabelle 2 Systematische Einteilung der Wirtschafts- und Technikethik

	individualethisch	institutionenethisch
Mikroebene	z. B.: Fragen nach der Verantwortung des Individuums im ökonomischen Entscheidungsfindungsprozess	z. B.: Fragen nach der Internalisierung unternehmensspezifischer Handlungsintentionen
Mesoebene	z. B.: Fragen nach den zu ändernden Organisationsstrukturen, die Individualmoral zulassen	z. B.: Fragen nach der Verantwortung von Unternehmen für Handlungsfolgen
Makroebene	z. B.: Fragen nach der Rückwirkung ökonomischer Prozesse auf das Selbstverständnis des Individuums	z. B.: Fragen nach der Rolle von Unternehmen in der Wirtschaftspolitik

das Handeln der Akteure jeweils sowohl individual- als auch institutionenethisch beurteilt werden kann. Anders und weniger theorielastig formuliert: Selbst wenn ein Individuum z. B. in seiner Rolle als CEO eines Unternehmens agiert, bleibt es selbst moralisch individuell für die Folgen seiner Handlungen verantwortlich, und das gilt auch, wenn das Unternehmen die Haftung für diese Folgen ganz oder teilweise übernimmt. Das ist es, was im Englischen mit der Differenz von »responsibility« und »liability« ausgedrückt wird.

4 Ingenieurethik als Fall professioneller Ethik – Orientierung am Dissens

Nach dem bisher Ausgeführten ist klar, dass wir uns bei der Frage nach der Verantwortung im Bereich der Ingenieurethik auf der dritten Ebene des skizzierten formal-prozeduralen Modells einer hermeneutischen Technikethik bewegen. Daher ist die Konkretisierung, um die es hier geht, diejenige der Ingenieurprofession, und die Prinzipien, nach denen gefragt wird, sind – jedenfalls in den berufsständisch organisierten Teilen der Ingenieurprofession – in deren berufsständischen Kodizes niedergelegt (s. die drei Beispiele im Anhang). Ausführlich auf diese einzugehen, würde sich aufgrund von ihrer relativen Inhaltsarmut kaum lohnen; wichtig an ihnen ist eher das Faktum, dass sie existieren und dass sich Angehörige von Ingenieurberufen durch sie gebunden fühlen. Stattdessen soll hier exemplarisch noch ein Blick auf die grundsätzliche Bedeutung einiger Tools geworfen werden, die in der pragmatischen Wendung auf die Anwendung zum Einsatz gekommen sind (oder immer noch zum Einsatz kommen).

Das Grundszenario geht dabei von der bereits angesprochenen Einsicht aus, dass in einer pluralistischen Gesellschaft Konsens weder der Regelfall noch ein sinnvollerweise anzustrebendes Ziel ist. Vielmehr müssen wir eher von einem anderen Bild ausgehen: dass wir uns in einem Meer von Dissensen bewegen, in dem es darauf ankommt, verschiedene Verfahren einzusetzen, um beim Versuch, in diesem Meer zu navigieren, nicht die Orientierung zu verlieren.

Ein noch stark am Idealbild des Konsenses orientiertes Instrument, das dabei um Einsatz kam und immer noch kommt, sind *Konsensuskonferenzen*: Ethik-, Technik- und Wirtschaftsexperten treffen mit Laien zusammen, da sie zwar Experten auf ihren Gebieten sind, aber eben deswegen nie das ganze Problem sehen und darüber hinaus nie die vollständige Grundlage für den ethischen Aspekt der Entscheidung repräsentieren können. Es geht also neben der Gewährleistung der Perspektivenvielfalt auch um die Überbrückung der Kluft zwischen Experten und Laien. Dabei wird der moralische common sense sozusagen als Expertise sui generis eingebracht.

Ähnliches gilt auch für das noch stärker als Instrument der Politikberatung konzipierte Instrument der *Planungszellen* nach Dienel[22]. Dabei geht es stärker noch als bei den Konsnsuskonferenzen um eine Art von politischen Frühwarnsystem in dem man durch Gestaltung solcher Planungszellen einen Sensor für die Akzeptanz technologiepolitischer Entscheidungen bereitstellt, indem man die allgemeingesellschaftliche Akzeptanz gleichsam *in vitro* simuliert.

Stellt man diese Ende des letzten Jahrtausends und daher immer noch stark am Idealbild des Konsenses ausgerichteten Verfahren nun aber in den Kontext der prinzipiellen Dissensorientierung, geht es darum, durch eine sorgfältig definierte Gruppe von Experten und Laien »Konsensinseln« als die Ausnahmen in dem Regelzustand des Dissenses zu lokalisieren und zwischen ihnen zu navigieren. Das aber kann nur, wer Diskurse führt. Diese sind ihrerseits selbstähnliche Exempel dessen, worüber geredet wird, nämlich institutionalisierte dissensorientierte, pluralistische und pragmatische Ethos-Lernlabors.

Daraus geht nun aber auch hervor, dass es hier – wie in allen Fällen der Angewandten Ethik – um etwas geht, das man in der Theologie als den »Sitz im Leben« bezeichnet hat[23]. Diese pragmatische Verortung der Ingenieurethik »inmitten« der durch Ingenieurhandeln geprägten Umwelt ist selbst ein (temporaler) Faktor des normativen Wertewandels. Das soll heißen, dass Ethik nach dem Paradigmenwechsel des »application turn« nicht mehr bloß kognitive Theorie, sondern pragmatische Praxis zur Bildung der moralischen Urteilskraft selbst geworden ist. Gerade das Beispiel der Verantwortung in der und für die Technik zeigt, dass ihre theoretische ethische Erfassung (»Ver-

---

22 P. C. Dienel, *Die Planungszelle. Der Bürger als Chance*, 5. Aufl. Wiesbaden 2002.
23 Zur ursprünglich hermeneutischen Bedeutung dieses Konzepts, das Hermann Gunkel in seinem »Genesis-Kommentar« in dem von D. W. Nowack herausgegebenen *Handkommentar zum Alten Testament* 1902 entwickelt hat, vgl. A. Wagner, »Gattung und ›Sitz im Leben‹. Zur Bedeutung der formgeschichtlichen Arbeit Herrmann Gunkels (1862–1932) für das Verstehen der sprachlichen Größe Text«, in: S. Michaelis/D. Tophinke (Hrsg.), *Texte – Konstitution, Verarbeitung, Typik*, München/Newcastle 1996, 117–129.

antwortung kennen«) und das Ethos des Umgangs mit ihr (»Verantwortung wahrnehmen«) zwar auch, aber keineswegs ausschließlich eine Angelegenheit des Berufsstands der Ingenieure ist.

Anhang[24]

a) Bekenntnis des Ingenieurs (VDI)

Der Ingenieur übe seinen Beruf aus in Ehrfurcht vor den Werten jenseits von Wissen und Erkennen und in Demut vor der Allmacht, die über seinem Erdendasein waltet.

Der Ingenieur stelle seine Berufsarbeit in den Dienst der Menschheit und wahre im Beruf die gleichen Grundsätze der Ehrenhaftigkeit, Gerechtigkeit und Unparteilichkeit, die für alle Menschen Gesetz sind.

Der Ingenieur arbeite in der Achtung vor der Würde des menschlichen Lebens und in der Erfüllung des Dienstes an seinen Nächsten, ohne Unterschied von Herkunft, sozialer Stellung und Weltanschauung.

Der Ingenieur beuge sich nicht denen, die das Recht eines Menschen gering achten und das Wesen der Technik missbrauchen, er sei ein treuer Mitarbeiter an der menschlichen Gesittung und Kultur.

Der Ingenieur sei immer bestrebt, an sinnvoller Entwicklung der Technik mit seinen Berufskollegen zusammenzuarbeiten; er achte deren Tätigkeit so, wie er für sein eigenes Schaffen gerechte Wertung erwartet.

Der Ingenieur setze die Ehre seines Berufsstandes über wirtschaftlichen Vorteil; er trachte danach, dass sein Beruf in allen Kreisen des Volkes die Achtung und Anerkennung finde, die ihm zukommt.

---

24 Vgl. H. Lenk/G. Ropohl, a. a. O. und R. Liedtke, *Der Ingenieureid. Ethische, naturphilosophische, juristische Perspektiven*, Michelbach 2000.

b) Ethikkodex (IEEE)

Präambel:
Ingenieure, Natur- und Technikwissenschaftler beeinflussen die Lebensqualität aller Menschen in unserer komplexen technischen Gesellschaft. Es ist daher unerlässlich, dass die Mitglieder des IEEE in der Ausübung ihres Berufs ihre Arbeit in ethischer Haltung durchführen, so dass sie das Vertrauen ihrer Kollegen, Arbeitgeber, Kunden und der Öffentlichkeit verdienen (…).

Artikel I:
Die Mitglieder sollen ein hohes Niveau an Sorgfalt, Kreativität und Produktivität aufrechterhalten und sollen:

1) Verantwortung für ihre Handlungen übernehmen;
2) ehrlich und realistisch sein, wenn sie Behauptungen oder Schätzungen aus vorliegenden Daten ableiten
3) technische Aufgaben nur dann durchführen und Verantwortung nur dann übernehmen, wenn sie durch praktische Übung oder Erfahrung dafür qualifiziert sind, oder nach vollständiger Offenlegung der relevanten Qualifikationen gegenüber ihren Arbeitgebern oder Kunden;
4) ihre beruflichen Fähigkeiten auf dem Stand der Technik halten und die Bedeutung der aktuellen Entwicklung in ihrer Arbeit zur Kenntnis nehmen;
5) Die Integrität und das Prestige des Berufs fördern, indem sie diesen in ehrenhafter Weise und für angemessenes Entgelt ausüben.

c) »Termaximus«-Eid (Bundesingenieurkammer)

In Ehrfurcht und Achtung vor den gegenwärtigen, einstigen und zukünftigen Generationen

spreche ich diesen Eid:

Ich bekenne mich zum schöpferischen Wissen der Ingenieure, werde die ethischen Grundsätze mit Sorgfalt wahren und mich im Sinne der edlen Überlieferung fortbilden.

Ich übernehme die alte und ehrenvolle Pflicht, als vernunftbegabter Teil der Natur dem Erhalt der gesamten Schöpfung zu dienen.

Im Geist der Tradition und unter dem demokratisch verbürgten Schutz des Gewissens stelle ich mich der besonderen moralischen Verantwortung meines Amtes.

Mein Beruf trage dazu bei, allen Lebewesen ein Dasein in Würde, in Sicherheit und in Gesundheit zu ermöglichen. Ich unterlasse berufliche Handlungen, die diesen Werten widersprechen, wenn ich abschätzen kann, dass die Folgen meines Handelns die Gebote der Menschlichkeit jetzt oder in Zukunft verletzen und dem Leben schaden.

Unter Einhaltung der Grenzen meines Könnens und Dürfens beuge ich mich nicht den Weisungen Dritter und führe keine Aufgaben aus, die meine Kompetenzen überschreiten oder meinem Sachverstand widersprechen. Ich verpflichte mich zur Offenlegung meiner beruflichen Qualifikationen und zur wahrheitsgetreuen Information der Öffentlichkeit über Chancen und mögliche Risiken meiner Arbeit.

Ich achte die gesellschaftliche Bedeutung und Würde der Ingenieurkunst und bemühe mich mit allen Kräften, dieses Ansehen den Standesregeln meines Berufes gemäß zu fördern.

Dies alles gelobe ich feierlich, bei meiner Ehre und zum Wohle von Mensch und Umwelt.

Grundsätzliches zur Ethik für Ingenieure

Hans-Ullrich Kammeyer
Präsident der Bundesingenieurkammer (Berlin) und
Präsident der Ingenieurkammer Niedersachsen (Hannover)

Ingenieurverantwortung – sind Ingenieure berufsbedingt in besonderer Weise verantwortlich? ... und wenn ja, dann wem gegenüber? ... gegenüber sich selbst, gegenüber ihrem Auftraggeber/Arbeitgeber oder gegenüber der gesamten Gesellschaft und Umwelt? Gibt es eine besondere ethische Anforderung an Ingenieure, sozusagen eine Ethik für Ingenieure – warum Ethik nur für Ingenieure? Gilt das nicht für alle Berufe? Ja!! Aber zuerst einmal haben die sogenannten »freien Berufe« noch eine besondere, über das normale Maß hinausgehende Verantwortung.

Dazu ein Zitat aus dem *Leitbild der Freien Berufe:* »Das Bundesverfassungsgericht hat in seiner jüngsten Entscheidung vom 15. Januar 2008 bekräftigt«, dass die Freien Berufe »durch eine Reihe von Besonderheiten in der Ausbildung, der staatlichen und berufsautonomen Regelung ihrer Berufsausübung, ihrer Stellung im Sozialgefüge, der persönlichen, eigenverantwortlichen und fachlich unabhängigen Erbringung ihrer Leistung« geprägt werden (BfB 2009: 18).

Aufgrund ihrer vertieften akademischen Ausbildung und ihres Spezialistentums sind Freiberufler den anderen Mitgliedern der Gesellschaft in besonderem Maße verantwortlich. Das wird von den Berufsständen, aber auch vom Gesetzgeber und den Gerichten auch entsprechend bewertet. In diesem Sinne sind jedoch als Freiberufler nicht nur selbständige Freischaffende aufzufassen, wie z. B. Ärzte, Rechtsanwälte, Steuerberater, Architekten, Ingenieure, sondern auch die entsprechend ausgebildeten Berufsträger in Anstellung müssen sich ihrer besonderen Verantwortung bewusst sein. Deshalb legt das bereits zitierte *Leitbild der Freien Berufe* auf die Feststellung wert: »In vielen Fällen, jedoch nicht zwingend, sind Freiberufler auch in wirtschaftlicher Hinsicht selbstständig. Für die Einordnung der Ausübung einer Tätigkeit als Freier Beruf ist es aber nicht relevant, ob diese selbstständig, in einem Angestellten- oder Beamtenverhältnis erfolgt. Die Rechtsform des Arbeitsverhältnisses ist irrelevant, sie muss aber die Unabhängigkeit der fachbezogenen Urteilsbildung des Freiberuflers garantieren« (BfB 2009: 23 f.).

Das wird im Allgemeinen auch so wahrgenommen – so würde sich z. B. kein angestellter Arzt im Krankenhaus medizinische Entscheidungen vom Krankenhausdirektor vorgeben lassen. Ist jedoch der Chef selbst Berufsträger (z. B. der Chefarzt) kann er schon die Entscheidung verändern, übernimmt dann aber auch selbst die Verantwortung (und das kann er auch aufgrund seines Expertenwissens).

Warum ist dies nun für fast alle Freiberufler selbstverständlich, aber bei Ingenieuren nicht im gleichen Maße rechtlich verankerter Teil des beruflichen Handelns, obwohl doch gerade ihre Verantwortung gegenüber der Gesellschaft besonders hoch ist? Und obwohl sie genauso wie andere Freiberufler akademisch ausgebildete Spezialisten mit besonderen Kenntnissen sind?

Gerd Hortleder sagt in seinem Buch über »Das Gesellschaftsbild des Ingenieurs« aus den 1970er Jahren: »Die Tatsache, dass ein Jahr nach der ersten Mondlandung keine größeren Studien zum Ingenieurberuf vorliegen, stimmt nachdenklich. Ist sie ein Glied in der Beweiskette jener, die den Sozialwissenschaften ein getrübtes Verhältnis zur Wirklichkeit vorwerfen? In der Tat gibt es keine vernünftigen Gründe, eine Arbeit zur Soziologie der Apotheker wichtiger zu nehmen als eine zur Soziologie des Ingenieurs. Auch macht es stutzig, dass in dem über 500 Seiten starken Werk Ralf Dahrendorfs *Gesellschaft und Demokratie in Deutschland* die Bezeichnung »Ingenieur« nicht einmal auftaucht […]. Andererseits sollte man die Ursachen für die mangelnde Reflexion über diesen zentralen Beruf nicht ausschließlich bei den Sozialwissenschaftlern suchen, für die im Übrigen Dahrendorf nur ein Beispiel ist. Denn die Abstinenz der Soziologie gegenüber dem Ingenieur spiegelt nur die Rolle wider, die dieser Beruf im Bewusstsein unserer Gesellschaft bis vor nicht allzu langer Zeit gespielt hat; sie ist ein Ausdruck der Unfähigkeit des Ingenieurs und seiner Interessenvertretungen, die eigene Position und seine spezifischen Interessen in dieser Gesellschaft zu erkennen und sie wirkungsvoll zu artikulieren« (Hortleder 1970: 7). Diese Feststellung gilt bis heute unverändert.

Die Bedeutung technischer Entwicklungen für die Gesellschaft ist nicht immer in dem Maße wahrgenommen worden, wie die daraus bedingten Veränderungen tatsächlich fortschrittlich in das Leben der betroffenen Menschen eingegriffen haben. Auch dann nicht, wenn sich Technik in den Dienst des Menschen gestellt und von gesamtgesellschaftlichem Nutzen war: Ich denke hier an die sozialen Auswirkungen der frühen Technisierung, der veränderten Mobilität und Versorgung, aber auch an die Lebensverlängerung, die auf technische Entwicklungen in den Bereichen Medizin und Hygiene zurückzuführen ist. Alle diese Fortschritte wären ohne technische Entwicklungen und ohne das Wirken von Ingenieurinnen und Ingenieuren nicht denkbar gewesen. Spätestens mit den rasanten Entwicklungsschritten seit Mitte des vorigen Jahrhunderts ist der gewaltige Technikeinfluss beinahe allen bewusst: Technische Entwicklungen bestimmen nahezu alle unsere Lebensbereiche. Sie erleichtern unseren Alltag und verbessern unsere Lebensqualität. Sie sichern unsere Zukunft, stellen uns aber auch vor neue Herausforderungen – einschließlich der Risiken und Nebenwirkungen.

Wie aber verhält sich die Gesellschaft gegenüber diesen Tatsachsen? Welche Auswirkungen haben sie auf den Umgang mit Ingenieurinnen und Ingenieuren? Angesichts der Bedeutung und Einflussnahme von Technik scheint es umso bemerkenswerter, dass es bisher ausgeblieben ist, Ingenieurinnen und Ingenieuren gesamtgesellschaftlich den Stellenwert einzuräumen, der ihrer hohen Verantwortung gegenüber Mensch und Natur gerecht wird – und sie zugleich auch mit den erforderlichen gesellschaftlichen Kompetenzen und Mitteln ausstattet. Denn wer verantworten soll, muss auch »ja« oder »nein« sagen dürfen! Tatsächlich bestanden jedoch bisher in dieser Hinsicht Hemmnisse, die eigentlich erforderliche Entwicklungen behinderten.

Eine Ursache dafür liegt darin, dass die Ingenieurausbildung anfangs nicht als wirklich akademisch angesehen wurde, sondern sich ihren Platz in den Universitäten erst erobern musste. Sichtbares Zeichen dafür ist der – inzwischen eher als besondere Leistung empfundene – Dr.-Ing., der im Unterschied zu anderen Dr.-Graden *groß* geschrieben wird. »Während sich z. B. die Juristen bereits fest etabliert hatten, waren die Ingenieure ein noch junger Berufsstand, dessen heterogene Zusammensetzung aus den verschiedensten Statusgruppen zu Vorurteilen geradezu herausforderte. Vielfach wurden sie einfach nicht ernst genommen oder, und dies traf besonders im Falle der Juristen zu, gar nicht beachtet« (Hortleder 1970: 76).

Eine weitere Ursache für die genannten Hemmnisse besteht im Habitus der Ingenieure, der durch fachspezifische Sozialisation erworben wird. Dieser ist daran orientiert, Probleme zweckrational zu lösen, ohne sie ethisch, d. h. im Hinblick auf die eigene gesellschaftliche Verantwortung zu hinterfragen. »In dieser Sichtweise erscheint« dann, wie der Philosoph Rapp sagt, »der technische Wandel als ein von unserem Willen unabhängiger naturgesetzlicher Prozess, dem wir auf Gedeih und Verderb ausgeliefert sind« (Rapp 1987: 37).

Dass die Beteiligten den technischen Wandel als einen eigenständigen und unabhängigen Prozess auffassen, erscheint bei starker Arbeitsteilung nachvollziehbar. Aber auch dann entstehen Gesamtprodukte, für die Ingenieure individuell verantwortlich zeichnen sollten – und nicht nur eine Firmenleitung.

Edward Teller, der Vater der Wasserstoffbombe, geht so weit zu sagen, dass das, was machbar ist, auch gemacht werden wird. Wir müssen uns jedoch über die Grenzen des technisch Machbaren klar werden. Wo die Grenzen des technisch Machbaren noch lange nicht erreicht sind, können die des Vertretbaren längst überschritten sein. Zwischen diesen Polen bewegen wir uns.

Ich halte in einer Zeit hochkomplexer technischer Entwicklungen bereits die Aussage des Philosophen H. Sachse, dass die Techniker die Entscheidungen vorbereiten und begründen, die aber durch Decisionmaker [decision making] aus Gesellschaft und Politik zu treffen wären, für überaus bedenklich. Denn wir werden – worauf einige Vorgänge der jüngeren Vergangenheit verweisen – immer wieder erleben, dass Techniken gegenüber geplanten Szenarien aus dem Ruder laufen, und gewohnte Formen der Planung von Abläufen nicht mehr hinreichen. Spätestens dann ist technischer Sachverstand bei den eventuell kurzfristig zu treffenden Entscheidungen nötig. In solchen Fällen hilft nur der Fachmann, der Ingenieur. Dagegen ist jeder politische und gesellschaftliche Decisionmaker, sei er noch so hoch geschätzt, fehl am Platze, weil als Laie inkompetent. Technische Folgen weit möglichst vorausplanen, aber auch im Augenblick möglicher Sondersituation technisch sinnvoll reagieren, können nur bestens ausgebildete, fortgebildete, erfahrene und verantwortungsbewusste Ingenieure an den entscheidenden Stellen.

Deshalb folge ich dem Philosophen Kenneth D. Alpern, der »eine strenge Auffassung von der moralischen Verantwortung verteidig[t], die von berufstätigen Ingenieuren« zu tragen ist, »die gefordert sind, bereitwillig größere Opfer zu bringen, als sie üblicherweise von anderen Individuen erwartet werden« (Alpern 1987: 179). Dieses Denken ist in eine Reihe von Ethik-Kodizes eingegangen, die uns für eine sinnvolle Umsetzung dieser Prinzipien zur Verfügung stehen. Voraussetzung ist jedoch die tatsächliche Anerkennung der *echten* Freiberuflichkeit des Ingenieurs – auch in unseren Köpfen. Dazu gehört selbstverständlich an erster Stelle der Freiraum für eigenverantwortliches Handeln. Für Ingenieurinnen und Ingenieure bedeutet dies: die Belange verantwortlichen Handelns sowohl auf eine rational begründete und ebenso verantwortungsbewusst-moralische Entscheidungsgrundlage zu stellen.

Gerade im Hinblick auf die Ingenieurverantwortung müssen wir unser Augenmerk in Zukunft verstärkt auf das Vermitteln der Grundsatzfragen verantwortlichen Handelns in der *Ingenieurausbildung* richten. Hier hilft nicht die einzelne Ethikvorlesung. Die Aspekte von Verantwortlichkeit und Moral sollten in alle Vorlesungen und Übungsarbeiten einer qualifizierten akademischen Ausbildung für Ingenieurinnen und Ingenieure einfließen.

Jeder Einzelne sollte die Kompetenz erwerben, sich bewusst mit seiner persönlichen Verantwortung in seinen Entscheidungsfindungen auseinanderzusetzen. Das technische Wissen um das Bewusstsein für Verantwortung zu ergänzen und damit eine *fachbezogene Ethik* zum Gegenstand der Lehre in den ingenieurwissenschaftlichen Studiengängen zu machen, nutzt den handelnden Ingenieuren ebenso wie der Gesellschaft. Die Bedingungen dafür sind: 1. die gesellschaftliche Absicherung durch eine klare Definition, wer denn Ingenieur im Sinne dieser Verantwortlichkeit ist, 2. Regelungen zu Führung und Kontrolle in besonderen Bereichen, die durch großes Verantwortungspotential gekennzeichnet sind, durch den Staat oder durch von ihm autorisierte Institutionen, 3. vielleicht notwendige Versicherungen und 4. die tatsächliche Handhabe und Möglichkeit für den einzelnen Ingenieur, »Nein« sagen zu können, wenn es darauf ankommt.

Eine hochtechnisierte Gesellschaft kann auf eine Diskussion um Verantwortung und Werte nicht mehr verzichten. Deshalb möchten wir den interdisziplinären Austausch über diese Fragen fördern und beleben.

Literatur

Alpern, Kenneth D. (1987): »Ingenieure als moralische Helden«. In: Hans Lenk/Günter Ropohl (Hg.), Technik und Ethik, Stuttgart: Philipp Reclam. S. 177–193.

BfB [Bundesverband der Freien Berufe] (2009): Leitbild der freien Berufe. Berlin.

Hortleder, Gerd (1970): Das Gesellschaftsbild des Ingenieurs. Frankfurt/M: Suhrkamp.

Rapp, Friedrich (1987): »Die normativen Determinanten des technischen Wandels«. In: Hans Lenk/Günter Ropohl (Hg.), Technik und Ethik, Stuttgart: Philipp Reclam. S. 31–48.

Empfehlungen aus persönlicher Praxiserfahrung

Harald Noske
Vorstand der Stadtwerke Hannover (enercity)

Verantwortung von Ingenieuren offenbart sich als ein spannendes und facettenreiches Thema. Dies aus Sicht der beruflichen Praxis zu diskutieren, hat einen besonderen Reiz. Als ich im Frühjahr begann, mich mit dem Thema zu beschäftigen, die öffentliche Debatte gerade geprägt von »Stuttgart 21« – aktuell steht das Thema Energiewende in der medialen öffentlichen Wahrnehmung ganz vorn. Ich fragte mich in der Vorbereitung damals, wie ich eine Brücke bauen könnte von meiner Rolle als Manager in der Energiewirtschaft hin zu einer eher grundsätzlichen Sicht auf den Begriff der Verantwortung. Doch die Ereignisse in Fukushima führen sie uns konkret und plastisch vor Augen. Die Frage, wofür Wissenschaftler und Ingenieure in ihrem Handeln verantwortlich sind ist damit aktueller denn je.

I. Roter Faden

Aus eigener Erfahrung würde ich sagen, dass für den angehenden Ingenieur das Thema Verantwortung eher abstrakt und kaum fassbar ist. Anfang der 1980er Jahre, als ich mit dem Ingenieurstudium fertig wurde, schauten wir voller Tatendrang und Zuversicht auf das vor uns liegende Arbeitsleben, wir wollten durchstarten und einfach nur erworbenes Wissen praktisch anwenden. Die Grundstimmung war seinerzeit auch getragen von einer positiven Sicht auf Technik sowie der Faszination vom grenzenlosen Nutzen technologischer Entwicklungen.

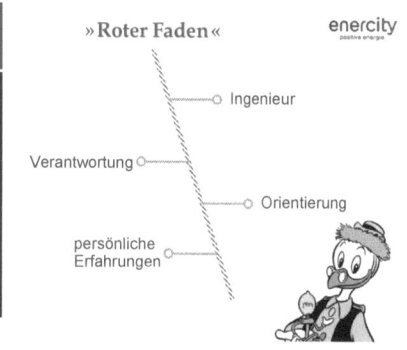

Die große Überschrift war, in Anlehnung an die erste Zeile des Ingenieurliedes von Heinrich Seidel:

Dem Ingenieur ist nichts zu schwere –
Er lacht und spricht: »Wenn dieses nicht, so geht doch das! […]«[1].

Etwas salopper hat dieser Satz sogar Eingang in die Comic Welt Disneys gefunden. Dort wurde dem genialen Erfinder Daniel Düsentrieb der Satz in den Mund gelegt: »Dem Ingenieur ist nix zu schwör!«

Wenn wir über die Verantwortung von Ingenieuren nachdenken, fallen uns sofort eine ganze Reihe von Fragen ein:

- Wofür genau trage ich eigentlich Verantwortung und woran merke ich, dass ich sie trage?
- Welche Normen und Regeln gelten eigentlich für mich und mein Handeln?
- Wie geht es mit der technischen Entwicklung weiter? Wohin verschiebt sich die Grenze des Machbaren durch die Grundlagenforschung?
- Welche Rolle spiele ich/spielt unser Berufsstand in dieser Gesellschaft?

Wann entsteht Verantwortung ganz konkret? – Sie entsteht unmittelbar immer dann, wenn es gilt eine Entscheidung zu treffen, die mit Folgen für Sicherheit, Wirtschaftlichkeit, Umwelt und den arbeitenden Menschen einhergeht. Diese Folgen sind immer gegeben, da der Ingenieur fast immer mit dem Einsatz und der Bündelung von Kräften und Energien zu tun hat.

II. Der Ingenieur in der Gesellschaft

enercity

Zoom Erwerbstätige:

Lehrer	1 000 000
Ingenieure	750 000
Juristen	240 000
Ärzte, Apotheker	500 000
Sozialpädagogen	300 000
Informatiker	230 000

Wenn wir zurückschauen zu den begrifflichen Wurzeln des Ingenieurs, so landen wir im lateinischen und altfranzösischen Wortschatz: »Ingenium« steht für Scharfsinn und Begabung. Der Begriff findet sich z. B. wieder im englischen Wort »engine« für Maschine bzw. sinnreiche Erfindung. Also könnte man es so sagen: Ingenieure sind Menschen, die mit ihren Fähigkeiten von Logik und Berechnung sinnvolle technische Anwendungen schaffen. Diese For-

---

1 Akademischer Verein Hütte, mit Verweis auf das »Hüttenliederbuch (1904)«: http://www.av-huette.de/seidel.html

mulierung zeigt: Ingenieurmäßiges Arbeiten ist in der Gesellschaft überall präsent.

Wie groß ist denn die Bedeutung der Ingenieure in unserer Gesellschaft? Bei der Frage muss man meines Erachtens zwischen der nackten Zahl und der gesellschaftlichen Bedeutung unterscheiden.

Zunächst die nackte Zahl: Rund 750 000 Ingenieure gibt es zurzeit in Deutschland. Das heißt, jeder sechzigste Erwerbstätige in

Deutschland ist Ingenieur! Entspricht das der Wahrnehmung im gesellschaftlichen Alltag? Der Vergleich mit anderen Berufsständen zeigt interessante Konstellationen[2].

Der Ingenieur gehört also zu den zahlenmäßig am stärksten vertretenen Berufsgruppen. Die gefühlte Bedeutung und Präsens in der gesellschaftlichen Diskussion ist aber gering. Hier kommen z. B. Ärzte und insbesondere Juristen viel häufiger vor. Die von Medien und Gesellschaft signalisierte Wertschätzung gegenüber der Arbeit der Ingenieure erscheint im Vergleich zu gering.

Die Ingenieure müssen offensichtlich an ihrer Wahrnehmung arbeiten und kommunikativer werden.

Der Ingenieur und seine Arbeit stehen, trotz mangelhafter Wahrnehmung seiner tatsächlichen Bedeutung, mitten in unserer Gesellschaft. Ich möchte dies anhand von drei Begriffspaaren beleuchten, welche die Arbeit der Ingenieure nach meiner Erfahrung recht gut beschreiben:

A. Forscher und Entwickler:
Der Ingenieur vermittelt zwischen den Naturwissenschaften und der (technischen) Wirklichkeit, indem er physikalische Gesetzmäßigkeiten für praktische Anwendung nutzbar macht. Dabei bezieht er handwerkliche Präzision genauso mit ein wie künstlerische Inspiration. Neben praktischem Nutzen achtet er im Idealfall auch auf den Herstellungsprozess und die Ästhetik eines Produktes. Die Produktbeispiele reichen vom Hightech-Automobil bis zum MP3-Player, von der Windenergieanlage bis zum Design-Mixer.

B. Umsetzer und Optimierer:
Der Ingenieur ist zumeist jemand, der Ideen, Menschen und Geld zusammenbringt. Er ist derjenige, der Ideen aufgreift, ausgestaltet und umsetzt. Er ist häufig derjenige, der die Menschen begeistert an dieser Idee und ihrer Umsetzung mitzuarbeiten. Und, er ist derjenige, der potentiellen Geldgebern vermittelt, warum es sinnvoll und auch wirt-

---

2 Bundesagentur für Arbeit: Der Arbeitsmarkt für Akademiker/innen in Deutschland, Arbeitsmarktberichterstattung, Ingenieurinnen und Ingenieure. Nürnberg 2010.

schaftlich ist, in diese Idee zu investieren – warum es gut und nützlich ist, Innovationen aus Ideen zu entwickeln.

Planen, prüfen und berechnen, Statik, Dynamik und Barwert; schließlich Einbeziehung des menschlichen Verhaltens – das sind die Fähigkeiten und Dimensionen, in denen sich ein Ingenieur bewegen muss, um Apparate zu bauen oder Verfahren zu entwickeln oder beides in ihrer Funktion und/oder Wirtschaftlichkeit zu optimieren.

C. Darsteller und Erklärer:
Der Ingenieur, das ist der, der mit einem leeren Blatt Papier und einem Bleistift gleichermaßen umgeht wie mit den IT-Werkzeugen und Prozessen der *Computer Aided Technologies* (CAT). Er ist derjenige, der Pläne, Ideen und Sachverhalte grafisch darstellen und durch Visualisierung von Zusammenhängen veranschaulichen kann. Er verknüpft Zahlen, Daten und Fakten zu Erkenntnissen und leitet daraus funktionierende Systeme und komplexe Strukturen ab. Er »kann« Komplexität. Er kann sie analysieren, durchschauen, darstellen und erklären.

Gerade die letzte Eigenschaft macht ihn zum idealen Erklärer und Begründer. Nur, um diese Funktion in der Gesellschaft, die einen riesigen Bedarf daran hat, intensiver zu nutzen, muss er lernen, seine »Technik-Ecke« öfter zu verlassen und gezielte Kommunikation zu betreiben.

Ingenieure sollten viel mehr außerhalb der »Technik-Ecke« und in engerer Verknüpfung mit Kaufleuten und Juristen darlegen und erklären, was sie warum wie tun!

III. Notwendige Balance der Ingenieursarbeit

Wenn man mitten im Leben steht als Ingenieur – mitten in dieser modernen Welt mit ihren rasanten Entwicklungen auf allen Ebenen des täglichen Lebens – woran kann man sich orientieren? – Woran macht sich Verantwortung ganz praktisch fest? – Wie muss die Arbeit und das Arbeitsergebnis beschaffen sein?

A. »legal«

Zu allererst haben wir einen gesetzlich-normativen Rahmen, der auf nationaler, europäischer und auch internationaler Ebene gilt. Gesetze und Verordnungen stellen einen guten und unverzichtbaren Handlungsrahmen dar. Alles was wir tun, muss dem Anspruch genügen legal zu sein, es muss sich aus dem geltenden gesetzlich-normativen Rahmen heraus rechtfertigen lassen. Alle Ingenieurprodukte müssen sicher und zuverlässig handhabbar sein. Wo dazu Ausführungsdetails von Nöten sind, müssen technische Regelwerke geschaffen und gepflegt werden, die den Stand der Technik oder die allgemein anerkannten Regeln der Technik (aaRdT) beschreiben. Beispiele hierfür sind die Regelwerke des DIN, VDE oder DVGW. Auf diese wird auch häufig in Gesetzen verwiesen. Derartige Regelwerke sind lebendiger Ausdruck der technischen Selbstverwaltung, die sich Ingenieure als Rahmen geben, und der gesetzlich anerkannt ist.

B. »rational«

Daneben gilt es, Entscheidungen nach objektiven Kriterien zu fällen, sie den Gesetzen der Logik folgen zu lassen und sie mit einem konsistenten Zahlen- und Rechenwerk argumentativ zu fundieren. Alle planbaren Entscheidungen sollen (im Idealfall) streng rational begründet sein.

Dies gilt für spontane, nicht planbare Entscheidungen natürlich gleichermaßen. Sofern die hier dominierende »Bauch-Entscheidung« auf einem hohen Maß an Erfahrung beruht, ist auch diese als hinreichend rational einzustufen.

C. »legitim«

Aber reicht das, reichen die Perspektiven der Legalität und der Rationalität aus, um verantwortlich Entscheidungen zu treffen? Geht es lediglich darum, unser Tun zu rechtfertigen, oder gibt es weitere Dimensionen wie die Gewissensfrage? Neben Legal und Rational steht als dritte Dimension bzw. Perspektive noch Legitim im Raum. Eine Entscheidung, eine Handlung muss insofern auch, außer dass sie gerechtfertigt und begründbar, geboten und angemessen ist, auch ethisch verantwortbar sein. Deshalb begann vor rund sechzig Jahren, im Jahr 1950, das Bekenntnis der Ingenieure im Verein Deutscher Ingenieure (VDI), mit folgenden Formulierungen:

> »Der Ingenieur übe seinen Beruf aus
> in Ehrfurcht vor den Werten jenseits von Wissen und Erkennen
> und in Demut vor der Allmacht,
> die über seinem Erdendasein waltet.«[3]

---

3 Jens Reese (Hrsg.): Von der Anstrengung, der Technik ein Gesicht zu geben. In: Ders. (Hg.): Der Ingenieur und seine Designer, Berlin-Heidelberg-New York 2005: Springer. S. 71.

Diese pastorale Sprache und Sicht ist uns heute vielleicht fremd. Sicherlich hallt auch der Schrecken des 2. Weltkrieges in diesem Text nach. Und doch reiht er sich ein in das Bemühen von Menschen, universelle moralische Grundsätze für ihren Berufsstand zu formulieren – was beispielsweise mit dem hippokratischen Eid der Ärzte um 400 v. Chr. anfängt.

Man kann diesen ethischen Aspekt auch etwas kürzer und moderner formulieren, wie es Helmut Schmidt in seiner Rede vor der Max-Plank-Gesellschaft vom Januar des Jahres 2011 getan hat: »Wissenschaft ist […] eine zur sozialen Verantwortung verpflichtete Erkenntnissuche«[4]. Dieser Satz war an die Forschergemeinschaft gerichtet, gilt aber in der Formulierung »zur sozialen Verantwortung verpflichtet« auch in gleichem Maße für uns Ingenieure als Vertreter der Ingenieurwissenschaften.

Das eigene Handeln diesen drei abstrakten Ideen von legal, rational und legitim folgen zu lassen ist schon eine echte Herausforderung. Doch reicht das aus?

Schauen wir uns das konkrete Arbeitsfeld der Ingenieure in der täglichen, praktischen, modernen Welt genauer an!

- Der Ingenieur fungiert als Nutzenschaffer und Problemlöser für technische und wirtschaftliche Aufgaben für *sein* Unternehmen.
- Der Ingenieur ist eingebunden in eine Welt des ewigen Wachstums-Anspruches und des dauernden Innovation-Zwanges.
- Der Ingenieur hat mehr denn je wirtschaftlichen Zwängen zu folgen als technischen Möglichkeiten.
- Der Ingenieur benötigt für seine Arbeit Inspiration und handwerkliche Hilfe von den Menschen und Mitarbeitenden seiner Organisation.

Diese Betrachtungen zeigen, dass das Handeln des Ingenieurs von zahlreichen Abwägungen geprägt ist, z. B. zwischen Nutzen und Aufwand, zwischen Wirkung und Nebenwirkung, zwischen Qualität und Kosten, zwischen Funktion und Risiko. Kurzum, das Denken und Handeln des Ingenieurs muss neben legal, rational und legitim auch wirtschaftlich und sozial abgewogen sein. – Das ist nun die vollständige Beschreibung der Verantwortung von Ingenieuren!

---

4   Max-Planck-Gesellschaft, Rede von Helmut Schmidt anlässlich des Jubiläums 100 Jahre Kaiser-Wilhelm-Gesellschaft, Berlin, 11. Januar 2011: http://www.mpg.de/990353/Verantwortung_der_Forschung?page=1

IV. Empfehlungen aus meiner persönlichen Praxiserfahrung

Wie nimmt man Verantwortung nun in der beruflichen Praxis wahr? Geht das automatisch oder »auf Knopfdruck«?

Die Wahrnehmung von Verantwortung entwickelt sich für den Ingenieur langsam und steigt parallel zu seiner Entscheidungskompetenz an. Am Anfang entscheidet er vielleicht über ein Leistungsmerkmal einer Maschine oder die Auslegung eines Zukaufteils, später über die Ausgestaltung eines Arbeitsprozesses oder den Einsatz von Mitarbeitenden für eine Arbeitsaufgabe. Beim weiteren Erklimmen der Karriereleiter können auch Produktentwicklung oder strategische Unternehmensausrichtung zu Ihren Entscheidungen gehören. Spätestens dann tragen Sie die faktische Verantwortung für wichtige Lebensumstände zahlreicher Mitarbeitenden, den Erfolg oder Misserfolg Ihrer Kunden, Ihres Unternehmen und vielem mehr.

Wie wächst man nun am besten in diese Verantwortung hinein? Wie wird Verantwortung zur Lust und nicht zur Last? Ich will meine beruflichen Erfahrungen in folgenden Empfehlungen für Ingenieure zusammenfassen:

1) Verschaffen Sie sich immer ein solides Fachwissen zu den Themen und Technologien Ihres Aufgaben- und Verantwortungsbereiches.
2) Achten Sie stets auf die Einhaltung von Gesetzen und Verordnungen.
   Beachten Sie Regelwerke als die gute Empfehlung aus gesammelter Erfahrung und weichen Sie nur im Ausnahmefall und mit sehr guten Begründungen davon ab.
3) Hören Sie Ihren Auftraggebern sehr genau zu, um Leistungsanforderungen und Wünsche exakt kennen zu lernen. Dokumentieren Sie diese und scheuen Sie sich nicht nachzufragen. Eine exakt spezifizierte Aufgabenstellung ist der halbe Erfolg für das Arbeitsergebnis.
4) Nutzen Sie für Ihre eigene Ingenieursarbeit jede nur mögliche Verknüpfung mit Kollegen anderer Disziplin und Ausbildung. Tauschen Sie Ihre jeweiligen Sichten und

> **Empfehlungen aus meiner persönlichen Praxiserfahrung**
>
> enercity
> positive energie
>
> 1. solides Fachwissen
> 2. Gesetze und Regelwerke
> 3. genau zuhören und nachfragen
> 4. interdisziplinäre Zusammenarbeit
> 5. Wirkung und Nebenwirkung hinterleuchten
> 6. „Tiefbohrungen"
> 7. gesellschaftspolitische und soziale Relevanz
> 8. transparente Entscheidungen

Beurteilungsperspektiven aus. Verlassen Sie so häufig wie möglich Ihre »Technik-Ecke«. Interdisziplinäre Zusammenarbeit erweitert den Wahrnehmungs- und Bewertungshorizont.

5) Hinterleuchten Sie jede anstehende Entscheidung auf die Wirkung und die Nebenwirkungen für das Produkt, den Prozess, die damit arbeitenden Menschen und das wirtschaftliche Ergebnis. Schauen Sie immer über den Tellerrand hinaus.

6) Haben Sie Entscheidungen zu treffen, auf der Basis von Arbeits- und Ergebnisberichten von Mitarbeitenden oder zuarbeitenden Organisationen, so nutzen Sie Ihr Fach- und Methodenwissen zu logischen Hinterfragungen und Plausibilitätsprüfungen. Nötigen Sie Ihr Gegenüber, seine Empfehlungen detailliert zu begründen. Kurz gesagt: Machen Sie immer wieder punktuelle »Tiefbohrungen«, um den Dingen und Zusammenhängen auf den Grund zu gehen und die notwendige Balance (s. o.) zu überprüfen.

7) Achten Sie immer auf die gesellschaftspolitische und soziale Relevanz bzw. Einordnung Ihrer Entscheidungen und Positionierungen. Bedenken Sie vorausschauend die weiteren Auswirkungen.

8) Erklären Sie stets Ihren Mitmenschen und Mitarbeitenden, was Sie warum wie tun. Schaffen Sie Transparenz über die Beweggründe Ihrer Handlungen und Entscheidungen. Nur wer Anderen die Dinge erfolgreich erklären kann, kann seiner Sache sicher sein!

Wenn Sie diese Empfehlungen stets beachten, wachsen Sie mit Sicherheit ohne Schwierigkeiten in die praktische Wahrnehmung der Ingenieurs-Verantwortung hinein. Es wird ein natürlicher, ein organischer Prozess sein.

Erlauben Sie mir zum Abschluss eine besondere Betonung des letzten Punktes. Gerade »Stuttgart 21« oder die wichtigen Entscheidungen zur Energiewende in Deutschland machen deutlich, dass auch (und vielleicht gerade) die Zunft der Ingenieure allzu lange schweigend, ohne Erklärungen zu geben, ihren Job gemacht hat – und dabei ihre wichtige Rolle als Erklärer und Darsteller von Sachverhalten und Zusammenhängen vernachlässigte. Als Ergebnis werden ingenieur-technische Selbstverständlichkeiten von großen Teilen der Bevölkerung nicht erkannt, nicht verstanden und am Ende nicht »Wert geschätzt«. Auch die Ingenieure haben es in der Hand, dieses wieder zu ändern – durch lückenlose Wahrnehmung ihrer gesellschaftlichen Verantwortung!

Nachhaltigkeit als Herausforderung

Rainer Heimsch
Ing.-Büro Rainer Heimsch VDI/AGÖF, Rastede und Vechta

In den »Ethischen Grundsätzen des Ingenieurberufs« hat der Verein Deutscher Ingenieure (VDI) u. a. folgende Handlungsanleitungen formuliert[1]:

Die Ingenieurinnen und Ingenieure
- »bekennen sich zu ihrer Bringpflicht für sinnvolle technische Erfindungen und nachhaltige Lösungen.«
- »sind sich bewußt über Zusammenhänge technischer, gesellschaftlicher, ökonomischer und ökologischer Systeme und deren Wirkung in der Zukunft«.

Und sie

- »vermeiden Handlungsfolgen, die zu Sachzwängen und zur Einschränkung selbstverantwortlichen Handelns führen.«

Betrachten wir nun unsere Umwelt und deren latente Zerstörung, ist festzustellen, dass weder der VDI noch die Ingenieure – mit wenigen Ausnahmen – diesen Ansprüchen gerecht werden.

Diese zugegeben ketzerische Aussage zu bestätigen, soll beispielhaft an drei Themenfeldern versucht werden.

Doch zunächst die Grundlage für die Beurteilung nachhaltigen Wirkens. Der Begriff stammt ursprünglich aus der Forstwirtschaft: Es wird nur soviel Holz entnommen, wie nachwachsen kann. Die heutige Definition basiert auf einem Bericht der Vereinten Nationen aus der »Brundtland-Kommission«, die 1983 einberufen wurde. In dem Bericht steht eine neue Definition: »Dauerhafte Entwicklung ist Entwicklung, die die Bedürf-

---

[1] VDI Verein Deutscher Ingenieure: Ethische Grundsätze des Ingenieurberufs. Düsseldorf, 2002.

nisse der Gegenwart befriedigt, ohne zu riskieren, dass zukünftige Generationen ihre eigenen Bedürfnisse nicht befriedigen können.«

Ins deutsche Grundgesetz ist daraus im Artikel 20a aufgenommen: »Der Staat schützt auch in Verantwortung für die künftigen Generationen die natürlichen Lebensgrundlagen und die Tiere im Rahmen der verfassungsmäßigen Ordnung durch die Gesetzgebung und nach Maßgabe von Gesetz und Recht durch die vollziehende Gewalt und Rechtsprechung«[2].

Nun zur Wirklichkeit. Um die klimapolitischen Ziele der Bundesregierung zu erreichen, dürfte jede Person in Deutschland 2,5 t CO_2 pro Jahr verursachen. Tatsächlich sind dies jedoch derzeit 10,63 t/Jahr (Bild 1).

Durch die bisherigen Energiesparmaßnahmen, basierend auf Gesetzen und Verordnungen – am bekanntesten ist die Energieeinsparverordnung (EnEV) – wurde zwar der Raumwärmebedarf pro m^2 seit 1960 von ca. 220 auf 120 kWh/m^{2}a verringert, gleichzeitig stieg jedoch die Wohnfläche pro Kopf von ca. 20 auf ca. 56 m^2 an. Im Ergebnis führt dies dazu, dass der Raumwärmebedarf in kWh pro Kopf und Jahr mit ca. 7 500 kWh im Jahr 2005 deutlich höher war als 1960 mit ca. 4 000 kWh![3] (Bild 2).

Haben Architekten und Ingenieure darüber hinweggesehen, um sich besser selbst zu verwirklichen, höhere Honorare zu erzielen? Oder haben sie es einfach nicht wahrgenommen, weil sie sich für diese Zusammenhänge nicht ausreichend interessierten?

Aus diesem Fehlverhalten heraus haben sich drängende Probleme unserer Zeit entwickelt. Sehr übersichtlich und einprägend hat dies Dr.-Ing. B. Krick 2011 zusammengefasst[4] (Bild 3). Aufgrund der Lebensweise, insbesondere in den sogenannten »hochentwickelten Gesellschaften« und der daraus resultierenden Phänomene ansteigender CO_2-Konzentration in der Atmosphäre mit steigenden Temperaturen und Meeresspiegel, Verlust von Siedlungs- und Ackerflächen und in der Folge Vergrößerung des Hungers, zunehmende Flüchtlingsströme, Reduzierung der Biodiversität sowie Ressourcen- und Verdrängungskriege lässt sich nachweisen, dass u. a. die oben postulierten »Ethischen Grundsätze des VDI« also Anforderungen an Ingenieure nicht massiv bzw. nicht ausreichend genug in die öffentliche Diskussion eingebracht wurden. Warum?

Die Alt-68-er haben ihre Elterngeneration immer wieder danach gefragt, warum sie so wenig gegen das Nazi-Regime und dessen fürchterliche, menschenverachtende Politik unternommen haben. Die Antwort war oft, »wir haben dies doch nicht gewusst« oder »was hätte man denn dagegen tun können, bei aktivem Widerstand war doch das eigene Leben in Gefahr.«

Dies soll hier – auch aus Zeitgründen – in seiner Gesamtproblematik zunächst nicht weiter vertieft werden. Greift man jedoch die Rechtfertigung »mangelnde Information«

---

2   Grundgesetz für die Bundesrepublik Deutschland vom 23. 05.1949, zuletzt geändert durch Art. 1 G v. 11. 07. 2012 | 1478.
3   Santarius, T.: Der Rebound-Effekt. Wuppertal, 2012.
4   Krick, B. Dipl.-Ing.: Möglichkeiten zur weiteren Optimierung von Strombedarf, Hülle und Haustechnik

Nachhaltigkeit als Herausforderung

Bild 1 CO_2-Fußabdruck pro Person und Jahr in Deutschland (Quelle: klimAktiv CO_2-Rechner, 01. 04. 2014)

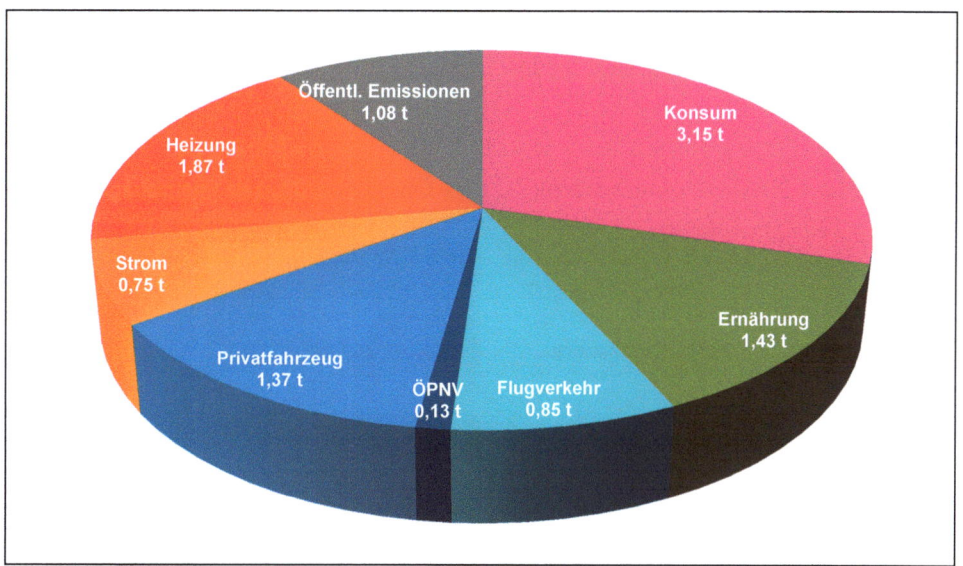

Bild 2 Raumwärmebedarf in kWh pro Kopf und Jahr (Quelle: T. Santarius. Der Rebound-Effekt. Wuppertal 2012)

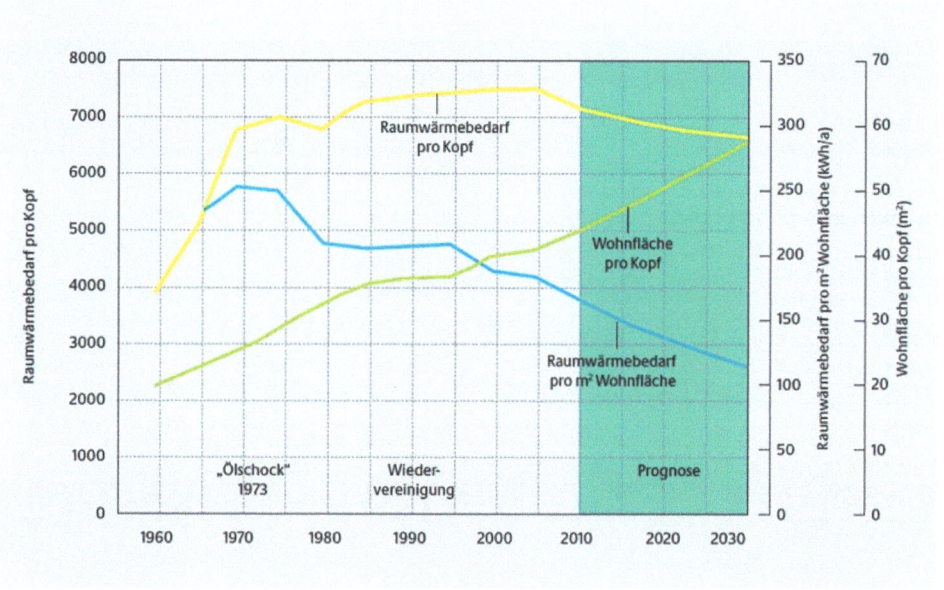

Bild 3 Drängende Probleme unserer Zeit (Quelle: B. Krick 2011)

Drängende Probleme unserer Zeit

Passive House Institute

Anstieg der CO_2-Konzentration in der Atmosphäre

Folgen:
- Steigende Temperaturen und Meeresspiegel
- Verlust von Siedlungs- und Ackerfläche
- Vergrößerung des Hungers
- Flüchtlingsströme
- Reduzierung der Biodiversität
- Ressourcen- und Verdrängungskriege

Lösungsansätze:
- Steigerung der Effizienz und
- Umstieg auf CO_2-freie Energieträger um den Treibhausgasausstoß zu reduzieren

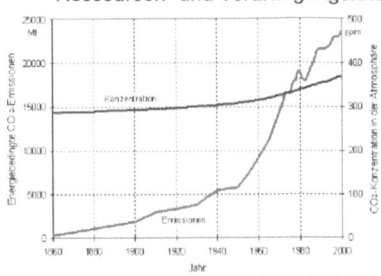

Bild 4 Energiekonzept der Bundesregierung vom 28.09.2010

Kennwert	2020	2030	2040	2050
Entwicklung der Treibhausgasemissionen gegenüber 1990	-40%	-55%	-70%	-80% bis -95%
Anteil der erneuerbaren Energien am Bruttoendenergieverbrauch	18%	30%	45%	60%
Anteil der Stromerzeugung aus erneuerbaren Energien am Bruttostromverbrauch	35%	50%	65%	80%
Entwicklung des Primärenergieverbrauchs gegenüber 2008 (2,1% p.a.)	20%	...	...	50%
Entwicklung des Stromverbrauchs gegenüber 2008	10%	...	...	25%
Entwicklung des Endenergieverbrauchs im Verkehrsbereich gegenüber 2005	10%	...	...	40%

heraus, so ist festzustellen, dass dieses Argument für uns heute nicht mehr zutrifft. Wer will, kann sich in einem Maße informieren, dass er/sie die Problemstellungen in vielen Bereichen erkennen müsste.

So ist bekannt, dass die in der Politik angestrebten Ziele der CO_2-Reduzierung bis 2020 bzw. 2050 mit den eingeschlagenen Pfaden nicht erreicht werden kann. 2011 betrug der Anteil erneuerbarer Energien 12,2 %. Ein guter Wert – er reicht aber nicht aus, ist nicht nachhaltig genug, um die im Energiekonzept der Bundesregierung vom 28. 09. 2010 beschlossenen Ziele auch nur annähernd zu erreichen (Bild 4).

* * *

Doch kommen wir zu den angekündigten drei Beispielen für das vielfältige unverantwortliche Handeln von Ingenieuren, Architekten und Wissenschaftlern.

Erstes Beispiel: Wissenschaftlich erwiesen ist, dass die Sonne 2 850-mal mehr Energie auf die Erde sendet als derzeit genutzt wird. Derzeit ist ungefähr 1 % davon technisch nutzbar, immerhin noch sechsmal mehr als die Weltbevölkerung heute benötigt[5].

Nachhaltiges Handeln ist mehr denn je gefordert. In vielen Schubladen »schmoren« die Lösungen, werden aber immer noch von kurzfristigen ökonomischen Interessen verdrängt. Dies lässt sich an dem Beispiel »nachwachsende Rohstoffe« derzeit besonders drastisch verdeutlichen. Monokulturen in unseren Regionen führen zur »Vermaisung« der Landschaft. Überall schießen Biogas-Anlagen wie Pilze aus dem Boden mit dem einzigen Ziel, Strom zu erzeugen. Die dabei anfallende Wärme kann vielfach nicht genutzt werden und wird über Notkühler in die Luft abgegeben. Alles Produkte nicht nachhaltigen Handelns von Industrie, Ingenieuren, Spekulanten und Landwirten (Bild 5).

In anderen Erdteilen werden Ur- und Regenwälder zerstört, um z. B. Palmöl für Biokraftstoffe oder Sojabohnen für unsere Fleischmastbetriebe anzubauen. Getreide, Mais, Zuckerrüben – oft einzige Grundnahrungsmittel für viele Menschen – werden für die Gewinnung von »Bio-Ethanol« eingesetzt, um u. a. den extrem hohen Spritverbrauch im Verkehrsbereich abzudecken (Bild 6).

Zweites Beispiel: Heute wird die energetisch zu erreichende Qualität eines Gebäudes im Wesentlichen über den Primärenergiebedarf »Qp«, d. h. den Verbrauch in Kilowattstunden pro Jahr(kWh/a) bewertet.

Untersucht man dieses Verfahren näher, stellt man schnell fest, dass die hierfür festgesetzten sogenannten Primärenergiefaktoren, z. T. willkürlich politisch aus kurzfristigen Interessen heraus festgelegt wurden.

---

5 Greenpeace International: Energy revolution. A sustainable pathway to a clean energy future for Europe. 2005.

Bild 5 Biogas-Blockheizkraftwerk mit Notkühlung

Bild 6 Zerstörung von Regenwald, »Vermaisung« der Landschaft

Bild 7 Vergleich anlagentechnische Verluste

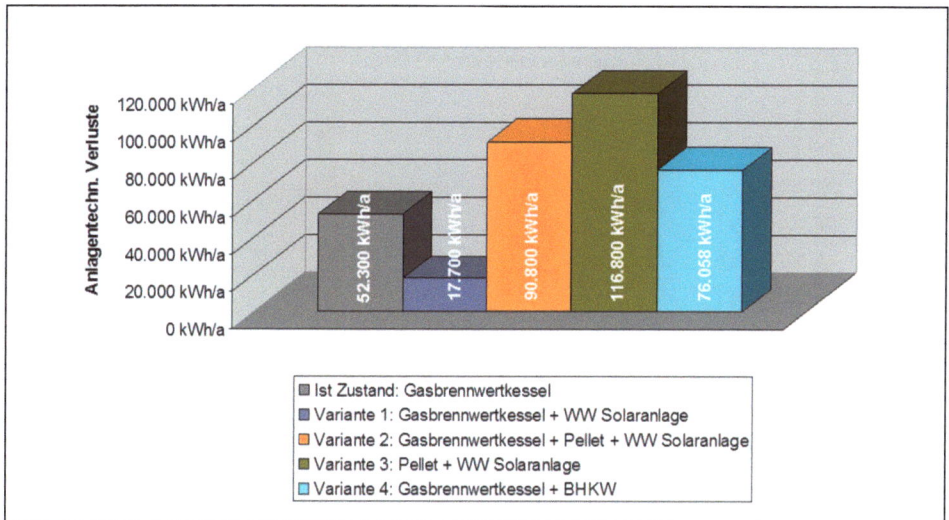

Um ein Gebäude mit der erforderlichen Wärme zu versorgen ist – unabhängig vom Heizsystem – eine Wärmemenge von ca. 400 000 kWh/a erforderlich. Beim Vergleich von fünf verschiedenen technischen Varianten in der Wärmeerzeugung weist die Variante 3 (Holzpellet-Anlage mit Warmwasser-Solaranlage) die höchsten anlagentechnischen Verluste auf (Bild 7).

Vergleicht man den Primärenergiebedarf der fünf Varianten, steht plötzlich die (bei den anlagentechnischen Verlusten) schlechteste Anlage als beste da. Warum ist dies so? Die Erklärung liefert die Betrachtung der Primärenergiefaktoren. In Deutschland werden Pellet-Anlagen mit einem Primärenergiefaktor von 0.2 bewertet, in der Schweiz dagegen mit einem Faktor von 0.8. Setzt man nun diesen Faktor 0.8 in das oben erwähnte Beispiel des Primärenergieverbrauches ein, so verändert sich die Reihenfolge, wie dies in Bild 8 zu sehen ist, dramatisch. Variante 2 und 4 schneiden (mit dem Schweizer Faktor) deutlich besser ab als Variante 3. Schließt man in diese Betrachtung dann noch die CO_2-Bilanz bei der Stromerzeugung ein, schließt die Variante 4 mit Abstand am besten ab. Wo bleibt die Reaktion der Fachleute und der Fachverbände auf diese politisch durchsichtige Aktion?

Bild 8 Vergleich Primärenergiebedarf mit unterschiedlichen Primärenergiefaktoren

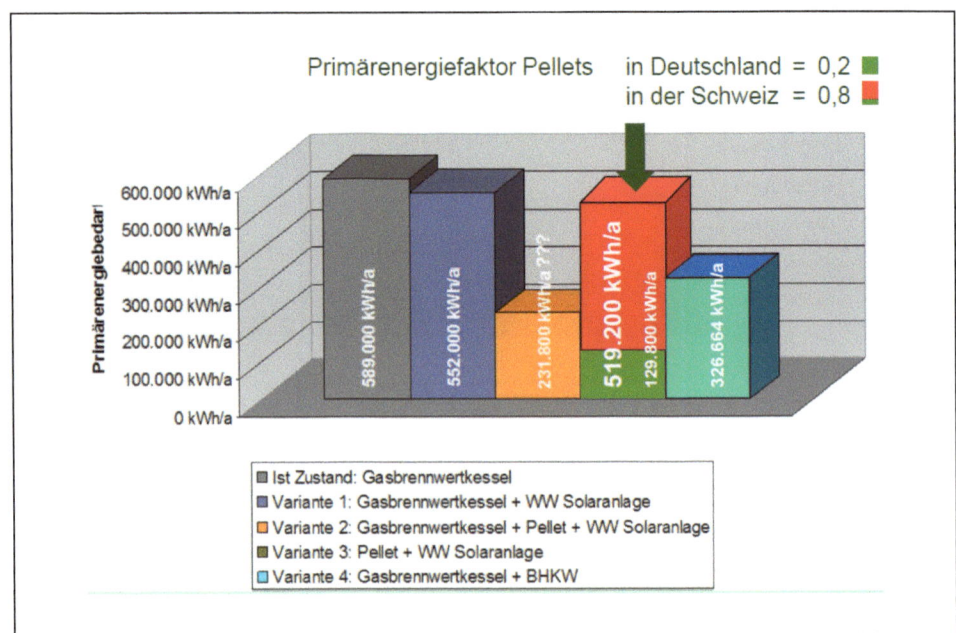

Als *drittes Beispiel* dient ein lokaler Schildbürgerstreich, das sogenannte »Schlaue Haus« in Oldenburg[6] (Bild 9).

Im Rahmen »Oldenburg – Stadt der Wissenschaft 2009« entstand die Idee eines steten Dialoges zwischen Wissenschaft und Bürgern. Hierfür wurde in bester zentraler Lage ein abbruchreifes Baudenkmal (Fachwerkhaus) incl. Neubau aufwändig zum »Schlauen Haus« ausgebaut, in dem Forschungsergebnisse aus den Bereichen Energie/Klima und Wohnen/Leben unterhaltsam vermittelt werden sollen. Eine denkmalgerechte Sanierung bei dem Baudenkmal war aus konstruktiven/statischen Gründen nicht möglich. Nur die Fassade wurde ansatzweise erhalten.

Die offiziell veranschlagten Baukosten wurden mit 3,5 Millionen Euro angesetzt, eine von Fachleuten immer kritisch hinterfragte Summe.

Die Stadt Oldenburg zog sich aufgrund eines Ratsbeschlusses aus dem Projekt zurück, Träger wurde nunmehr eine gemeinnützige GmbH, ein Zusammenschluss von Universität Oldenburg und Jade Hochschule. Demokratisch gefasste Beschlüsse aus beiden Hochschulgremien liegen nach unserer Kenntnis hierfür nicht vor. Die Baukosten sind nun um über 1,5 Millionen Euro gestiegen. Wer trägt diese Kosten? Der Steuerzahler.

---

6 Konzept von 2008 der Stadt Oldenburg

Nachhaltigkeit als Herausforderung

Bild 9 Das Schlaue Haus Oldenburg

Neben der Tatsache, dass ein bei solchen Projekten üblicherweise durchgeführter Architektenwettbewerb fehlte, ist es fachlich völlig unverständlich, dass statt des maroden Fachwerkhauses nicht eines der dringend sanierungsbedürftigen Gebäude der Jade Hochschule zu einem nachhaltigen und energieeffizienten »Schlauen Haus« umgebaut wurde. Hier hätte, ebenfalls in recht zentraler Lage, sowohl für die Ausbildung der Studierenden in Praxis als auch für die Reduzierung von hohen Energieverlusten beispielhaft viel getan werden können.

Wo waren die Professoren, Studierenden, Architekten und Ingenieure aus der Region? Ernsthaftes Aufbegehren gab es nur zu der Frage des fehlenden Architektenwettbewerbes aber nicht zur Wahl des Gebäudes. Was ist nachhaltig an diesem Projekt?

* * *

»Nachhaltigkeit als Herausforderung« – warum werden zu wenige Ingenieure dieser Fragestellung gerecht, was riskieren sie?

Nicht ihr Leben wie z. B. im Widerstand im »Dritten Reich« oder in anderen totalitären Ländern. Vereinfacht gesagt im schlimmsten Fall ihren Arbeitsplatz, aber – und dies zeigt meine eigene Erfahrung – kann dies auch völlig neue, spannende Perspektiven für nachhaltiges Handeln eröffnen.

Im Rahmen meiner Tätigkeit als wissenschaftlicher Mitarbeiter an der Universität Stuttgart in den Jahren 1974–1978 war ich sowohl im Widerstand gegen Atomkraftwerke als auch im Umweltschutz aktiv. Meine Kenntnisse und Erfahrungen habe ich mit einsetzen können, um Bürgerinitiativen, Presse und Öffentlichkeit mit Informationen, Material und Vorträgen in ihrer Arbeit zu unterstützen. Darüber hinaus war ich gewerkschaftlich orientiert, war Mitglied im Kreisvorstand und in der Bezirksabteilung Forschung und Wissenschaft und der Betriebsgruppe der Universität in der ÖTV (heute ver.di) aktiv, was zu diesen Zeiten im Ingenieurbereich völlig ungewöhnlich war. In der Betriebsgruppe haben wir uns kritisch mit der damals nicht unüblichen privaten Inanspruchnahme von Universitätsangestellten durch Professoren auseinandergesetzt. Im Rahmen der daraus resultierenden Spannungen und Auseinandersetzungen kam es letztlich zur Kündigung eines ebenfalls aktiven Kollegen und mir mit der Begründung, dass keine Mittel für unsere Stellen zur Verfügung stehen würden, was objektiv und nachweisbar falsch war.

In einem Arbeitsgerichtsprozess konnte die Wiedereinstellung nicht durchgesetzt werden, ein Vergleich war das Ende der wissenschaftlichen Tätigkeit. Daraus resultierte dann aber letztlich nach einigen Wegstationen, die immer das Ziel einer nachhaltigen Gesellschaft vor Augen hatten, die Gründung eines eigenen Ingenieurbüros. Erst dort war dann die Möglichkeit geschaffen, selbstbestimmt Ziele zu verfolgen, die der Nachhaltigkeit dienen. Seit über dreißig Jahren ein nicht immer einfacher, aber letztlich erfolgreicher »Umstieg«, der ohne diese Kündigung möglicherweise so nicht gekommen wäre.

Deshalb mein Aufruf an alle Ingenieure, Architekten und Wissenschaftler: Betrachtet die gesamtgesellschaftlichen Auswirkungen eures Tuns genauer. Handelt nachhaltig und handelt vorausschauend, um nicht später Folgen mindern zu müssen wie bei den Atomkatastrophen in Harrisburg, Tschernobyl oder Fukushima.

Status Quo
»*Wer will, dass die Welt so bleibt wie sie ist, der will nicht, dass sie bleibt*«
Erich Fried

Technische Aspekte der Risikogesellschaft

Lutz Hieber
Institut für Soziologie, Leibniz Universität Hannover

Mit téchnē bezeichnete die griechische Antike mehr als das, was wir heute ›Technik‹ nennen. Sie fasste mit diesem Begriff alle Fertigkeiten des Menschen, handwerklich-zweckbezogen und gestaltend wirksam zu werden, unterschied also nicht – was für uns heute zentral ist – das ›Künstliche‹ vom ›Künstlerischen‹. »In diesem weiten Sinne ist noch in den Maschinen-Büchern des 17. Jh. von den Künsten und der Kunst die Rede. Die alten handwerklichen Tätigkeiten waren ›mechanische Künste‹ im Gegensatz zu den ›freien Künsten‹«. Erst im Zuge der Industriellen Revolution setzt sich die Bezeichnung ›Technik‹ für praktische Mechanik und das Maschinenwesen durch, und »seit dem letzten Viertel des 19. Jh. bezeichnet ›Technik‹ das Teilgebiet der Kultur, das auch heute damit gemeint ist« (Stöcklein 1969: 31 f.).

Das Fundament der Technisierung unserer Welt bilden die Naturwissenschaften. Daneben sind zum einen die Mathematik, als Geisteswissenschaft, immer mit von der Partie, zum anderen ebenso der Mensch in seinen sozial, psychologisch und kulturell bedingten Handlungen und Wahrnehmungen. »Menschliche Körper, physikalische Dinge und symbolische Zeichen sind alle zusammen erforderlich, Technik zu konstituieren. Eine Maschine ohne jemanden, der sie steuert oder in Gang setzt, ist im gesellschaftlichen Sinn keine Technik« (Rammert 1998: 317).

Die naturwissenschaftlich-mathematische Basis der Technik bedingt, dass das menschliche Sensorium allein nicht ausreicht, Risiken einzuschätzen oder Störfälle sachgerecht wahrzunehmen. Folgen technischer Unregelmäßigkeiten sind oft für Laien weder sichtbar noch spürbar. Ins Zentrum der öffentlichkeitswirksam geführten Auseinandersetzungen rücken mehr und mehr »Gefährdungen, die der ›Wahrnehmungsorgane‹ der Wissenschaft bedürfen – Theorien, Experimente, Messinstrumente –, um überhaupt als Gefährdungen ›sichtbar‹, interpretierbar zu werden« (Beck 1986: 265). In dieser Hinsicht sind die betroffenen ›Laien‹ entmündigt, denn sie sind auf Expertenwissen angewiesen, wenn Probleme auftreten.

Ingenieure tragen im zivilen Feld dazu bei, unsere Lebenspraxis zu erleichtern und unser Zusammenleben angenehmer zu machen. Zugleich tragen sie jedoch in besonderer Weise Verantwortung, weil technische Innovationen durchaus eben auch mit Risiken und Gefährdungen unterschiedlicher Art einhergehen können. Ihre beruflichen Aufgaben bestehen nicht nur darin, technische Probleme zu lösen, sie umfassen auch die besondere Verantwortung, die sie als Experten tragen. Deshalb ist es dringend erforderlich, die rein fachlich-ingenieurwissenschaftliche Aus- und Weiterbildung durch die Vermittlung von Kompetenzen anzureichen, die zum Handhaben ihrer Verantwortlichkeit erforderlich sind.

Zu berücksichtigen ist indes, dass Experten allein, egal welcher Profession sie sind, niemals vollständig zureichende Risikobeurteilungen vornehmen können. Denn »Technikexperten« sind »genauso wie Wissenschaftsexperten zwar Experten, aber«, sie können »eben dadurch, dass sie solche Spezialisten sind, gerade nie das ganze Problem sehen«. Deshalb fordert Zimmerli, auch diejenigen zu beteiligen, die zwar keine Fachleute sind, aber »über ein moralisches, lebensweltliches und pragmatisches Know-How verfügen«, eben »die Laien« (Zimmerli 1998: 26).

An einer Einschätzung von technischen Risiken sind tatsächlich mehrere Menschen beteiligt, die unterschiedliche Interessen haben und sich in unterschiedlichen Situationen befinden. Es ist nicht einfach, alle relevanten Personengruppen in die Kommunikation über verantwortliches Handeln einzubeziehen, doch es ist machbar. Um die Bedingungen zu diskutieren, die dafür erforderlich sind, erscheint es mir zunächst erforderlich, zunächst den Status von Experten in unserer verwissenschaftlichten Welt zu klären. Daran anschließend möchte ich die Schwierigkeiten einer Kommunikation von Experten und Laien diskutieren, und zwar zum einen aus wissenschaftstheoretischer Sicht, und zum anderen aus der Sicht der fachspezifischen Sozialisation von Ingenieurinnen und Ingenieuren. Daraus möchte dann ich einen Vorschlag ableiten.

Experten und Laien aus wissenschaftstheoretischer Sicht

Die Trennung in ›Laien‹ und ›Experten‹ besteht seit der Begründung der Naturwissenschaften, wie wir sie verstehen. Am einfachen Beispiel des Fallgesetzes möchte ich darlegen, dass diese Trennung durch die Struktur der Naturwissenschaften – in diesem Falle der Physik – bedingt ist.

Seit der klassischen Antike haben Philosophen fallende Gegenstände beobachtet und deren Bewegungserlauf theoretisch gefasst. Für Aristoteles, dessen Theorie für zwei Jahrtausende unzweifelhafte Gültigkeit besaß, besteht das Gesetz fallender Körper aus zwei Teilen. Der eine Teil widmet sich dem *Medium*, durch das ein Körper fällt. »Das Medium der Bewegung ist«, so führt er aus, »ein Grund für (geringere Geschwindigkeit), weil es Widerstand leistet«. Denn schließlich gilt: »ein Medium, das schwer zu durchteilen ist, leistet mehr Widerstand« (Aristoteles 1983: 215a). Da sich jeder fallende

Körper durch ein Medium bewegt, formuliert Aristoteles den allgemeingültigen Satz: »Je unkörperlicher, widerstandsärmer und leichter durchteilbar das Medium, desto schneller die Bewegung in ihm« (a. a. O.). Damit erklärt er die Bewegung als Folge der Tatsache, dass sich jeder bewegende Körper gegen – wie man sagen könnte – Reibungswiderstand durchsetzen muss. Der zweite Teil des aristotelischen Fallgesetzes befasst sich mit dem Einfluss der *Schwere* von Körpern[1]. Aus der Beobachtung wissen wir, stellt Aristoteles fest, »dass die Körper mit größerer Fallkraft […] bei sonst gleichen Umständen (ihrer Gestalt) eine Strecke schneller zurücklegen (als solche mit geringerer Fallkraft […]), und zwar proportional zu ihren Ausdehnungsgrößen« (a. a. O.: 216a). Ein Körper, beispielsweise ein Stein, fällt nach unten, und zwar umso schneller, je schwerer er ist. Selbstverständlich hätte der Philosoph nie zwei Körper unterschiedlicher Form, also beispielsweise ein Blatt und einen Stein verglichen.

Die beiden Teile des aristotelischen Fallgesetzes ergeben sich durch lebensweltliche Erfahrung. Sie sind also empirisch – eben anhand der Beobachtung alltäglicher Vorgänge – gewonnen. Aristoteles widmete sich der *Beobachtung* von Körpern, sofern diese ohne Hilfsmittel geschehen konnte. Warf er ein Kieselsteinchen einmal ins Wasser und ein andermal in Olivenöl, so sah er, dass es sich im leichter durchteilbaren Medium schneller nach unten bewegte als durch das dichtere. Beobachtete er leichte Sandkörnchen, wie sie langsam durchs Wasser rieseln, und verglich das mit dem schnellen Plumpsen eines schweren Steines nach unten, so fand er bestätigt, dass der Schnelligkeit des Falles vom Gewicht abhängig ist. Und auch wir können, wenn wir entsprechende Beobachtungen durchführen, zu keinem anderen Ergebnis kommen als Aristoteles. Denn die aristotelische Physik ist, genau genommen, eine Theorie lebensweltlicher Erfahrung.

Allerdings versagt diese einfache Form der Beobachtungsmöglichkeiten von Fallbewegungen, sobald die Vorgänge nicht mehr unmittelbar erfassbar sind. So entzieht sich die genaue Beschreibung des Bewegungsablaufs eines Steines, der durch Luft fällt, jedem lebensweltlichen Zugriff. Das Auge kann ihn nicht angemessen genau verfolgen, denn er fällt zu schnell. Lehrer im heutigen Schulunterricht müssen elektronische Stoppuhren verwenden, um bei entsprechenden Körpern den Geschwindigkeitszuwachs bezogen auf die Zeiteinheit zu messen.

Die aristotelische Physik galt uneingeschränkt bis in die frühe Neuzeit, weil sie mit alltäglichen Erfahrungen übereinstimmte und daher überzeugte. Erst mit dem Ausgang des Mittelalters traten nach und nach technische Innovationen auf, die zu neuen Fragestellungen führten und entsprechend neue Untersuchungsmethoden erforderlich machten. Sie führten schließlich zur Begründung eines *neuen Typs von Wissenschaft*. Für mein Thema ist von grundlegender Bedeutung, dass der durch Galilei begründete Wissenschaftstyp zur Grundlage der Ingenieurwissenschaften werden konnte. Doch be-

---

[1] Für Aristoteles ›fällt‹ Rauch, der aus einem brennenden Feuer aufsteigt, dank seiner Leichtigkeit nach oben. Doch solche Vorgänge klammere ich aus, um allein Körper zu betrachten, die dank ihrer Schwere nach unten fallen.

vor ich darauf zu sprechen kommen kann, möchte ich die wesentlichen Strukturen der neuen, durch Galilei begründeten Wissenschaft darlegen, die uns heute zwar selbstverständlich und unhinterfragbar erscheinen, aber tatsächlich ein *historisches* Produkt ist.

Galilei schuf mit seinen Untersuchungen zur Fall- und Wurfbewegung die Grundlagen dessen, was wir heute als Physik bezeichnen. Seine Empirie ist nicht mehr die bloße Beobachtung, sondern das *Experiment*. Die Fragen, die ihn bewegten, benennt er im ersten Satz seiner *Discorsi* von 1638: »Die unerschöpfliche Tätigkeit eures berühmten Arsenals, ihr meine Herren Ventianer, scheint mir den Denkern ein weites Feld der Spekulation darzubieten, besonders im Gebiete der Mechanik« (Galilei 1973: 3). Er interessiert sich für das Arsenal, in dem Kriegsgerät gelagert wird. Seine Neugier richtet sich auf die Funktionsweise technischer Instrumente. Die Gründe, warum er das tat, kann ein kurzer Exkurs in die Wissenschaftsgeschichte erläutern.

Exkurs zur Fall- und Wurfbewegung:
Seit dem 14. Jahrhundert hatten sich nach und nach die ersten Anzeichen einer *militärischen Revolution* bemerkbar gemacht: Feuerwaffen kamen auf. Die ersten Geschütze waren aus Eisen geschmiedet, die Munition bestand aus steinernen Kugeln. Bald arbeiteten auch Glockengießer, dank ihrer handwerklichen Kenntnisse, für die Herstellung von Büchsen aus Bronze. Schmiede stellten tragbare Büchsen von erheblich kleinerer Dimensionierung her, die im Vergleich zu den bislang verwendeten Armbrusten billiger herzustellen und einfacher zu bedienen waren.

Die frühen großen Kanonen wurden eingesetzt, um Befestigungsmauern zu brechen. Sie waren anfangs unbeweglich, auf Balken (oder in Kasten) gelagert; der Büchsenmeister versah sie am hinteren Rohr-Ende mit einem Preller, nachdem er die Ladung eingebracht hatte (Abb. 1). Die »Dulle Griet« in Gent »ist mit 4,98 Metern Länge und 16,4 Tonnen Gewicht das größte noch erhaltene schmiedeeiserne Riesengeschütz aus dem 15. Jh. in Europa. Diese Bombarde schoss Steinkugeln von 64 Zentimetern Durchmesser und 356 Kilogramm Gewicht« (Schmidtchen 1990: 197).

Die Handhabung derartiger Geschütze war außerordentlich schwerfällig. Waren sie installiert, lag ihre Schussrichtung fest. Um sie vielseitiger einsetzbar zu machen, wurde auf unterschiedlichen Wegen versucht, ihre Beweglichkeit zu erhöhen. Ein erster Ansatz war, die auf eine feste Lafette, d. h. Gestell, montierte Kanone mittels Richtstangen vertikal veränderbar zu machen (Abb. 2). Horizontale Beweglichkeit brachte die Montage

Abbildung 1 Von Eisen geschmiedete Kanone, die an beiden Enden offen ist und von hinten geladen wurde; englische Waffe aus der Schlacht bei Crécy 1346. (Demmin 1869: S. 516 Nr. 1).

Abbildung 2 Deutsche, von vorn zu ladende Kanone mit Richtstangen. (Demmin 1869: S. 522 Nr. 27).

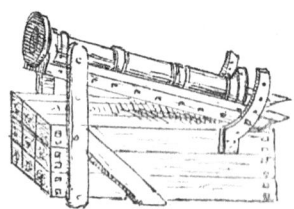

der Lafette auf einem Räderkarren (Abb. 3). Schließlich kam in der zweiten Hälfte des 15. Jahrhunderts der Durchbruch. Die »entscheidende Innovation stellten die in deutschen Bilderhandschriften erstmals auftauchenden Schildzapfen an den Büchsen dar. Dies waren im Schwerpunkt des Geschützes angeschmiedete oder angegossene runde Zapfen, die eine Lagerung des Rohres in einer Wandlafette ermöglichen«; der entscheidende Vorteil der *Kanone mit Zapfen* war, dass nun »ein stufenloses Richten in der Vertikalen« möglich war (a. a. O.: 204.). Eine Zeichnung des namentlich nicht fassbaren *Hausbuchmeisters*[2] aus dem späten 15. Jh. zeigt eine kleinkalibrige Kanone mit Zapfen auf einer einachsigen Räderlafette, daneben die Version einer andersartig gelagerten Kleinkanone auf vierrädrigem Karren (Abb. 4). Die am Schwerpunkt der Kanone angebrachten Zapfen, die ihrer Lagerung auf der Lafette dienen, bewährten sich und setzten sich durch.

Der Festungsbau musste sich verändern, um Kanonen zur Abwehr von Angreifern einsetzen zu können. Kanonen wurden selbstverständlich auch auf Schiffen installiert. »Für die Zeit nach 1370 belegen glaubwürdige Berichte den Einsatz von Artillerie auf See« (Parker 1990: 111). Die gesamte Kriegsführung erhielt also eine neue Struktur. »Stehende Heere, neue Waffen und wachsender Professionalismus sowie neue Schiffskonstruktionen« bestimmten künftig die militärischen Schauplätze (Keen 1999: 291; Übers. L. H.). Damit bin ich am Ende meines Exkurses angelangt und komme nun zu Galileis großer Leistung: der Begründung der Physik als Experimentalwissenschaft.

Abbildung 3 Deutsche Feldschlange, Vorderlader, auf beweglicher und mit Richtstangen versehener Lafette, nach einer Handschrift aus dem 15. Jahrhundert in der Bibliothek des Fürsten von Waldburg-Wolfegg. (Demmin 1869: S. 522 Nr.24).

---

2 Der *Hausbuchmeister*, auch *Meister des Amsterdamer Kabinetts* genannt, wirkte in Heidelberg und Mainz, auch Köln hatte er besucht.

Abbildung 4 Kanonen mit Zapfen, nach einer Zeichnung des Hausbuchmeisters, um 1475–1485. (Hutchinson 1985: S. 221 Abb. 117

Die Fortschritte der Kanonen-Technik ermöglichten es das Rohr nach Belieben auszurichten. Aber das Zielen bereitete Schwierigkeiten, da der Verlauf der Wurfbahn noch unbekannt war. Damit war ein Komplex von Fragen aufgeworfen, die im frühen 16. Jahrhundert immer drängender nach Antworten verlangten. Die bloße Beobachtung konnte im Bereich der Feuerwaffen tatsächlich nicht mehr als empirische Basis dienen.

Die Kanonen bedienten Büchsenmeister, höhere Handwerker, die über vielfältige Kenntnisse verfügten. Ihre Erfahrung war zwar noch in keiner Weise theoretisch fundiert, aber bei ihnen handelte es sich doch um Berufe mit einem hohen Grad an Fachkenntnissen und Spezialisierung, die sie auch in Büchern darlegten. Da der soziale Abstand zwischen den akademisch gebildeten Gelehrten und diesen höheren Handwerkern zusammenschmolz, konnten schließlich die Gelehrten die Methoden der Praktiker übernehmen (Zilsel 1976). Als erster beteiligte sich der Mathematiker Tartaglia im Jahre 1532 an der Durchführung eines *Experiments*.

Dieses erste überlieferte Experiment kam zustande, weil Tartaglia von einem befreundeten Bombardiero aus Verona veranlasst worden war, über die Tragweite und die Schusslinien der Feuerwaffen nachzudenken. Die Behauptung, ein Erhebungswinkel von 30°, und nicht – wie von Tartaglia vermutet – der von 45° ergebe die größte Schussweite, bewog ihn zu Versuchen. »Man schoss bei Santa Lucia mit einer zwanzigpfündigen Schlange um die Wette, wobei die Elevation von 45° eine Wurfweite von 1972 sechsfüßigen Veroneser Ruten, die Erhöhung von 30° nur einen Ertrag von 1872 Ruten ergab« (Jähns 1889: 596). Tartaglia »benutzte einen Quadranten, der aus zwei durch einen Viertelkreis verbundenen Linealen gebildet wurde. Das eine Lineal wurde zur Bestimmung der Neigung der Achse des Laufes in diesen gesteckt, der andere mittels eines Senkels vertikal gestellt« (Gerland/Traumüller 1965: 109). Dieses experimentelle Ermitteln des Schusswinkels für die größte Wurfweite brachte allerdings nur einen marginalen Beitrag zur Theorie der Wurfbewegung.

Deshalb musste das Problem noch hundert Jahre später Galilei beschäftigen. Er konnte erst in seinem Alterswerk, den *Discorsi*, die Lösung mitteilen. Das Buch ließ er

1638 in Holland drucken, weil er einige Jahre zuvor in seiner Heimat Italien vor die Inquisition zitiert worden war.

Beim schiefen Wurf werden – in moderner Sichtweise – zwei Komponenten wirksam. Wird ein Körper unter einem Winkel α geworfen, so überlagern sich erstens die ihm verliehene Geschwindigkeit v_0 und zweitens der durch die Schwerkraft verursachte freie Fall. Deshalb ging es für Galilei in einem ersten Schritt darum, das Gesetz des freien Falles zu finden. Weil der freie Fall eines schweren Gegenstandes durch das Medium Luft mit bloßem Auge nicht genau zu beobachten ist, ersann er eine experimentelle Anordnung. Sein Ziel war, die Bewegung des fallenden Körpers – mit den ihm damals zur Verfügung stehenden Mitteln – messbar zu machen. Er beschreibt den Versuchsaufbau: »Auf einem Lineale, oder sagen wir auf einem Holzbrette von 12 Ellen Länge, bei einer halben Elle Breite und drei Zoll Dicke, war auf dieser letzten schmalen Seite eine Rinne von etwas mehr als einem Zoll Breite eingegraben. Dieselbe war sehr gerade gezogen, und um die Fläche recht glatt zu haben war inwendig ein sehr glattes und reines Pergament aufgeklebt; in der Rinne ließ man eine sehr harte, völlig runde und glattpolierte Kugel laufen« (Galilei 1973: 162). Das Brett auf die schmale Seite zu stellen, verhinderte weitestgehend ein Durchbiegen des Brettes, schuf also eine nahezu ideale schiefe Ebene. Die glatte Kugel, die nahezu reibungsfrei läuft, stand für einen Massenpunkt. Idealisierungen dienten also dazu, unerwünschte Randbedingungen auszuschließen. Da Galilei noch keine Stoppuhren zur Verfügung standen, hat er die Fallzeit mithilfe einer durchdachten Vorrichtung gemessen: »Zur Ausmessung der Zeit stellten wir einen Eimer voll Wasser auf, in dessen Boden ein enger Kanal angebracht war, durch den ein feiner Wasserstrahl sich ergoss, der mit einem kleinen Becher aufgefangen wurde, während einer jeden beobachteten Fallzeit: das dieser Art aufgesammelte Wasser wurde auf einer sehr genauen Waage gewogen; aus den Differenzen der Wägungen erhielten wir die Verhältnisse der Zeiten und zwar mit solcher Genauigkeit, dass die zahlreichen Beobachtungen niemals merklich voneinander abwichen« (a. a. O.: 163). Mit der Gleichung des Fallgesetzes, die Galilei in langen Jahren der Experimentiertätigkeit schließlich fand, konnte er nun die Wurfbahn ermitteln.

Verantwortung im Spannungsfeld des Fachwissens

Die neuzeitliche Naturwissenschaft entstand aus der Verbindung von mathematisch formulierter Theorie und instrumenteller Praxis. Galilei verkörpert diese Einheit, die weder eine auf lebensweltlicher Erfahrung basierende Philosophie noch handwerkelndes Probieren mehr ist, weil sie beide umfasst. »Jede seiner Manipulationen ist vom Gedanken, jeder seiner Gedanken von der experimentellen Prüfbarkeit geleitet« (Weizsäcker 1970: 170 f.).

Da Galilei einen technischen Vorgang untersuchte, nutzte er ein technisches Verfahren, das Experiment. Das Interesse an technischer Verwertung wissenschaftlicher Erkenntnisse führt zu einer spezifischen Neuorientierung. Die empirische Methode Galileis ist, im Unterschied zum aristotelischen Erfahrungsbegriff, an die Bedingungen einer messenden Praxis gebunden. »Als empirisches Wissen tritt nicht mehr auf, was sich als vor-theoretisches Wissen«, d. h. als lebensweltliche Erfahrung, »theoretisch fassen lässt, sondern was mit den Instrumentarien einer physikalischen bzw. technischen Praxis (häufig *gegen* das Erfahrungswissen einer lebensweltlichen Praxis) gewonnen wurde« (Mittelstraß 1974: 66). Während die Lehre des Aristoteles durch lebensweltliche Erfahrung begründet und daher anschaulich ist, trifft dies für das physikalische Wissen nicht mehr ohne weiteres zu – es ist oft *unanschaulich*.

Basis der Physik ist experimentelle Erfahrung, die vermittels *technischer Geräte* durch messende Praxis gewonnen wird. Diese Erfahrung wird in der formalen Sprache der Mathematik formuliert. Physik handelt nicht mehr von Gegenständen der alltäglichen Lebenswelt, sondern von *abstrakten Objekten* (wie z. B. dem Massenpunkt), sofern diese durch Messverfahren zugänglich gemacht werden. Insofern sind die theoretischen Begriffe, mit denen die Befunde erfasst werden, durch instrumentelle Technik bestimmt.

So betonte Albert Einstein am Beispiel der Gleichzeitigkeit zweier Ereignisse, dass der physikalische Begriff der Zeit die technischen Verfahren der Zeitmessung voraussetzt (Einstein 1917: 14). Entsprechend stellte auch Werner Heisenberg fest, dass der sinnvolle Gebrauch von Grundbegriffen der Quantenmechanik, wie ›Ort‹ oder ›Geschwindigkeit‹ eines Elektrons, Messverfahren dieser Größen voraussetzt (Heisenberg 1927: 179). Da also bereits die Grundbegriffe durch technische Verfahren bestimmt werden, sind die Resultate der Physik technisch verwertbar. Entsprechende Möglichkeiten sind selbstverständlich der aristotelischen Physik fremd.

Physikalisches Wissen ist seit Galilei – und das ist entscheidend – nur denjenigen Menschen angemessen zugänglich, die erstens in der Lage sind, *Experimente* nachzuvollziehen, und die zweitens die *mathematisch formulierten Theorien* verstehen können. Für die Naturwissenschaften ist der genetische Zusammenhang von lebensweltlichem und wissenschaftlichem Wissen zerrissen. Die beiden Bereiche sind durch jenen *epistemologischen Bruch* getrennt, durch den sich die Physik von der Auffassung der antiken Philosophie unterscheidet. In den jeweiligen Wissensgebieten sind die unterschiedlichen »Bedingungen definiert, in denen man eine Rede über die Dinge halten kann, die als wahr anerkannt wird« (Foucault 1974: 204), und diese Bedingungen sind nicht kompatibel. Deshalb ist die Grenzziehung zu beachten, die lebensweltlich orientierte *Laien* von den wissenschaftlich-technischen *Experten* trennt.

Laien verfahren, sicher meist nicht auf dem Reflexionsniveau des Aristoteles, aber doch vom Prinzip her in seiner Weise. Sie bilden Ideen zu Vorgängen und Zusammenhängen ihrer lebensweltlichen Wirklichkeit. Auch ihre Theorien basieren auf lebensweltlicher Empirie. Genau deshalb erhält der epistemologische Bruch, den die galileische Physik begründet, zentralen Stellenwert. Nur durch ihn lassen sich die *Hürden* verstehen, die *Laien* daran hindern, Zugang zu technisch-naturwissenschaftlichem Wissen zu bekommen.

Abbildung 5 Mechanisches Kurbel-Planetarium (Deutsches Museum München).

Die Naturwissenschaften haben sich zwar immer bemüht, Brücken zu bauen, die das Verstehen des abstrakten Fachwissens erleichtern sollen. Dazu dienten Modelle, die das Unanschauliche in Anschauliches übersetzen. Doch Modelle können dies oft nur in engen Grenzen leisten. Das möchte ich an einem Beispiel illustrieren, an den Tischplanetarien, wie sie im 18. Jahrhundert gebaut wurden, um die Struktur unseres Sonnensystems vor Augen zu führen.

Solche mechanischen Kurbel-Planetarien übersetzten die Bewegung der Planeten (mit ihren Monden) um die Sonne in eine handgreifliche Apparatur (Abb. 5). Drehte man an der Kurbel, kreisten die Planeten um das Zentralgestirn. Damit sollte der Aufbau unseres Sonnensystems anschaulich werden. Doch gibt das mechanische Modell die Verhältnisse wirklich angemessen wieder? Hat, wer das Modell in Bewegung versetzt und betrachtet, die Sachverhalte verstanden? Dazu zwei Zahlen: Die Erde rast auf ihrer Umlaufbahn um die Sonne mit einer durchschnittlichen Geschwindigkeit von 29,8 km/sec. Die Rotationsgeschwindigkeit der Erde in Äquatornähe beträgt 465 m/sec. Vom Standpunkt lebensweltlicher Erfahrung ist deshalb bezüglich der Bewegung der Erde im Modell des Tischplanetariums die Fragen zu stellen, ob die Mechanik die tatsächlichen Verhältnisse angemessen wiedergibt (Hieber 1979: 158). Wenn man beispielsweise einen

Tisch sehr schnell wegzieht, werden die Dinge, die sich auf ihm befinden, hinter ihm herunterfallen. Da die Erde mit ihrer immensen Translationsgeschwindigkeit auf ihrer Bahn entlang rast (die so groß ist, dass man sie einem Tisch niemals verleihen könnte) müsste sie doch – das sagt die lebensweltliche Erfahrung – alle Gegenstände, die sich auf ihr befinden, längst hinter sich gelassen haben. Auch bezüglich der Rotation der Erde wären vergleichbare Ungereimtheiten festzustellen. Wegen hohen Rotationsgeschwindigkeit eines Ortes auf der Erdoberfläche in unseren Breitengraden Erde müsste ein Vogel, der aufgestiegen ist, ziemlich schnell zurückfallen und niemals zu seinem Nest zurückkehren können, weil sich die Erde unter ihm in östlicher Richtung wegdrehte. Solche Überlegungen übrigens brachten die Philosophen der Antike dazu, das heliozentrische Modell unseres Planetensystems abzulehnen, das von einer ruhenden Sonne als Zentrum und den um sie herum kreisenden Planeten ausging (Toulmin/Goodfiled 1970: 132). Zugleich lassen derartige Einwände erkennen, dass das mechanische Kurbel-Planetarium die Bewegung der Planeten zwar ein Stück weit anschaulich macht, aber zum angemessenen Verständnis schließlich doch weitere physikalische Kenntnisse erforderlich wären.

So können handgreifliche Modelle bereits für die Klassische Mechanik nur eine Brücke zur Anschaulichkeit sein, die nicht zureichend ist. Für den atomaren Bereich versagen solche Modelle vollkommen. Weil für die Naturwissenschaften insgesamt die Möglichkeiten einer Veranschaulichung durch Modellbildung nicht weit tragen, stehen für *Laien* beim Versuch, naturwissenschaftlich-technische Sachverhalte zu durchdringen, erhebliche Hürden im Wege.

Deshalb bleibt ihnen, worauf Carl Friedrich von Weizsäcker hinwies, nicht viel mehr als ein *Glauben*. Zu den sozialen Säulen des Glaubens zählen erstens ein Priesterstand und zweitens die Rituale. Zum Ersten: Die Texte der naturwissenschaftlichen und technischen Fachliteratur erschließen sich zwar den Experten, nicht aber den Laien. Gleichen sie in diesem Sinne nicht, so fragt Weizsäcker, »einem jener heiligen Texte, die der Eingeweihte liest und die dem Laien ein Geheimnis bleiben?« (Weizsäcker 1976: 5). Zum Zweiten: Der Ritualkodex, der aus dem Glauben erwächst, gibt die Regeln des richtigen Verhaltens gegenüber den übersinnlichen Mächten an. Der moderne Mensch kann zwar viele der religiösen Rituale früherer Epochen nicht mehr nachvollziehen, doch er ist diesem Bewusstseinszustand in recht guter Analogie nahe, nämlich »in seiner Bereitschaft, die Gebrauchsanweisungen zu befolgen, die mit jedem Stück moderner Apparatur mitgeliefert werden« (a.a.O.: 8).

Sofern Laien naturwissenschaftlich-technisches Wissen nicht nachvollziehen können, lastet umso mehr *Verantwortung* auf dem Experten. Die Verantwortung der Experten wächst in dem Maße, wie sich die Kluft zwischen ihrem Wissen und dem der Laien vertieft (Abb. 6).

Abbildung 6 Experten und Laien

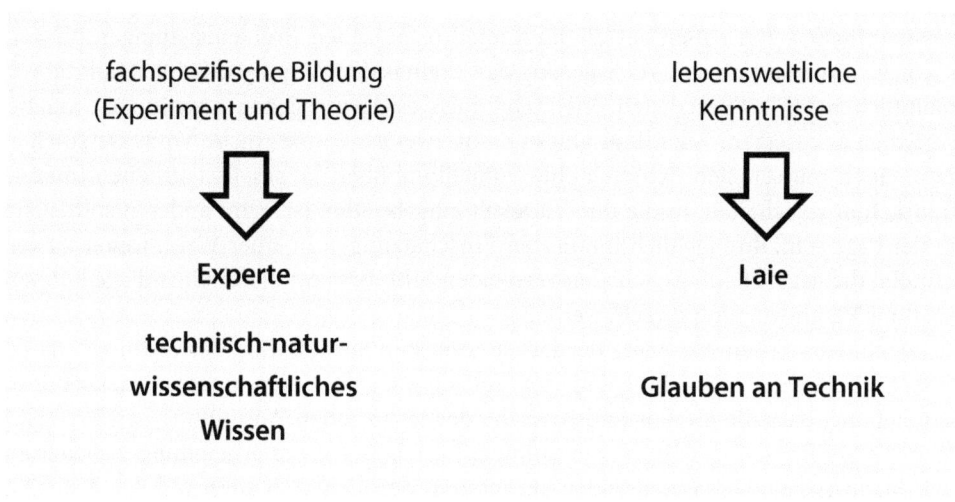

Verantwortung im Spannungsfeld fachspezifischer Sozialisation

Bertolt Brecht widmete sich dem Thema der Verantwortung, nachdem die Entdeckung der Uranspaltung durch die Zeitungen gegangen war, in seinem Stück »Leben des Galilei«. Er lässt seinen Galilei die Idee äußern, »Naturwissenschaftler« (leider denkt Brecht nicht an die Ingenieure) hätten »etwas wie den hippokratischen Eid der Ärzte entwickeln können, das Gelöbnis, ihr Wissen einzig zum Wohle der Menschheit anzuwenden« (Brecht 1967: 1341).

Doch so einfach kann eine Übertragbarkeit aus dem medizinischen in das technische Feld nicht gelingen. Anders als beim Arzt, der es jeweils mit einem konkreten Menschen zu tun hat, reichen technisch-naturwissenschaftliche Innovationen oft in Gebiete des Ökonomischen, des Ökologischen, des Sozialen, des Medizinischen, des Psychologischen, des Kulturellen und des Politischen. Tatsächlich kann der einzelne Naturwissenschaftler oder Ingenieur in einer Berufswelt, die auf Arbeitsteilung aufgebaut ist, nur schwer die Folgen seines Handelns abschätzen. Er ist zwar Experte seines Fachgebiets, doch links und rechts davon ist auch er ein Laie. Die Folgen aus naturwissenschaftlichem und technischem Handeln entstehen aus mehr oder weniger langen Interaktionsketten – welcher fachliche Spezialist sollte da nicht überfordert sein?

Gleichwohl ist festzuhalten, dass Ingenieure große Verantwortung tragen. Sie können, als *Experten*, möglicherweise auftretende Probleme und Gefahren einschätzen, die außerhalb ihres Fachgebiets niemand zu erkennen in der Lage ist. Die Frage ist allerdings, was für sie an die Stelle des hippokratischen Eides treten könnte. Da auf der Hand liegt, dass die im engeren Sinne für moralische Fragen zuständigen Fachleute – beispielsweise Philosophen oder Theologen – nur aus der Sicht ihrer Disziplinen, also gewissermaßen von außen auf die konkreten technischen Problemstellungen blicken können, verbietet sich eine Auslagerung des Themas der Verantwortlichkeit auf die vermeintlichen Ethik-Spezialisten. Vielmehr muss es darum gehen, unmittelbar am Beruflichen anzusetzen. Allerdings gibt es dafür zwei ganz wesentliche Voraussetzungen: Zum einen müssen sich Experten eine Vorstellung über die gesellschaftlichen Interaktionsketten verschaffen, in die ihre Tätigkeit eingebunden ist. Zum anderen sollten sie in der Lage sein, ihre fachlich fundierten Einschätzungen in einer Weise weiter zu vermitteln, die gegebenenfalls Schäden vermeiden hilft. Erst auf dieser Grundlage können sie ihrer Verantwortung gerecht werden.

Doch dem stehen Momente der fachspezifischen Sozialisation der technisch-naturwissenschaftlichen Ausbildung entgegen, die ich kurz skizzieren möchte. Dazu zählt in erster Linie, dass die Gegenstandsbereiche der technischen Ausbildung *objektivierbar* sind. Lange Phasen des Ingenieurstudiums bestehen aus der Aneignung gesicherten Lehrbuchwissens. Die Studierenden akzeptieren den Lehrstoff aufgrund der Autorität des Lehrers und des Lehrbuches, nicht aufgrund von Beweisen. Hätten sie auch eine andere Wahl oder Befugnis? »Die in den Lehrbüchern geschilderten Anwendungen stehen dort nicht als Beweis, sondern weil ihr Erlernen ein Teil des Erlernens des Paradigmas« ist, dem die betreffende wissenschaftliche Praxis folgt (Kuhn 1967: 114).

Menschen, die durch die gleiche fachspezifische Bildung geprägt sind, verfügen über Gemeinsamkeiten im Habitus. »Der Habitus« kann »als ein System verinnerlichter Muster« betrachtet werden, »die es erlauben, alle typischen Gedanken einer Kultur zu erzeugen – und nur diese« (Bourdieu 1974: 143). Der methodische Lehrbetrieb, das im Studium erworbene System von Denk- und Wahrnehmungskategorien, schreibt sich in den Lernenden ein. Das in den Jahren des Studiums oft mühsam Erlernte und Eingeübte wird bald so selbstverständlich, dass sich schließlich der ausgebildete Ingenieur darin bewegt, als ob es ›naturgegeben‹ sei. Während seiner beruflichen Tätigkeit habitualisiert er das Wesentliche, es geht ihm ›in Fleisch und Blut‹ über. Ganz ähnlich wie ein erfahrener Autofahrer nicht mehr darüber nachdenken muss, den Fuß auf das Bremspedal zu setzen, wenn er ein Hindernis auf der Straße vor sich sieht, sondern diese Tätigkeit reflexartig vollzieht. Was die Routine des berufserfahrenen Ingenieurs ausmacht, kann als das *fachkulturell Unbewusste* seines beruflichen Handelns bezeichnet werden. Der ausgebildete Ingenieur steht zu seiner erworbenen und schließlich in täglicher Praxis gefestigten Bildung in einem Verhältnis, das sich weniger als ›tragen‹ sondern viel mehr als ›getragen werden‹ bezeichnen lässt: Er ist sich »nämlich nicht bewusst […], dass die Bildung die er besitzt, *ihn* besitzt« (a. a. O.: 120). Der ausgebildete Ingenieur hat die Denk- und Handlungsweisen seines Faches inkorporiert, sie sind Bestandteil seines Habitus. Weil sie sein fachkulturell Unbewusstes bilden, setzt er sie in der Kommunikation mit Anderen stillschweigend voraus. Auf diese Weise ist der Experte durch seinen *Habitus* vom Laien getrennt (Abb. 7). Dazu zählt, dass Ingenieure geübt und gewohnt

Abbildung 7   Das kulturell Unbewusste

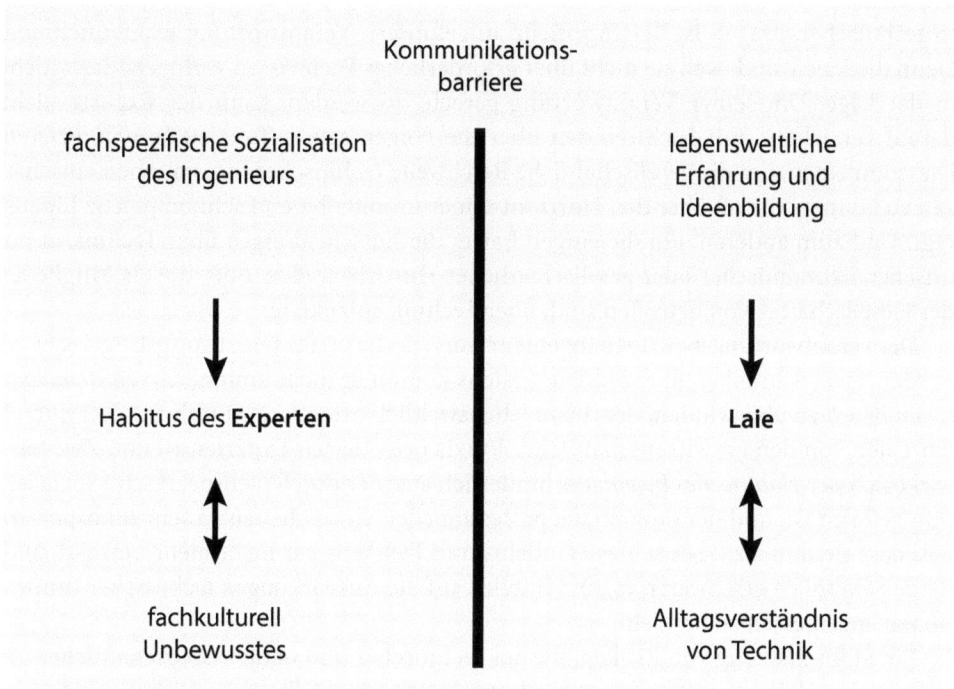

sind, Sachverhalte zu objektivieren, also Gegenstände ihres Fachgebietes gemäß instrumentellen Verfahren und mathematischer Berechenbarkeit zu beurteilen. Solche Fähigkeiten sind den Laien verschlossen.

Zur Veranschaulichung des ›kulturell Unbewussten‹ ein einfaches Beispiel zu Kommunikationsschwierigkeiten, die durch fachspezifische Sozialisation bedingt sind: Bei mir keimte während meines Physik-Studiums die Frage, warum es die Physik gibt, und warum sie so ausnehmend gut mit finanziellen Mitteln ausgestattet ist. Mein Problem führte mich in die Soziologie. In meinem ersten soziologischen Seminar, das ich besuchte, warf ich eine Frage auf. Und ich tat das damals, wie als Physiker gewohnt, in einem Satz. Daraufhin beschäftigten sich die Seminarteilnehmer ausgiebig damit, herauszufinden, was ich gemeint habe. Mir schien meine Frageweise selbstverständlich. In der Physik sind die Begriffe der Fachsprache präzise definiert, weil sie durch Messverfahren definiert sind (Mittelstaedt 1968: 32) und dadurch ihre intersubjektive Gültigkeit gewährleistet ist. Entsprechendes trifft für die Soziologie nicht zu, da Soziologen wissen, dass sie selbst stets Bestandteile ihres Forschungsgegenstandes sind. Weil ich also den mir selbstverständlichen physikalischen Habitus in die Soziologie getragen hatte, führte ich dort zu Verwirrung.

Schlussfolgerungen

In technischen Fragen ist der Ingenieur aufgefordert, Verantwortung wahrzunehmen. Denn die Laien sind, weil sie nicht über erforderliches Fachwissen verfügen, dazu nicht in der Lage. Um seiner Verantwortung gerecht zu werden, kann der Experte nicht darauf verzichten, mit Fachfremden über die Folgen seines Tuns zu *kommunizieren*. Dies zum einen, um die gesellschaftliche Reichweite technischer Innovationen einschätzen zu können, die oft über den Horizont seiner unmittelbaren Fachkompetenz hinausragt. Und zum anderen, um diejenigen Laien, die Entscheidungen über Technik in politischer, ökonomischer oder gesellschaftlicher Hinsicht treffen, oder die als Mitglieder der Gesellschaft davon betroffen sind, über Technik aufzuklären.

Der verantwortungsbewusste Ingenieur muss deshalb, um seiner Aufgabe gerecht zu werden, zwei Schranken überwinden: Erstens kommt er nicht umhin, den *epistemologischen Bruch* zu überwinden, der die in lebensweltlich orientierter Erfahrung verwurzelten Laien von den an wissenschaftlicher Praxis orientierten Experten trennt. Zweitens wirkt sich der *Habitus des Ingenieurs* hinderlich aus, der durch fachspezifische Sozialisation geformt ist, und der deshalb die professionellen Gewissheiten so sehr inkorporiert hat, dass sie ihm als Basis seines Handelns und Denkens gar nicht mehr bewusst sind. Beide Schranken erschweren es, im Hinblick auf die Auswirkungen technischer Innovationen angemessen zu handeln.

Eine Einschätzung von Risiken, die aus technischer und naturwissenschaftlicher Tätigkeit folgen können, setzt immer *Kommunikation* voraus. Denn an Technik sind Menschen beteiligt, die unterschiedliche Interessen haben und sich in unterschiedlichen sozialen Situationen befinden. Sie alle müssen in ein Nachdenken über technische Risiken einbezogen werden. Ingenieure können nur dann ihrer Verantwortung gerecht werden, wenn sie über die Fächergrenzen hinweg kommunikationsfähig sind. Dabei müssen sogar die Laien beteiligt werden, die zwar keine Fachleute sind, aber über moralisches, lebensweltliches und pragmatisches Know-How verfügen. Es kommt darauf an, dass die Ingenieure ihre Fachkompetenz mit gesellschaftlichen Prozessen verbinden.

Dabei kann die Schaffung institutioneller Pfeiler, wie sie Meihorst vorschlug durchaus hilfreich sein (Meihorst 1998: 156). Sie können sowohl organisatorische Strukturen für fächerübergreifende Diskussionen und Schutz für die handelnden Ingenieure bieten. Aber ihre Reichweite ist insofern begrenzt, als kontroverse Fragen nicht gänzlich auf Institutionen übertragen werden können. Schließlich können im Falle von Risikokonflikten weder Politiker noch andere Laien von den Experten eindeutige Antworten erwarten. »Dies ist deswegen so, weil es niemals eine, sondern immer mehrere sich widersprechende Ansprüche und Gesichtspunkte verschiedener sozialer Akteure und Expertengruppen gibt, die Risiken sehr unterschiedlich definieren« (Beck 1998: 276). Für den Gang technisch-industrieller Entwicklungen müssen Beurteilungen stets prozessbegleitend und durch Kommunikation unterschiedlicher Akteure stattfinden.

Der Schwerpunkt verantwortlichen Handelns bleibt, das ist festzuhalten, bei den Experten. Denn sie stecken mittendrin in der Produktion technischer Weiterentwicklungen. Dank ihres Sachverstandes können sie Kenntnisse über – möglicherweise problematische – Sachverhalte haben, die Nicht-Fachleuten unzugänglich sind oder erst zu spät zugänglich werden. Je schwieriger überwindbar die Schranken zwischen dem Fachwissen der Ingenieure und Ingenieurinnen auf der einen und den Laien auf der anderen Seite sind, desto stärker sind selbstverständlich die Ingenieure, und nur sie, gefordert, das Richtige zu tun und entsprechende Weichenstellungen einzuleiten.

Unsere demokratische Gesellschaft muss den Ingenieurinnen und Ingenieuren die Möglichkeiten an die Hand geben, Verantwortung wahrzunehmen. Das ist gegenwärtig nicht zureichend gegeben. Diskussionsforen und Vernetzung (gemäß Meihorsts Vorschlag) könnten dafür eine gewisse Basis schaffen. Allerdings setzt dies die in sehr vielen Fällen eine Fähigkeit zur Kommunikation mit Laien voraus. Damit diese gelingen kann, wären die hinderlichen Effekte fachspezifischer Sozialisation zu überwinden. Als der beste Ort, die Qualifikationen zu erwerben, die Ingenieure in die Lage versetzen, in einer demokratischen Gesellschaft tatsächlich Verantwortung wahrzunehmen, erscheint das Studium. Schließlich nähmen auch diese Studiengänge keinen Schaden, wenn der zentralen und rein fachlichen Ausbildung auch Trainigs beigesellt würden, die einer Reflexion des *fachspezifischen Unbewussten* und einer Förderung allgemeiner *Kommunikationsfähigkeit* dienen. Solche Bausteine der Ausbildung könnten indes nicht nur eine Grundlage verantwortlichen Handels bilden. Sie könnten vielmehr zugleich zur Verbesserung der Tätigkeit in einer zunehmend arbeitsteiligen Berufswelt dienen.

Literatur

Aristoteles (1983): Physikvorlesung, übersetzt von Hans Wagner, Darmstadt: Wissenschaftliche Buchgesellschaft.

Beck, Ulrich (1986): Risikogesellschaft. Frankfurt/M: Suhrkamp.

Beck, Ulrich (1998): Die Politik der Technik, in: Rammert, Werner (Hg.): Technik und Sozialtheorie, Frankfurt/M – New York: Campus, S. 261–292.

Bourdieu, Pierre (1974): Zur Soziologie der symbolischen Formen. Frankfurt/M: Suhrkamp.

Brecht, Bertolt (1967): Leben des Galilei. Gesammelte Werke Bd. 3. Frankfurt/M: Suhrkamp.

Demmin, August (1869): Die Kriegswaffen in ihrer historischen Entwicklung on der Steinzeit bis zur Erfindung des Zündnadelgewehrs. Leipzig: E. A. Seemann.

Einstein, Albert (1917): Über die spezielle und die allgemeine Relativitätstheorie. Braunschweig: Friedr. Vieweg.

Foucault, Michel (1974): Die Ordnung der Dinge. Frankfurt/M: Suhrkamp.

Galilei, Galileo (1973): Unterredungen und mathematische Demonstrationen über zwei neue Wissenszweige, die Mechanik und die Fallgesetze betreffend (Discorsi e dimonstratini matematiche intorno à due nuove scienze, deutsch von Arthur von Oettingen). Darmstadt: Wissenschaftliche Buchgesellschaft.

Gerland, Ernst/Traumüller, Friedrich (1965): Geschichte der physikalischen Experimentierkunst. Hildesheim: Georg Olms.

Heisenberg, Werner (1927): Über den anschaulichen Inhalt der quantentheoretischen Kinematik und Mechanik. Zeitschrift für Physik 43, S. 172–198.

Hieber, Lutz (1979): Möglichkeiten zur Verbindung naturwissenschaftlichen und lebensweltlich-praktischen Wissens im genetischen Lernen. In: Böhme, Gernot/Engelhardt, Michael von (Hg.): Entfremdete Wissenschaft. Frankfurt/M: Suhrkamp.

Hutchinson, Jane Campbell (1985): Das mittelalterliche Hausbuch, um 1475–1485. In: Bauereisen, Hildegard/Stuffmann, Margret (Red.): Katalog zur Ausstellung »Vom Leben im späten Mittelalter – Der Hausbuchmeister oder Meister des Amsterdamer Kabinetts« im Städelschen Kunstinstitut Frankfurt/M. 05. 09.–03. 11. 1985. S. 205–221.

Jähns, Max (1889): Geschichte der Kriegswissenschaften – vornehmlich in Deutschland, erste Abteilung. München – Leipzig: Oldenbourg.

Keen, Maurice: The Changing Scene – Guns, Gunpowder and Permanent Armies, in: Keen, Maurice (Ed.): Medieval Warfare, Oxford 1999, p. 272–291.

Kuhn, Thomas S. (1967): Die Struktur wissenschaftlicher Revolutionen. Frankfurt/M: Suhrkamp.

Meihorst, Werner (1998): Zukunftsorientierung des Ingenieurberufs und Ingenieureid, in: Zimmerli, Walher Ch. (Hg.): Ethik in der Praxis – Wege zur Realisierung einer Technikkritik, Hannover: Luth. Verl.-Haus.

Mittelsteadt, Peter (1968): Philosophische Probleme der modernen Physik. Mannheim: Bibliographisches Institut.

Mittelstraß, Jürgen (1974): Die Möglichkeit von Wissenschaft. Frankfurt/M: Suhrkamp.

Parker, Geoffrey (1990): Die militärische Revolution – Die Kriegskunst und der Aufstieg des Westens 1500–1800. Frankfurt/M: Campus.

Rammert Werner (1998): Die Form der Technik und die Differenz der Medien, in: Ders. (Hg.): Technik und Sozialtheorie, Frankfurt/M – New York: Campus. S. 293–326.

Schmidtchen, Volker (1990): Kriegswesen im späten Mittelalter. Weinheim: VCH Acta Humaniora.

Stöcklein, Ansgar (1969): Leitbilder der Technik. München: Heinz Moos.

Toulmin, Stephen/Goodfield, June (1970): Modelle des Kosmos. München: Wilhelm Goldmann.

Weizsäcker, Carl Friedrich von (1970): Zum Weltbild des Physik. Stuttgart: Hirzel.

Weizsäcker, Carl Friedrich von (1976): Die Tragweite der Wissenschaft. Stuttgart: S. Hirzel.

Zilsel, Edgar (1976): Die sozialen Ursprünge der neuzeitlichen Wissenschaft. In: Ders: Die sozialen Ursprünge der neuzeitlichen Wissenschaft, hg. von Wolfgang Krohn. Frankfurt/M: Suhrkamp. S. 49–65.

Zimmerli, Walther Ch. (1998): Ethik in der Technik – überfällig oder überflüssig? in: Ders. (Hg.): Ethik in der Praxis – Wege zur Realisierung einer Technikkritik, Hannover: Luth. Verl.-Haus.

Die »schöne neue Welt«
und die Verantwortung der Ingenieure

Wolfgang Mathis
Institut für Theoretische Elektrotechnik, Leibniz Universität Hannover

Ingenieurmäßiges Arbeiten hat unsere Welt verändert und tut es nach wie vor. Das dies in uneingeschränkter Weise eine positive Entwicklung ist, war bis zum Ende des 19. Jahrhunderts Konsens zumindest in den führenden gesellschaftlichen Schichten. Die programmatische Basis für diesen Fortschrittsoptimismus wurde in der Zeit der Aufklärung u. a. durch Francis Bacon, englischer Jurist, Staatsmann und Philosoph, am Anfang des 17. Jahrhunderts gelegt ([1], S. 173): »*Das wahre und rechtmäßige Ziel der Wissenschaften*« und ich möchte an dieser Stelle hinzufügen, und auch der Technik, »*ist kein anderes, als das menschliche Leben mit neuen Erfindungen und Mitteln zu bereichern*«. Spätestens zu Beginn des 20. Jahrhunderts waren jedoch die Folgen der technischen Industrialisierung unübersehbar geworden und man begann über die Technikfolgen nachzudenken. Die Technik wurde Thema für Philosophen, Literaten und die Ingenieure selbst, wobei zunehmend auch die Konsequenzen von Wissenschaft und Technik ausgeleuchtet wurden. Noch hundert Jahre zuvor war die langsame evolutionäre Entwicklung der Technik im Leben des Einzelnen nur wenig fassbar. Erst der Sturm der Neuerungen in der zweiten Hälfte des 19. Jahrhunderts änderte dies grundlegend. Die von Wissenschaft und Technik geprägte »*schöne neue Welt*«, deren Potential zur Entmenschlichung u. a. von Aldous Huxley [4] bereits in den zwanziger Jahren des letzten Jahrhunderts beschrieben wurde, hatte schon deutlich erkennbar nicht nur für den Teil – eigentlich eher kleinen Teil – der Menschheit, dem die Segnungen der Technisierung zu Gute kamen, sondern für die gesamte Menschheit in der einen oder anderen Weise auch negative Folgen. Wir erleben dies tagtäglich in den Nachrichten. Aber wer trägt die Verantwortung, wenn etwas schief geht? Gibt es No-Go-Konzepte für die technisch Handelnden, für Ingenieurinnen und Ingenieure?

Natürlich mangelte es nicht an Versuchen, das Problem der Technik auch in seiner ethischen Dimension auszuleuchten. Das ist auch seitens der Techniker immer wieder geschehen. Es sei an Friedrich Dessauer, Physiker und Politiker in der Weimarer Republik, und dessen zahlreiche Schriften sowie sein Spätwerk »*Streit um Technik*« aus dem Jahre 1956 erinnert [3]. Auch alle wichtigen Ingenieurvereinigungen haben sich dieses Themas in Symposien und Schriften immer wieder angenommen [15] [16]. So bleibt mir eigentlich nur, noch einmal auf einige wesentliche Gesichtspunkte dieser Problematik hinzuweisen.

Technisches Handeln im allgemeinen Sinne ist zweifellos darauf angelegt, die Welt wie sie ist oder wie sie war, in künstlicher Weise und nach den Ideen des Menschen zu verändern. Auf der Leiter der technisch Handelnden haben Ingenieurinnen und Ingenieure sicherlich die höchste Stufe inne. Während die Naturwissenschaften die in der Natur vorhandenen Vorgänge auf der Basis geeigneter Präparationen in ihren feinsten Ausprägungen untersuchen, möchte ingenieurmäßiges Handeln neue künstliche Elemente oder Prozesse in der Natur erschaffen, welche naturgemäß den u. a. in der Physik, Chemie und Biologie formulierten Gesetzen unterliegen müssen.

Auch wenn diese Beschreibung einsichtig erscheint, so weist doch der Technikphilosoph Friedrich Rapp darauf hin, dass »*angesichts der ... mannigfachen Arten des technischen Handelns, die im Verlauf der historischen Entwicklung anzutreffen sind, ... von vornherein keine begriffliche Festlegung (von Technik) zu erwarten (ist), die allen auftretenden Besonderheiten gerecht wird*« ([9], S. 38). Das soll kurz anhand einiger Definitionsversuche illustriert werden. Eine umfassende Übersicht der verschiedenen Definitionsvorschläge findet man beispielsweise bei Lenk [6] und Ropohl [10]. Um einen möglichst umfassenden Begriff von »*Technik*« zu erhalten, wird vielfach auf sehr abstrakte Definitionen zurückgegriffen. Nach Rapp unterscheidet man Definitionen (siehe [9], S. 42–43), die auf das aktive Handeln im Allgemeinen abheben, wie etwa der im 19. Jahrhundert lebende Maschinenbauingenieur Max Eyth: »*Technik ist alles, was dem menschlichen Wollen eine körperliche Form gibt*«, von solchen, die den methodischen Charakter des aktiven Handelns besonders betonen, wie etwa v. Gottl-Ottilienfeld: »*Technik im objektiven Sinne ist das abgeklärte Ganze der Verfahren und Hilfsmittel des Handelns, innerhalb eines bestimmten Bereichs menschlicher Tätigkeit*«. »*Von diesem sehr weit gefassten Technikbegriff*« - so Rapp - »*ist der engere Wortsinn zu unterscheiden, der das technische Handeln des Ingenieurs einschränkt*«; v. Gottl-Ottilienfeld spricht von der »*Realtechnik*«. Wir würden uns also sehr schnell verlieren, wenn wir uns auf das fraglose interessante Feld des philosophischen Diskurses über Technik einlassen. Für uns bleibt festzuhalten, dass technisches Handeln mit dem menschlichen Willen verknüpft ist und somit auch mit menschlichen Wertesystemen. Damit wird das »*Gut*« oder »*Böse*«, das ein Wertesystem impliziert, zumindest in den künstlichen Anteil der Natur, der durch Technik geschaffen wurde, hineingetragen. In Frage steht dann aber auch, ob der restliche Teil der Natur, die ursprünglich vor aller Menschheit vorhandene Natur ebenfalls irgendwelchen Wertvorstellungen unterliegt. Eine interessante philosophische Frage, auf die beispielsweise Hans Jonas [5] näher eingeht.

Technik setzt willentliches Handeln voraus, für das somit diejenigen, die handeln, Verantwortung tragen können. Aber worauf bezieht sich diese Verantwortung?

Sind Philipp Reis und Alexander Graham Bell, die im 19. Jahrhundert mit Drähten, Batterien und primitiven Mikrophonen experimentierten, um ihrem Traum einer »*fernmündlichen Übertragung von Gedanken*« Gestalt zu verleihen, dafür verantwortlich, dass die heute gegebene dauernde Erreichbarkeit über das Handy auch negative gesellschaftliche Implikationen besitzt? Sicherlich waren sie damals der Meinung, der Menschheit etwas Gutes zu bringen.

Kann man Marconi, der als jugendlicher Forscher im Garten seiner Eltern mit einem Hertzschen Dipol experimentierte, um elektromagnetische Wellen zur drahtlosen Nachrichtenübertragung zu nutzen, verantwortlich machen, dass seine Erfindung nur wenige Jahre später Krieghandlungen des 1. Weltkrieg stark beeinflusste?

Hätte derjenige, der sich in Berlin-Reinickendorf an Raketenversuchen beteiligte, die kaum über ein besseres Feuerwerk hinausgingen, von Anfang an voraussehen müssen, dass diese Experimente letztlich in einem Waffenarsenal mit einer Zerstörungskraft von bis dahin unbekannten Ausmaßes münden würden und somit Verantwortung für diese Entwicklung trägt. Oder hat Wernher von Braun erst später Schuld auf sich geladen, als er seine Mitverantwortung an dem Gebrauch seiner Raketen leugnete. Darauf weist der amerikanische Kabarettist Tom Lehrer hin: »*Once the rockets are up, who cares where they come down? That's not my department, says Wernher von Braun.*« [24]

Wir gelangen zu dem alten Konflikt des Messers, welches Segen oder Fluch sein kann. Muss man aus dem Misslingen einer eindeutigen Antwort auf das Messerproblem folgern, dass den Ergebnissen des technischen Handelns ebenso wie der ursprünglichen Natur keine Bewertung im Sinne von »*Gut*« oder »*Böse*« zuzuordnen ist?

Versuche, diese Fragen zu beantworten, sind kontrovers diskutiert worden. Ein radikaler Ansatz stammt von Hans Jonas, der im Rahmen der Begründung seines »*Prinzips Verantwortung*« im Anschluss an Kant einen neuen kategorischen Imperativ prägte ([23], S. 36): »*Handle so, dass die Wirkungen deiner Handlung verträglich sind mit der Permanenz echten menschlichen Lebens auf Erden*«. Eine ähnliche Aussage stammt von dem MIT-Informatiker und Gesellschaftskritiker Joseph Weizenbaum, wenn er betont, »*dass jeder einzelne für die ganze Welt verantwortlich ist*« ([18], S. 348).

Fraglos steht das ingenieurmäßige Handeln häufig am Anfang eines technischen Produkts, da es von den Ingenieuren gewissermaßen aus der Taufe gehoben wird. Aber können Ingenieure die technische Entwicklung voraussehen oder gar seine spätere Nutzung? Nur dann könnten Sie für alles Zukünftige, was sich aus ihrer Erfindung entwickelt, verantwortlich gemacht werden. Bekanntlich gab es immer wieder Visionäre, die Derartiges versuchten – zu aller erst wäre Leonhardo da Vinci zu nennen. Aber auch an die reichhaltige, technisch geprägte Science Fiction Literatur ist zu denken, wobei einem Namen wie Jules Verne, Isaac Asimov, E. A. van Vogt, oder Arthur C. Clarke einfallen. Übrigens begann der zuerst genannte Jules Verne, was wenig bekannt ist, als Technikskeptiker und ist es wohl Zeitlebens zumindest teilweise geblieben, wie sein erst vor einigen Jahr bekannt gewordenes Frühwerk von 1863 [17] »*Paris im 20. Jahrhundert*« zeigt. Sehr interessante Hinweise auf die »*Welt in 100 Jahren*« aus der Sicht des Jahres

1910 findet man auch in dem Werk von Arthur Bremer [2]. Der ehemalige Rektor der ETH Zürich und Elektrophysiker Franz Tank hat in einem 1962 erschienen Essay »*Some Thoughts on the State of the Technical Science in 2012 A. D.*« [13] versucht, unsere heutige Technik des Jahres 2012 vorauszusehen. Um die Schwierigkeiten seiner Überlegungen zu illustrieren, ging er von den Fortschritten aus, welche die Physik in den Jahren von 1862 bis 1912 gemacht hatte, und lag mit seinen vorausschauenden Ansichten gar nicht so falsch. Dennoch stellte er einige prinzipielle Fragen. So betonte er, dass nur das Feld der Logik exakt prognostizierbar sei und fährt dann fort »*Ist es möglich, den Zustand der Physik oder einfach nur der Elektronik im Jahre 2012 auf der Basis unseres heutigen Wissens mit Hilfe der Logik, d. h. des Denkens vorauszusagen?*« Er meint »*Ja, da die Logik ein sehr zuverlässiger Helfer ist und nein, da in der Zwischenzeit grundlegend neue Naturgesetze entdeckt werden könnten, die für einen grundlegenden Wandel in der Zukunft sorgen könnten*«. Das Neue an unserer modernen Zeit sieht Tank in einem intellektuellen Aspekt, wenn er betont: »*Es wurde erkannt, dass durch Experimente grundlegende Naturgesetze gefunden werden können*«. »*Das gibt der Technik eine solide Basis*«. Trotz seiner nachdenklichen Haltung ist er dann wieder ganz Physiker und Ingenieur, wenn er folgert »*Nichts hat die Kraft, diese Entwicklung auf ihrem Weg zu stoppen, bis eines Tages das ferne Ziel, welches uns unbekannt ist, erreicht sein wird.*«

Resümierend zeigen die bisherigen Ausführungen, dass es nicht einfach ist, Technik in ihrer allgemeinen Form zu definieren, noch lässt sich aufgrund einfacher Überlegungen die Frage nach einem Zusammenhang von Verantwortung und ingenieurmäßigem Handeln aufklären. Um in dieser essentiellen Frage tatsächlich einen Schritt weiterzukommen, sollte man mit Paul Hoyningen-Huene, Professor an der hiesigen Leibniz Universität Hannover, zunächst einmal einige Grundfragen diskutieren, wozu seine Arbeit »*Zur Verantwortung des Ingenieurs*« [20] eine Reihe von Anregungen gibt. Da wäre als allererstes zu fragen, was unter »*Verantwortung*« überhaupt gemeint ist. Er stellt klar, dass berufliche Verantwortung von der gesellschaftlichen Verantwortung zu unterscheiden sei.

Die berufliche Verantwortung betrifft die Ingenieurpraxis und daher lassen sich Verantwortlichkeiten einfacher benennen, wenn fehlerhafte Arbeit geleistet wurde. Dazu gibt es schlagkräftige Methoden des Qualitätsmanagements. Bei Fehlern lassen sich i. a. klare Verantwortliche benennen und die Fälle lassen sich juristisch aufarbeiten. Viele erinnern sich an das Challenger-Unglück von 1986, wo eine fehlerhafte Dichtung den Tod der Besetzung nach sich zog. Bekanntlich hatten Ingenieure diese Schwierigkeiten erkannt und noch am Vorabend vor einem Start gewarnt, aber die Leitung der Mission hatte sich durchgesetzt und damit offensichtlich Verantwortung auf sich geladen.

Dennoch gibt es Schwierigkeiten bei sehr großen Katastrophen; beispielhaft genannt sei die Katastrophe von Tschernobyl, Ölkatastrophe im Golf von Mexiko oder kürzlich die Reaktorkatastrophe von Fukushima, bei denen sich auch politische Interessen überlagerten. Aufgrund der gewaltigen Auswirkungen von technischen Defekten in solchen Anlagen stellt sich natürlich auch die weitergehende Frage nach der gesellschaftlichen

Verantwortung der Ingenieure. Die meisten Ingenieurverbände haben darauf schon vor längerer Zeit mit einer Ethikdiskussion reagiert und einen Ethik-Kodex formuliert; beispielhaft seien der Kodex des *Verband deutscher Ingenieure* (VDI) und der amerikanischen Elektroingenieurvereinigung *Institute of Electrical and Electronics Engineers* (IEEE) genannt.

So kommt Hoyningen-Huene letztlich zu einem für manche vielleicht unbefriedigendem Ergebnis: »*Aber es bedeutet, dass Ingenieure in Situationen geraten können, in denen Konflikte zwischen egoistischem, Techniker-, Arbeitgeber-, Gruppen-Auftraggeber- und öffentlichem Interesse auftreten können. Für die Lösung solcher Konflikte dürfte es keine Patentrezepte geben, und die Ingenieurvereinigungen werden bei der Weiterentwicklung ihrer Ethikkodizes diese Schwierigkeiten im Auge behalten müssen.*« [20]. Nur selten erfährt die Öffentlichkeit etwas von diesen Konflikten der technisch Handelnden wie im Falle von Norbert Wiener [19], bedeutender amerikanischer Mathematiker und Begründer der Kybernetik [14], der im Jahre 1947 in Beantwortung der Ausführungen eines Ingenieurs der Flugzeugfirma Boeing, der in einem Raketenprogramm tätig war, in der Zeitschrift Atlantic Monthly Magazine [21] beschwor »*keine weiteren Arbeiten zu publizieren, die in den Händen verantwortungsloser Militärs Schaden verursachen können*« (»*not to publish any future work (...) which may do damage in the hands of irresponsible militarists*«). Die Hintergründe seiner Reaktion schilderte Wiener in seiner Autobiographie.

Vielleicht müssen einfach auch die Ingenieure wie alle anderen Staatsbürger einer Zivilgesellschaft Fragen bezüglich ihrer Arbeit, die von gesellschaftlichem Belang sind, studieren, reflektieren und einen eigenen Standpunkt beziehen. Dazu gehört auch, dass Ingenieurinnen und Ingenieure über die Entwicklungsgeschichte der Technik und die zugehörigen sozioökonomischen Bezüge fundierte Kenntnisse besitzen.

Der Besitz solcher Kenntnisse allein ist jedoch keineswegs ausreichend. Untersucht man nämlich die Entwicklungsprozesse beim Entstehen neuer Technik in der Retrospektive, so zeigt sich, dass neue Erfindungen bei den Erfindern naturgemäß von einer großen Euphorie begleitet werden und der Blick vom Standpunkt des großen Ganzen als Kritik an dem Gegenstand der Erfindung empfunden wird. Historische Beispiele zeigen, dass diejenigen, die den Fortschritt mit ihrer Erfindung voran bringen wollen, selbst noch innere Hemmnisse zu überwinden haben und deshalb die Euphorie des Augenblicks als weiteren Ansporn benötigen. Schließlich würden sich sozioökonomische Ansprüche so auswirken, dass sich die technische Aufgabe wesentlich verkompliziert und daher den Kerngedanken der Erfindung stört.

Anhand der Erfindung des Automobils mit Verbrennungsmotor durch Carl Benz und andere lässt sich diese Problematik gut verdeutlichen. So hatte Benz jahrelang erhebliche Schwierigkeiten, eine Erlaubnis zur Vorführung seines im Jahre 1886 patentierten Automobils zu erhalten. Das Interesse an seinem Fahrzeug war noch auf der Weltausstellung 1889 in Paris eher gering. Somit war es für ihn wohl kaum erkennbar, dass nur einhundert Jahre später die Abgase von Automobilen, die er und wie alle weiteren

Erfinder auf diesem Gebiet den Schloten der Fabriken gleich einfach in die Umwelt beförderten, zu einem sehr ernsten Problem für die ganze Menschheit führen würde. Die heutige Mobilität mit Millionen von Automobilen war damals kaum vorstellbar und daher wäre eine Debatte über die Abgase von Verbrennungsmotoren solcher Fahrzeug im Vergleich zu anderen Schwierigkeiten der Automobiltechnik von damals ziemlich bizarr gewesen. Allerdings hätte diese Problematik spätestens vor Einführung der Massenproduktion von Automobilen durch Henry Ford neu überdacht werden müssen, denn es war ja in den 1920er Jahren sein erklärtes Ziel, Millionen von Auto zu herzustellen und zu verkaufen. Die Fragen, ob zur Lösung des Abgasproblems die technischen Möglichkeiten bestanden hätten und in wie weit die Gewinnoptimierung eine entsprechende Diskussion verhindert hat, können jedoch hier nicht weitergeführt werden. Eine gesellschaftliche Debatte über die Wechselbeziehung von gesellschaftlichen und ökonomischen Bezügen wäre allerdings sinnvoll gewesen und hätte vielleicht manche erst heute erkennbaren Folgen der individuellen Mobilität vermindern können. Ähnliches gilt für andere Großtechnologien, die globale Auswirkungen auf Leben haben.

Dabei können Debatten über Fragen der Verantwortung und Ethik von Ingenieuren ohne Zweifel bei der Suche nach einem Standpunkt wertvolle Hilfestellungen geben – ganz im Sinne von Martin Lendi, Professor für Rechtswissenschaften an der ETH Zürich, wenn er in verschiedenen Vorträgen darauf hinweist [22]: »*Ethik stiftet Unruhe hin zum tieferen Nachdenken über die Folgen unseres Tuns, und sie hält wider das Unzulängliche zum Dennoch an*«.

Literatur

[1] F. Bacon: Neues Organon (Herausg. und Einleitung: W. Krohn). Wissenschaftliche Buchgesellschaft, Darmstadt 1990

[2] A. Bremer: Die Welt in 100 Jahren. Georg Olms Verlag, Hildesheim – Zürich – New York 2010 (mit einem Essay von G. Ruppelt). Nachdruck der Ausgabe Berlin 1910

[3] F. Dessauer: und Streit um Technik. Frankfurt/M. 1956

[4] A. Huxley: Schöne neue Welt. (Erstauflage des Originals »Brave New World«, 1932). Fischer Bücherei, Frankfurt/M. 1953 (1970)

[5] H. Jonas: Technik, Medizin und Ethik – Praxis des Prinzips Verantwortung. Suhrkamp, Frankfurt/M. 1985

[6] H. Lenk, G. Ropohl (Hrsg.): Technik und Ethik. Stuttgart 1987

[7] H. Marcuse: Der eindimensionale Mensch. Deutscher Taschenbuch Verlag, München 2004 (ursprünglich 1964, 1994)

[8] M. Maring (Hrsg.): Verantwortung in Technik und Ökonomie. Universitätsverlag 2009

[9] F. Rapp: Analytische Technikphilosophie. Verlag Karl Alber, Freiburg – München 1978

[10] G. Ropohl: Ethik und Technikbewertung. Frankfurt/M. 1996

[11] A. Spitaler, A. Schieb (Hrsg.): Wissen und Gewissen in der Technik. Verlag Styria, Graz – Wien – Köln 1964

[12] H. Stork: Einführung in die Philosophie der Technik. Wissenschaftliche Buchgesellschaft, Darmstadt 1977 (Aufl. von 1991)

[13] F. Tank: Some Thoughts on the State of the Technical Science in 2012 A. D. Proceedings of the IRE, Vol. 50, 1962, S. 622–623

[14] M. Triclot: Norbert Wiener's politics and the history of cybernetics. The Global and the Local: The History of Science and the Cultural Integration of Europe. Proceedings of the 2nd ICESHS (Cracow, Poland, September 6–9, 2006)/Ed. by M. Kokowski.

[15] Zum Selbstverständnis des Ingenieurs und den Folgerungen für eine verantwortbare Praxis. VDE/VDI Arbeitskreis Gesellschaft und Technik, Stuttgart 1997

[16] Ch. Hubig, J. Reidel (Herausg.): Ethische Ingenieurverantwortung – Handlungsspielräume und Perspektiven der Kodifizierung. Technik, Gesellschaft, Natur: Band 5, Edition Sigma, 2000

[17] J. Verne: Paris im 20. Jahrhundert. Fischer-Taschenbücher, Frankfurt/M. 2000 (geschrieben 1863)

[18] J. Weizenbaum: Die Macht der Computer und die Ohnmacht der Vernunft. Frankfurt/M. 1977

[19] N. Wiener: Mathematik – Mein Leben (deutsche Ausgabe des 1956 erschienenen Originals). Fischer Bücherei, Frankfurt/M. 1965

[20] K.-F. Wessel, B. Thiele (Hrsg.): Risiko in Wissenschafts- und Technikentwicklung und die Verantwortung des Ingenieurs und Wissenschaftlers. Berlin: DVW, 1991, P. Hoyningen-Huene: Zur Verantwortung des Ingenieurs, S. 79–93.

[21] N. Wiener: A scientist rebels. The Atlantic Monthly, Jan. 1947, Vol. 179, S. 46

[22] M. Lendi: Grundorientierungen für die Raumplanung/Raumordnung – eine Vorlesung. Eine Gastvorlesung, gehalten in Wien an der Universität für Bodenkultur, am 24. November 2003 (http://e-collection.library.ethz.ch/eserv/eth:26888/eth-26888-01.pdf)

[23] H. Jonas: Das Prinzip Verantwortung. Versuch einer Ethik für die technologische Zivilisation, Frankfurt M. 1984

[24] P. W. Singer: A world of killer apps. Nature, Vol. 477, 2011, S. 399–401

Treuhänderisches Handeln
in der Berufspraxis von Ingenieuren

Gerhard Wegner
Sozialwissenschaftliches Institut der EKD

Der im Titel enthaltene Vorschlag, die Berufsverantwortung von Ingenieuren als ein treuhänderisches Handeln, das heißt als ein *Handeln aus anvertrauter Macht* zu begreifen, soll im Folgenden in zehn Thesen entfaltet werden. Der Ausgangspunkt für diesen Gedanken wird in einem spezifischen Verständnis menschlichen Handelns gesehen, das dieses nicht – oder auf jeden Fall nicht nur – als aus sich selbst heraus legitimiert und allein vor sich selbst und eines anderen als rechenschaftspflichtig versteht, sondern es stets vor dem Hintergrund einer dritten Bezugsgröße begreift. Von dieser dritten Instanz her wird dieses Handeln als ein beauftragtes, anvertrautes, – in gewisser Hinsicht auch: pflichtgemäßes – Handeln begriffen und insofern seine spezifische Verantwortungsdimension rekonstruiert. Die Verantwortung dieses Handelns realisiert sich herkömmlich im Ingenieurgeschehen, aber auch im sonstigen alltagsweltlichen Handlungsverständnis, vor allem als Betonung von *Haftung*. Besonders im Blick auf das Ingenieurhandeln muss es sich jedoch auch als *Sorge*, das heißt als Bemühen um die Gestaltung der Zukunft verstehen.

Indem die Berufsverantwortung von Ingenieuren auf diese Weise als Handeln aus anvertrauter Macht begriffen wird, wird insbesondere die Angewiesenheit dieses Handelns auf übergreifende Zusammenhänge, in die dieses Handeln eingebettet ist und vor denen es sich reflektiert, deutlich. Die Berufsethik des Ingenieurhandelns kann in dieser Hinsicht nicht nur als die Reflexion auf bereits vorhandene Verantwortungsaspekte und moralische Implikationen verstanden werden, sondern muss immer auch als eine *ethische Heuristik* in den Blick geraten: Versteht man es als treuhänderisches Handeln werden stets neue Verantwortungskontexte entdeckt. Der Kreis der Verantwortung, in die Ingenieure mit ihrem Handeln einbezogen sind, erweitert sich auf diese Weise beständig. Ethik ist so nicht etwa eine Bremse für das Ingenieurhandeln, sondern sie stellt geradezu ein wichtiges Moment seines Antriebes dar: Die Technikentwicklung erfolgt nicht etwa als im Nachhinein gebremst durch ethische Reflexion, sondern als hervorgebracht durch ebendiese, da sie sich im Blick auf die Zukunft als Sorge um eine lebenswerte Welt begreift.

Treuhänderisches Handeln in diesem Sinne reflektiert sich insbesondere, indem es sich seiner Wertebindung, das heißt seiner »Ergriffenheit« von Vorstellungen eines guten Lebens bewusst wird.

1. These: Verantwortung als Normengehorsam

Blickt man auf die alltägliche Berufspraxis von Ingenieuren, so wird man mit ihrem eigenen Selbstverständnis zunächst einmal feststellen können, dass sich die Verantwortung von Ingenieuren alltäglich vor allem dadurch realisiert, dass legitimen Erwartungen und vorgegebenen Normen entsprochen wird. Zu diesen legitimen Erwartungen und vorgegebenen Normen zählen gesetzliche Vorgaben, vereinbarte Normen, professionelle Standards, Vorgaben von Unternehmen und anderen Auftraggebern, gegebenenfalls auch weitergehende Standards wie Menschenrechte und anderes.

Diese Art der Verantwortung kann als *Verantwortung erster Ordnung* begriffen werden. Sie ist für eine verantwortliche Berufspraxis schlichtweg unaufgabbar und es ist von entscheidender Bedeutung, dass in allem technischen Handeln eine Reflexion auf die entsprechenden Normen erfolgt. Ohne einen solchen Normengehorsam geht es in der Technikentwicklung auf gar keinen Fall und die entsprechenden Normen müssen im Diskurs auch dauernd weiterentwickelt werden. Bereits die Verantwortung erster Ordnung ist somit als ein höchst kreativer Prozess zu begreifen, der falsch verstanden wäre, wenn er nur als Einschränkung von technischen Möglichkeiten begriffen wird. Technikentwicklung ist auch auf dieser Ebene nicht frei von gesellschaftlichen Vorgaben, sondern folgt in dieser Hinsicht auch stets gesellschaftlichen Fahrtentwicklungen aller Art.

2. These: Fallstricke des Normengehorsams

Betrachtet man nun näher die Mechanismen des Normengehorsams, so wird nun aber auch ehr schnell deutlich, dass mit der Orientierung an vorgegebenen Normen auch spezifische Fallstricke einhergehen. Denn je klarer diese Normen formuliert sind, desto größer sind die mit ihrer Anwendung stets einhergehenden Gefahren. Dazu zählt zunächst einmal das, was man als »Abhakmentalität« bezeichnen kann. Fernab von jeder kreativen Anwendung von Normen geht es hier nur darum, in einer gleichsam bürokratischen Weise vorhandene klar definierte Normen in den eigenen technischen Projekten abzuhaken. Die Gefahr dabei, den Blick für das Ganze zu verlieren, liegt deutlich auf der Hand. Damit einher gehen dann weitere Gefahren, wie z. B. die Entwicklung eines Tunnelblicks, mit dem nur noch die unmittelbaren Randbedingungen des eigenen technischen Projektes in den Blick geraten, aber der große Zusammenhang, in dem sich das Ganze bewegt, völlig aus dem Blick gerät. Ebenso können Probleme einer reinen Funktionärsethik auftreten. Auch der Verlust von letztendlicher Identifikation bis hin zu Formen von Ironie und Zynismus drohen. Gestaltung, Phantasie und Entwurfsstreben kommen bei dieser Art des Normengehorsams leicht abhanden. Insofern kann ein reiner Normengehorsam zu einer Blockierung der Kreativität führen.

Das Ganze ist mithin ein gewissermaßen paradoxes Geschehen, denn Verantwortung für das eigene technische Projekt kann natürlich in der Regel nur so übernommen werden, dass man sich an bestehenden Normen orientiert, weil nur auf diese Weise überhaupt Haftungsfragen in den Blick kommen. Was allerdings sehr viel weniger in den Blick gerät, ist das, was im Weiteren als Verantwortung unter dem Aspekt der Sorge im Blick auf die Gestaltung der Zukunft angesprochen werden soll.

3. These: Notwendige Alternativenproduktion

Aus den Schwächen des reinen Normengehorsams folgt berufsethisch die Bringschuld des Ingenieurs »in Bezug auf einen Reichtum der Alternativenproduktion« (Hanns-Peter Ekardt). Den Gefahren des reinen Normengehorsams kann nur dann begegnet werden, wenn die Ingenieursverantwortung in der Weise wahrgenommen wird, dass stets ein höchstmöglicher Reichtum an Alternativen mitgedacht oder sogar auch mit produziert wird. Der Begriff »alternativlos« ist auch im Ingenieuralltag ein Unwort. Es gibt nie die eine eindeutige Lösung, die alle anderen Alternativen von vornherein aus dem Feld schlagen würde. Deswegen müssen stets Alternativen zu jedem Projekt entwickelt und in einer möglichst herrschaftsfreien Diskussion einer Entscheidung zugeführt werden. Das Ingenieurdenken darf insofern erst recht nicht auf Normengehorsam reduziert werden; die Alternativenproduktion wird vielmehr durch Phantasie, Genialität, auch durch Mut und durch den »großen Wurf« entschieden. Dazu muss es Freiräume und Diskussionsmöglichkeiten geben.

Weiter gedacht bedeutet dies, »dass es keine sachlich eindeutige Obergrenze im Bearbeitungsaufwand gibt« (Ekardt). Auch wenn diese Aussage sehr apodiktisch und geradezu kantianisch fordernd klingt, so lässt sie sich schwerlich bestreiten. Obergrenzen im Bearbeitungsaufwand werden aus pragmatischen Gründen zu ziehen sein – so auch aus der Notwendigkeit, irgendwann überhaupt einmal zu entscheiden, aber sie entstehen nicht aus der Sache selbst. Damit ist ein sehr hoher Anspruch an das Ingenieurhandeln formuliert. Im Grunde genommen ist dies ein Anspruch, der durchaus dem kantianischen kategorischen Imperativ entspricht. Ein Abbruch der Alternativenproduktion könnte infolgedessen erst dann erfolgen, wenn wirklich alle denkbaren Folgen für alle denkbar Beteiligten eines technischen Projektes erreicht sind. In der Realität wird man diesen Zustand freilich nie erreichen, aber als Horizont der eigenen Verantwortung bleibt er im Raum.

Im Übrigen folgt die Notwendigkeit einer großen Alternativproduktion auch schon aus der »sachlogischen Zirkularität« zwischen Aufgabenstellung und Aufgabenerledigung bzw. zwischen Auftragnehmer und Auftraggeber. Diese Situation ist schon im alltäglichen Auftragshandeln von Ingenieuren nachvollziehbar. Der Auftraggeber weiß in der Regel nicht, welche technische Lösung die für ihn am besten geeignetste ist und kann dies auch nicht wissen. Insofern muss der auftragnehmende Ingenieur dem Auftraggeber eine ganze Reihe von Alternativen vorlegen, und auch in der dann folgenden Entscheidung existiert ein großer Beratungsbedarf. Umgekehrt bedeutet dies, dass das Verhältnis zwischen Auftragnehmer und Auftraggeber im technischen Bereich ganz ähnlich wie in anderen professionellen Bereichen im ärztlichen oder juristischen Bereich nicht ohne ein hohes Maß an Vertrauen in die Professionalität und Verantwortung von Ingenieuren erfolgen kann.

4. These: Verantwortung fürs Unterlassen – Haftung und Sorge

Hinter den angestellten Überlegungen steckt eine spezifische Vorstellung von Verantwortung, die sich nicht nur auf das getane Tun (= Haftung), sondern ebenso auf das nicht getane Tun, das Unterlassen (=Sorge) richtet. Ethischen Überlegungen ist es natürlich immer darum zu tun, dass jemand die Folgen für das eigene Handeln auch tragen kann und insofern für dieses Handeln haftet. Sehr viel spannender und auch sehr viel kreativer wird es jedoch mit der Frage danach, ob nicht auch das nicht getane Eigenhandeln, das Unterlassen, Folgen für den Einzelnen hat. Die Reflektion auf das Unterlassen lässt sich konstruktiv als Sorge bezeichnen, als Sorge um die Gestaltung des Lebens in der Zukunft, die durch das eigene Tun und Unterlassen beeinflusst wird. Insofern ist die Verantwortung des Ingenieurs nicht nur auf das gerichtet, was er selbst leistet, sondern auch auf das, was er nicht leistet und was durch das eigene technische Projekt möglicherweise sogar überdeckt wird. Die Alternativen, die an dieser Stelle aufleuchten gehen also weit über das eigene Projekt hinaus und können auch die Fragen aufnehmen, die durch die eigene technische Entwicklung gerade ausgeschlossen werden. Es kann sein, dass die Entscheidungen in dieser Hinsicht nicht unmittelbar im Berufsfeld des eigenen Ingenieurs angesiedelt werden, sondern an andere übergreifende Stellen delegiert sind. Die Notwendigkeit, an dieser Stelle Rückfragen zu stellen und Alternativen einzuklagen, bleibt aber beim Ingenieur.

Faktisch ist es sogar so, dass der Sorge größere Bedeutung als dem Haftungsaspekt zukommt, weil stets der Nichtschädigung von Menschen und Umwelt der Vorrang vor einer Entschädigung eingeräumt werden wird. Aus dem Haftungsaspekt resultiert die Notwendigkeit von Entschädigung im Fall der Schädigung durch technische Projekte. Jeder Beteiligte würde aber in jedem Fall eine Nichtschädigung einer Entschädigung vorziehen. Genau damit ist aber dem Aspekt der Sorge der Vorrang eingeräumt. Sorgend und dann im zweiten Schritt haftend in die Welt einzugreifen, wird somit zum

Kern von technischer Verantwortung. Das bedeutet nichts anderes, als dass auch technische Verantwortung mit einem Blick in die Zukunft verbunden werden muss. Die Frage »Wie wollen wir in Zukunft leben?« steht auch im Hintergrund jeder technischen Entwicklung. Technik hat nie nur mit Technik zu tun, sondern mit ihrer eigenen Einbettung in den gesamten Lebens- und Wirklichkeitsprozess.

5. These: Die Sorge als Wert

Es lohnt sich nun an dieser Stelle, die Idee von Verantwortung als Sorge weiter zu entfalten, da hier das Problem der Wertorientierung und Wertbindung von technischem Handeln besonders deutlich wird. Folgt man dem Wirtschaftsethiker Christian Neuhäuser, so impliziert die Idee der Verantwortung als Sorge eine umfassende solidarische Grundannahme. Indem ich mein Handeln in zukünftige Lebenskonzepte und Wirklichkeitsvorstellungen einbette, akzeptiere ich für mich meine eigene solidarische Einbindung in diese zu realisierende und auf mich zukommende Zukunft. Genauso wird treuhänderisches Handeln als Auftrag einer dritten Instanz – in diesem Fall noch recht nüchtern als die Zukunft beschrieben – konkretisiert. Auch der Haftungsaspekt bindet mein Handeln an solidarische Beziehung zu anderen, aber er begrenzt diese solidarische Beziehung gleichsam durch die immer wieder prinzipielle Möglichkeit des Realisierens meiner Haftung. Indem ich aber mich selbst als sorgend um die Zukunft dieser Welt begreife, wird meine Verantwortung sehr viel weiter ausgedehnt.

Sorge zu übernehmen, wird so zum Wert des Handelns von Ingenieuren. Unter Wert verstehen wir in diesem Fall eine Art von elementarer Grundgestimmtheit, von einem »Ergriffensein« (Hans Joas), dem man sich nicht entziehen kann. Werte sind das, was Menschen elementar anleitet und von dem sie sich selbst auch bestimmt fühlen. Das Besondere daran ist, dass Menschen sich zwar durch Werte gebunden, ohne sich jedoch dadurch zu etwas gezwungen zu fühlen, sondern im Gegenteil dieses Ergriffenseins ihrer inneren Welt geradezu als Befreiung zu einem wirklichen Handeln und zur eigenen Orientierung verstehen. Nur durch die Bindung an Werte in diesem Sinne kann ich frei in der Welt handeln, weil ich Verantwortung für andere und für die Welt übernehmen kann. Das, was ich im technischen Handeln tue, kann damit etwas Neues in die Welt bringen, das diese Welt bereichert, ohne sie zu bedrohen oder gar zu zerstören.

6. These: Freiheit

Zusammengefasst lässt sich nun sagen, dass das Handeln von Ingenieuren im Blick auf die durch die Sorge angetriebene Notwendigkeit der Alternativenproduktion als ein Handeln in Freiheit verstanden und auch entsprechend institutionalisiert werden sollte. Die Sorge um die Zukunft des Lebens auf diesem Globus befreit das technische Handeln dazu, sich selbst im Hinblick auf die Zukunft zu reflektieren und nach den jeweils bestmöglichen Alternativen zu suchen. Diese Freiheit muss auch im konkreten Berufsalltag realisierbar sein. Zwang und fehlende Information sind schon seit Aristoteles Gründe, die von Verantwortung in dieser Hinsicht befreien und die bei einem verantwortlichen Ingenieurshandeln nicht vorkommen dürfen.

Die Anreizstrukturen des Ingenieurhandelns müssen Konflikte in dieser Hinsicht möglichst minimieren. Dazu zählen an erster Stelle Konflikte zwischen Ökonomie und Ethik. Völlig aus der Welt schaffen lassen sich diese Konflikte natürlich nicht. Aber das Bestreben danach, die notwendige technische Alternativenproduktion möglichst weit zu entfalten, bevor ökonomische Entscheidungen fallen, sollte breiter anerkannt werden. Damit geht auch einher, dass die Unabhängigkeit von Ingenieuren in der Technikproduktion, die erst ein freies Handeln möglich macht, entscheidend ist. Dabei geht es natürlich um das Recht zur Verweigerung bestimmter technischer Entwicklungen, aber dieses Recht, so wichtig es ist, scheint nicht von primärer Bedeutung zu sein. Von primärer Bedeutung ist die Möglichkeit zur Entwicklung von technischen Alternativen im konkreten Fall und ihre möglichst weitgehende Ausarbeitung. Freiheit und Verantwortung von Ingenieuren realisiert sich darin.

7. These: Kategoriale und relativierende Urteilsbildung

Die bisher angestellten Überlegungen müssen nun weiter differenziert werden, vor allem im Blick darauf, dass man natürlich berechtigterweise Bedenken gegen die Absolutheit der Forderung nach Alternativenproduktion und in diesem Sinne nach Freiheit haben kann. Deswegen muss nun auch gesagt werden, dass Verantwortung als Sorge sich stets zwischen kategorialen, apodiktischen Urteilen und relativierender Chancen- und Risikoabwägung konkretisiert. Das eine geht nicht ohne das andere: Man muss wissen, was man grundsätzlich ablehnt (apodiktisches Urteilen), um überhaupt entscheiden zu können, was getan werden kann (relativierende Abwägung). Das eine ohne das andere ist schon rein logisch nicht vorstellbar, denn ohne Grenzen der relativierenden Abwägung wird man überhaupt keine Abwägung hinbekommen. Freiheit der Chancen- und Risikoabwägung erwächst deswegen auch an dieser Stelle erst aus der Bindung an bestimmte kategoriale grundsätzliche Werte und Urteile.

Als Beispiel einer gelungenen Verständigung zischen kategorialen und relativierenden Urteilsbildungen sei das Votum der »Ethikkommission Sichere Energieversorgung« zur Energiewende in Deutschland zitiert. Dort heißt es, nachdem alle denkbaren kategorialen und relativierenden Urteile diskutiert worden sind: »Der Ausstieg ist nötig und wird empfohlen, um Risiken, die von der Kernkraft in Deutschland ausgehen, in Zukunft auszuschließen. Er ist möglich, weil es risikoärmere Alternativen gibt.« Hier wird folglich beides in eine gute Beziehung miteinander gebracht. Die kategoriale Aussage, dass der Ausstieg nötig ist, wird mit der abwägenden Aussage, dass er möglich ist, in ein sinnvolles Verhältnis gesetzt. Eins geht in der Regel nicht ohne das andere. Insofern geht es in entsprechenden ethischen Diskursen immer darum, beide in sich sinnvollen Haltungen und Urteilsweisen mit einer gewissen Toleranz und Demut aufeinander zu beziehen.

8. These: Ethische Unternehmenskulturen

Um nun einen möglichst hoffnungsvollen Blick in die Zukunft zu werfen, sei an dieser Stelle auch darauf hingewiesen, dass der Bedarf an in die Zukunft gerichtetem Sorgehandeln angesichts der ökologischen Bedrohungsszenarien insbesondere in technischen Bereichen weiter wachsen wird. Technisches Handeln, dass lediglich von Tunnelblicken und begrenzten Alternativen geprägt wird, wird in Zukunft immer weniger nachgefragt werden bzw. in reine relativ langweilige Spezialbereiche abgedrängt werden. Jene Unternehmen aber, die in der hier vorgestellten Weise ethische Unternehmenskulturen pflegen, werden in der Zukunft erfolgreich sein, da sie im Wettbewerb den anderen weit voraus sein können. Ethische Reflexion erweist sich auch in dieser Hinsicht als ein Wettbewerbsvorteil, der sich vielleicht nicht in kurzfristigen Erfolgen, aber in einer langfristig nachhaltigen Aufstellung des Unternehmens zeigen wird.

Dabei sind diejenigen Unternehmen, die sich als Wertegemeinschaften oder zumindest als wertorientierte Verhandlungsräume aufstellen, von Vorteil. Solche Unternehmen bieten in sich Freiräume für verantwortungsethische Diskurse und Möglichkeiten über Zielsetzungen des Unternehmens und die eigenen Produktentwicklungen in eine Diskussion zu kommen. Unternehmen, in denen solche Möglichkeiten beschränkt werden, mangeln der Kreativität, die es braucht, um sich wirklich sorgend in die Zukunft bewegen zu können. Die Frage an entsprechende technische Unternehmen in Zukunft ist folglich, welchen Beitrag man zu einem gemeinsamen Leben in der Schöpfung leisten will und was dazu durch das eignen Unternehmen technisch entwickelt werden soll. Oder um Sabine Langer zu zitieren: »Was will durch uns in die Welt gebracht werden?« Diese Fragestellung formuliert noch viel präziser die Orientierung an einer Wertorientierung, von der sich der Ingenieur und das ganze Unternehmen selbstbestimmt und getragen zugleich wissen.

9. These: Treuhänderisches Handeln als Selbsttranszendierung

Fasst man nun das bisher Gesagte zusammen, so kann davon gesprochen werden, dass sich ein technisches Handeln als treuhänderisches Handeln in seinem eigenen Handeln im Blick auf letzte Werte und dritte Ebenen selbst transzendiert, das heißt selbst im Blick auf seine eigene Bindung übersteigt. Treuhänderisches Handeln begreift sich als Handeln im Auftrag und vor dem Forum einer dritten Instanz, wie immer sie im

Einzelnen geartet ist. Es transzendiert sich – und die Ebene des Verhältnisses von Auftragnehmer und Auftraggeber – auf diese Weise. Im Raum und in der Wahrnehmung stehen deswegen nie nur der Ingenieur und der ihn Beauftragende, sondern stets auch diese dritte Instanz, die ihr Licht auf das konkrete technische Tun wirft. Erzeugt wird auf diese Weise eine Distanz zum konkreten Tun, auch zum Verhältnis von Auftragnehmer und Auftraggeber als solchen, die heilsame Freiheit und damit Kreativität mit erzeugen kann.

Natürlich ist die Frage, wie sich diese dritte Instanz genauer fassen lässt. Die Antwort hierauf muss offen bleiben, da für die genaue Benennung dieser dritten Instanz natürlich verschiedene Kandidaten infrage kommen. So kann auf der einen Seite die Natur oder Schöpfung oder auch die Zukunft in dieser Hinsicht als eine wichtige korrigierende Instanz benannt werden, die sich vielleicht im Gewissen noch näher konkretisiert. Es kann auch das moralische Gesetz in mir und in dieser Hinsicht noch viel näher das Gewissen sein. Es können ultimative Werte sein, von denen ich mich ergriffen fühle, und es kann in dieser Hinsicht auch das sein, was mit der Kategorie Gott bezeichnet wird.

Allen diesen Referenzen ist eine gewisse Unspezifität zu eigen, das heißt, es geht bei diesen Referenzen niemals um eine klar definierbare normative Instanz, die sich im Sinne eines Normengehorsams abhaken ließe. Selbst für die berühmten Zehn Gebote trifft dies in keiner Weise zu. Gerade in dieser Unspezifität liegt aber die Stärke dieser Größen, weil sie einen Raum der Reflexion und damit der Freiheit eröffnen, der im Normengehorsam eben gerade nicht gegeben ist und zu den benannten Schwächen führt. Gefordert sind mithin der beständige Diskurs und die beständige Verständigung über das notwendige Handeln, was aus dieser Triangulation des eigenen Handelns erfolgt. Weil jedoch diese Größen nicht abhakbar sind und deswegen bisweilen vielleicht sogar trivial erscheinen, werden sie in meiner Erfahrung von Ingenieuren leider beständig unterbewertet. Wenn man sich allerdings klarmacht, wie sehr diese Größen mit der eigenen Persönlichkeitsstruktur zu tun haben, wird ihre Bedeutung besonders deutlich. Damit sie gepflegt werden, braucht es allerdings eine Symbol- und Sprachwelt, die über das hinausgeht, was meist im unmittelbaren Ingenieurshandeln direkt verwertbar ist. Ingenieure brauchen den lebendigen Dialog Geisteswissenschaftlern, Philosophen, Theologen und Künstlern.

10. These: Verantwortete Freiheit zur Kreativität

Als ein Ausblick sei nun noch darauf hingewiesen, dass technisches Handeln heute vieles in die Welt setzt, was es so vorher noch gar nicht gab. Wie kaum ein anderes Handeln ist technisches Handeln heute immens innovativ. In dieser Hinsicht ist technisches Handeln nicht nur auf Werte bezogen, sondern auch wertegenerierend. Auch ein technisches Handeln, das aus der Sorge um das Leben auf dieser Welt resultiert, verändert dieses Leben in der Welt entscheidend und greift deswegen auch beständig in Wertestrukturen ein. Die vielen Technikphantasien und Technikvisionen weisen darauf hin, wie stark dies der Fall ist. Ein Leben auf dieser Welt ohne Technik ist nicht mehr zu denken. Auf diese Weise sind technische Lösungen, Automaten und Maschinen längst mehr als nur von Menschen zu beherrschende Instrumenten, sondern selbst zu Partnern des Lebens geworden.

Weil dies so ist, muss die Freiheit zu diesem Tun weiter wachsen, da von einer nachhaltigen Technikentwicklung die Zukunft entscheidend abhängt. Gefordert ist eine Wahrnehmung von Freiheit in Verantwortung.

Literatur

Veronika Drews: Das Gute im Geschäft. Wie Unternehmen Ethik treiben. Berlin 2010

Heinz Duddeck (Hrsg): Technik im Wertekonflikt. Ladenburger Diskurs. Opladen 2001

Hanns-Peter Ekardt: Wozu Ingenieurverantwortung? Zur Alltäglichkeit professioneller Selbstkontrolle im Bauwesen. MS Berlin 15. 4. 1997

Ethik-Kommission Sichere Energieversorgung: Deutschlands Energiewende – Ein Gemeinschaftswerk für die Zukunft. Berlin 30. Mai 2011

Hans Joas: Die Entstehung der Werte. Frankfurt a. M. 1999

Christian Neuhäuser: Unternehmen als moralische Akteure. Berlin 2011

Walther Ch. Zimmerli (Hg.): Ethik in der Praxis. Wege zur Realisierung einer Technikethik. Hannover 1998

Risikogesellschaft und die German Angst

Peter Nickl
Leibniz Universität Hannover/Universität Regensburg

Die Verantwortung, über die zu sprechen ist, und die natürlich nicht nur eine »Verantwortung von Ingenieurinnen und Ingenieuren« ist, befindet sich ja schon auf dem besten Wege, wenn nicht auf der einen Seite Naturwissenschaftler und Ingenieure, auf der anderen Geistes- und Sozialwissenschaftler sozusagen in den Gattern ihrer Fächer und unter den Scheuklappen der dort betriebenen Spezialdiskurse bleiben. Mit anderen Worten: unser Miteinanderreden (und Aufeinanderhören) ist ein Schritt, der bereits vieles impliziert. Denn es kann ja nicht so sein, dass die Ingenieure nach den Philosophen rufen, um sich Verantwortung erklären zu lassen, sondern es ist eine gemeinsame Suche, bei der sich die Ingenieure ein wenig auf philosophisches Terrain wagen (und damit nicht an ihrer von Fremdeinflüssen abgeschirmten Ingenieurs-Kompetenz festhalten), und bei der sich die Philosophen ein wenig aufs Ingenieur-Terrain begeben (wobei auch sie ein Stück ihrer von Fremdeinflüssen freigehaltenen Philosophen-Kompetenz aufgeben).

Wenn es einen wirklichen Dialog gibt, dann werden am Ende beide Partner voneinander gelernt haben, und es wird zu einer Entgrenzung vormals streng geschiedener Fächer kommen. Ich möchte diesen Punkt später noch einmal aufgreifen.

1 Risikogesellschaft

Der Begriff »Risikogesellschaft« wurde von dem Münchner Soziologen Ulrich Beck 1986 geprägt. Sein Buch war schon fertig, da ereignete sich das Unglück von Tschernobyl, und bestätigte dramatisch die Triftigkeit der von Beck vorgenommenen Analyse: ein neues Zeitalter war angebrochen, ein Zeitalter, für das noch der Name fehlte. Ich zitiere:

»Thema dieses Buches ist die unscheinbare Vorsilbe ›post‹. Sie ist das Schlüsselwort unserer Zeit.«[1] Gemeint ist: die gesellschaftliche Produktion von Reichtum in der Industriegesellschaft kann nicht einfachhin als Fortschritt betrachtet werden. Sie wird immer sichtbarer begleitet und überschattet, in Frage gestellt durch die gesellschaftliche »Produktion von Risiken«.[2] Während die Reichtumsverteilung bestimmte Grenzen kannte – hier Reiche, dort Arme –, geht die Risikoverteilung über sämtliche Grenzen hinweg. Beck bringt es auf die Formel: »Not ist hierarchisch, Smog ist demokratisch.« Und er fährt fort: »Mit der Ausdehnung von Modernisierungsrisiken – mit der Gefährdung der Natur, der Gesundheit, der Ernährung etc. – relativieren sich die sozialen Unterschiede und Grenzen.«[3] Aber nicht nur die vom gemeinsamen Risiko bedrohte Weltbevölkerung (konsequenterweise hat Beck später den Begriff »Weltrisikogesellschaft«[4] geprägt) rückt zusammen, sondern auch die Grenzziehung zwischen wissenschaftlichen Disziplinen, ja sogar die seit Hume zum Standardrepertoire aller Intellektuellen avancierte Einteilung der Sätze in solche, die vom »Sein« und solche, die vom »Sollen« handeln – also die Unterscheidung von »deskriptiv« und »normativ« ist in der Risikogesellschaft nicht mehr zu halten. Denn: ob ein Risiko besteht, ist nicht einfach eine Tatsache, sondern zugleich auch eine Bewertung. Beck schreibt: »Risikofeststellungen sind eine noch unerkannte, unentwickelte Symbiose von Natur- und Geisteswissenschaft, von Alltags- und Expertenrationalität, von Interesse und Tatsache. Sie sind gleichzeitig weder nur das eine noch nur das andere. Sie sind beides, und zwar in neuer Form.«[5] Und es kommt noch provokanter: »in Risikodefinitionen wird das Rationalitätsmonopol der Wissenschaften gebrochen.«[6] Man muss, wie Beck sagt, »einen Wertstandpunkt bezogen haben, um überhaupt sinnvoll über Risiken reden zu können.«[7]

Die Risikogesellschaft lässt sich auf die Formel bringen: »Ich habe Angst!«[8] Auch diesen Satz kann man nicht in deskriptive und normative Anteile zerlegen: er umfasst beides, denn es gibt objektiv etwas in der Welt (z. B. die AKWs, den Tatbestand, dass hochradioaktive Abfälle mit einem Jahrtausende wirksamen Zerstörungspotential sicher entsorgt werden müssen) – also: es gibt etwas, das Angst macht; Angst ist aber ein subjektiver Zustand, und nicht alle reagieren auf das gleiche mit Angst.

---

1 Ulrich Beck: Risikogesellschaft. Auf dem Weg in eine andere Moderne, Frankfurt a. M. 1986, S. 12.
2 A. a. O., S. 25.
3 A. a. O., S. 48.
4 Ulrich Beck: Weltrisikogesellschaft, Weltöffentlichkeit und globale Subpolitik, Wien 1997 (= Wiener Vorlesungen im Rathaus, Bd. 52).
5 Risikogesellschaft, a. a. O., S. 37 f. – In »Weltrisikogesellschaft« (s. FN 4, S. 32) heißt es: die »Theorie der Weltrisikogesellschaft« nimmt »Abschied vom Dualismus von Gesellschaft und Natur«. Oder, wie Beck am Beispiel von »Brent Spar« deutlich macht: »Es gibt in Risikodiskursen keine Expertenlösungen, weil Experten immer nur Sachinformationen zur Verfügung stellen können, aber niemals werten können, welche dieser Lösungen kulturell akzeptabel sind.« Ebd., S. 53 f.
6 Risikogesellschaft, a. a. O., S. 38.
7 A. a. O., S. 38 f.
8 A. a. O., S. 66.

2 German Angst

Erlauben Sie mir hier eine kleine Abschweifung. Es hat ja, gerade nach dem Ausstieg der amtierenden Regierung aus der Nutzung der Kernkraft, besonders im Ausland einiges Kopfschütteln gegeben: warum haben die Deutschen soviel Angst vor der Atomkraft? Sollen sie froh sein, dass sie, anders als die Menschen in Japan, Kalifornien oder Italien, nicht in einem Erdbebengebiet leben. Engländer und Franzosen setzen seelenruhig weiterhin auf die Kernkraft, von den Ländern des ehemaligen Ostblocks ganz zu schweigen. Die »German Angst« scheint etwas ganz und gar Irrationales zu sein.[9]

Ich möchte zurückfragen: ist die Innovationskraft deutscher Umwelttechnik – sei es in der Photovoltaik, in der Nutzung der Windenergie, oder in der (neulich sogar vom bayrischen Ministerpräsidenten Seehofer favorisierten) Dezentralisierung der Stromerzeugung durch Biogas bzw. durch kleine Blockheizkraftwerke, die durch intelligente Steuerung bedarfsgerecht ins Netz integriert werden können (Stichwort: Schwarmstrom) – also: steht die Vorreiterrolle deutscher Ingenieursleistung im Öko-Sektor unter ähnlichem Irrationalitätsverdacht wie die »German Angst«? Ich glaube nicht, bin aber überzeugt, dass beides miteinander zu tun hat.

Deutschland ist nun einmal das Katastrophenland des 20. Jahrhunderts, und wenn Beck die Risikogesellschaft als »katastrophale Gesellschaft«[10] bezeichnet, so scheint mir die Assoziation naheliegend: »German Angst« ist keine aus der katastrophalen Geschichte des 20. Jahrhunderts erwachsene irrationale Phobie, sondern eine teuer erworbene Sensibilität, die dem ökologischen Imperativ der Risikogesellschaft durchaus angemessen ist.

3 Untrennbarkeit von Natur und Gesellschaft

Zurück zum Thema. Es ist geradezu prophetisch, wenn Beck kurz vor Tschernobyl und 25 Jahre vor Fukushima schreibt: »Die technischen Wissenschaften stehen immer deutlicher vor einer historischen Zäsur: Entweder sie arbeiten und denken weiter in den ausgetretenen Pfaden des 19. Jahrhunderts. […] Oder aber sie stellen sich den Herausforderungen einer echten, präventiven Risikobewältigung.«[11]

Diese Aufgabe fällt aber nicht nur den Ingenieuren zu. In einzigartiger Zuspitzung reißt Beck noch eine weitere Grenze ein: die zwischen Natur und Gesellschaft (womit die bisherige Aufgabenteilung von Natur- und Gesellschaftswissenschaften hinfällig wird):[12]

---

9 Vgl. hierzu den ausgezeichneten Artikel von Ulrich Beck im Feuilleton der FAZ vom 14. Juni 2011 »Der Irrtum der Raupe« (im Internet abrufbar).
10 Risikogesellschaft, a. a. O., S. 31; vgl. ebd., S. 105.
11 A. a. O., S. 94 f.
12 A. a. O., S. 108. Hervorh. im Orig.

»Am Ende des 20. Jahrhunderts gilt: Natur *ist* Gesellschaft, Gesellschaft ist (auch) ›Natur‹. Wer heute noch von Natur als Nichtgesellschaft spricht, redet in den Kategorien eines Jahrhunderts, die unsere Wirklichkeit nicht mehr greifen.« Warum? Weil gerade die unübersehbaren Nebenwirkungen der industriellen Zivilisation klargemacht haben: »Natur kann nicht mehr *ohne* Gesellschaft, Gesellschaft kann nicht mehr *ohne* Natur begriffen werden.«[13]

4   Nach Fukushima

Aber nach Fukushima und dem deutschen Ausstieg aus der Kernenergie – ist da die Rede von der Risikogesellschaft noch aktuell? Können wir nicht sagen, die Soziologie hat uns vor einem Vierteljahrhundert einen damals brauchbaren und nötigen Kampfbegriff geliefert, der aber vom Gang der Ereignisse überholt wurde?

Sicher: einiges hat sich geändert. Aber das Risiko eines GAUs ist ja durch den deutschen Sonderweg – der immerhin da und dort Nachahmer findet[14] – nur gemindert, nicht ausgeschaltet. Und die Atomenergie ist nicht die einzige grenzüberschreitende Gefahrenquelle: weder ist der Klimawandel (mit dem Szenarium abschmelzender Polkappen und riesiger Überschwemmungen, die auch Norddeutschland betreffen könnten) gebannt, noch eine Antwort auf das Knappwerden von Ressourcen – nicht zuletzt von Trinkwasser – gefunden.

Was sollen also »die Ingenieurinnen und Ingenieure« tun? Ich denke, die hier skizzenhaft vorgestellten Gedanken zur Risikogesellschaft weiten den Blick in eine Richtung, die sich bereits zu Beginn dieser Überlegungen andeutete: die Verantwortung, um die es geht, ist keine nach Berufsgruppen aufteilbare. Im Gegenteil: nur durch das Überwinden der Lager – hier Geistes-, dort Naturwissenschaftler – und der Fächerscheuklappen kommt die Verantwortung erst zum Bewusstsein. Oder wie Beck es sagte:[15] »der hochdifferenzierten Arbeitsteilung entspricht eine allgemeine Komplizenschaft und dieser eine allgemeine Verantwortungslosigkeit. Jeder ist Ursache *und* Wirkung und damit *Nicht*ursache.« Mit anderen Worten: die »hochdifferenzierte Arbeitsteilung« verhindert die Zuweisung von Verantwortung, denn an allem ist »das System« schuld. Beck nennt das »die zivilisatorische Sklavenmoral, in der gesellschaftlich und persönlich so gehandelt wird, als stünde man unter einem Naturschicksal, dem ›Fallgesetz‹ des Systems.«[16]

Bekanntlich hat Hans Jonas in seinem Buch »Das Prinzip Verantwortung« als »Urgegenstand der Verantwortung ... auf das Allervertrauteste« gezeigt, »das Neugeborene, dessen bloßes Atmen unwidersprechlich ein Soll an die Umwelt richtet, nämlich: sich

---

13   A. a. O., S. 107. Hervorh. im Orig.
14   Am 13. und 14. 09. 2012 berichtete die FAZ über den Beschluss der japanischen Regierung, aus der Atomenergie auszusteigen.
15   A. a. O., S. 43. Hervorh. im Orig.
16   Ebd.

seiner anzunehmen. Sieh hin und du weißt.«[17] Ja, wenn wir, wo es um die Risiken geht, so »hinsehen« und »wissen« könnten! Beck hebt ja gerade die »Unsichtbarkeit von zivilisatorischen Gefährdungslagen«[18] als deren besonderes Merkmal hervor. Aber im Beispiel von Hans Jonas wird deutlich: Verantwortung ist die Verantwortung aller, nicht der Ingenieure oder sonst einer bestimmten Gruppe von Experten; und entscheidend, um diese Verantwortung in den Blick zu bekommen – sie wahrzunehmen – ist die »Solidarität der lebenden Dinge« (ein Ausdruck von Ulrich Beck[19]). Diese Solidarität wird häufig mit den Mitteln marktwirtschaftlicher Kosten-Nutzenrechnung ad absurdum geführt. Da bauen Gemeinden kostspielige Straßenüberquerungen für Kröten und Salamander, und es lässt sich beziffern, dass für eines dieser Tiere, die man sowieso kaum zu Gesicht bekommt, dann im Durchschnitt 10 000 € ausgegeben werden. Könnte man das Geld nicht sinnvoller anlegen? Nun, über Beispiele kann man streiten, aber mir scheint, die Frage ist nicht, wie viel eine Kröte oder ein Salamander wert ist: natürlich können wir auf eine einzelne Kröte verzichten, genauso wie auf einen einzelnen Delphin oder Schweinswal. Aber wenn sich zeigt, dass durch zivilisatorische Eingriffe bestimmte Arten vom Aussterben bedroht sind, dann geht das auch uns etwas an – dann geht nämlich ein vitaler Teil unserer Welt, pathetischer gesagt: unserer selbst verloren. –

In letzter Zeit wird viel darüber spekuliert, was die Energiewende kosten wird. Womöglich wird sie viel teurer als geplant. (Wobei daran zu erinnern ist, dass hier immerhin der Wind, die Sonne und das Wasser kostenfrei zur Verfügung stehen, was man von Uran, Kohle, Öl und Gas nicht behaupten kann.) Man zeigt sich besorgt, ob die Bevölkerung die Überziehung der Landschaft mit Windrädern mitmachen will? (Vor zehn oder fünfzehn Jahren hat man sich gefragt, ob es angehe, die Dächer, womöglich sogar von Kirchen, mit blauen Photovoltaik-Anlagen zu bestücken.)

Ich sehe die Windräder gern. Denn unwillkürlich denke ich dabei: dafür brauchen wir weniger Atomstrom, weniger Kohle, weniger Öl. Keine Endlagerprobleme, kein Ressourcenverbrauch (außer natürlich für die Stahlteile, um die Windräder zu fertigen), keine größere Risikoquelle.

Worauf ich hinaus will: die Rede von Verantwortung und Solidarität darf nicht auf die Predigt von saurem Verzicht und das Abfordern besonderer moralischer Leistungen hinauslaufen, es muss auch etwas Freude bei der Botschaft mitschwingen.

Alvin Weinberg, der Vater des heutigen Leichtwasserreaktors, hat seinerzeit von einem faustischen Pakt[20] und von einer nuklearen Priesterschaft gesprochen – ich glaube kaum, dass man als Ingenieur ein solches Selbstbild braucht.

---

17 Hans Jonas: Das Prinzip Verantwortung, Frankfurt a. M. 1984, S. 234 f.
18 Risikogesellschaft, a. a. O., S. 36.
19 A. a. O., S. 98 f.
20 Alvin M. Weinberg: »Social Institutions and Nuclear Energy«, in: Science, Bd. 177, No. 4043 (1972), S. 27–34, hier S. 33: »We nuclear people have made a Faustian bargain with society. On the one hand, we offer … an inexhaustible source of energy. … But the price that we demand of society for this magical energy source is both a vigilance and a longevity of our social institutions that we are quite unac-

Meine Vision wäre die von Ingenieuren, die Hand in Hand mit Soziologen und Philosophen sich von der Chance einer risikoärmeren Gesellschaft, von einer sanften, fast möchte ich sagen »natürlichen« Technik inspirieren lassen. Selbst wenn der letzte Reaktor abgeschaltet, der letzte Ottomotor auf die Brennstoffzelle oder handhabbare Batterien umgestellt ist, werden wir noch nicht das Paradies auf Erden verwirklicht haben: dann wird es immer noch Menschen geben, die mit sauberer Energie schmutzige Geschäfte machen, von der ganz normalen Kriminalität oder den Problemen des Älterwerdens in einer Leistungsgesellschaft, in der es tendenziell immer mehr Singles und immer weniger Familien gibt, gar nicht zu reden. Aber wer seine Sensibilität, seine Solidarität, seine Kreativität in dieser Richtung entfaltet, wird, selbst wenn die Früchte seiner Arbeit erst künftigen Generationen zukommen, durch das Bewusstsein belohnt, das Richtige getan zu haben.

5 Schluss

»Das Richtige« – wer weiß schon, was das ist? Nach den Ausführungen über die Risikogesellschaft kann das nur in fächerübergreifenden Begegnungen (wie ich einmal, statt der antiseptischen »Diskurse« sagen möchte) herausgefunden werden. Und so möchte ich anregen, ob es nicht in der Ausbildung künftiger Ingenieurinnen und Ingenieure von Vorteil sein könnte, ein wenig »Studium generale« unterzubringen, wie es früher bei Medizinern und Juristen üblich war und neuerdings in einigen Studiengängen, wie an der Leuphana Universität in Lüneburg oder in Freiburg mit Erfolg praktiziert wird. Der Ingenieur der Zukunft wird kein Nur-Ingenieur sein, er sollte über die Grenzen seines Faches hinausschauen und sich nicht einfach zum Lieferanten degradieren lassen für technisches Know-how, dessen Rahmenbedingungen er nicht kennt und dessen Zwecke er nicht nachvollziehen kann. Und es sollte nicht an Geisteswissenschaftlern fehlen, die – nicht besserwisserisch und von oben herab, sondern ehrlich bemüht um die Lösung der Probleme, die nicht nur uns, sondern auch die künftigen Generationen betreffen – ihre Kompetenz, ganzheitlich zu denken, von diesen Problemen herausfordern lassen. Vielleicht entstehen so ganz neue Berufsbilder, für die wir noch gar nicht die passenden Namen haben. Aber was liegt schon an Namen, wenn es eine gemeinsame Sache gibt, die unser Engagement braucht?

Ein letzter Gedanke. Erinnern wir uns an den Hinweis von Hans Jonas auf das Kind als »Urgegenstand der Verantwortung«. Ingenieure werden ihre Kinder nicht weniger lieben als andere, ebenso an einer lebenswerten Zukunft für ihre Kinder interessiert sein wie andere. Kann man tagsüber die Berufsscheuklappen aufsetzen und abends und am Wochenende mit der Familie 'raus in die Natur fahren? Man kann, aber der Preis ist

---

customed to.« Auf S. 34 vergleicht Weinberg die Situation der zivilen Nutzung der Kernenergie mit derjenigen der nuklearen Rüstung, wofür eine »militärische Priesterschaft« in der Verantwortung stehe.

hoch. Jetzt, wo die nachhaltigen Technologien in einer bisher nicht für möglich gehaltenen Weise zum Zuge kommen, sind die Ingenieure aufgerufen, sich nicht als Erfüllungsgehilfen riskanter Energien zu betätigen, sondern als Mitgestalter einer nachhaltigen Zukunft.

»Das hat mein Opa gebaut«, könnte 2050 stolz ein Kind sagen, das seinen Freunden einen Windpark oder ein Solarkraftwerk zeigt. Was das Kind sagen könnte, dessen Opa ein AKW gebaut hat, darüber schweigt der Chronist.

Teil II
Technische Chancen und Risiken

Verantwortung im zivilen Ingenieurwesen

Peter Schaumann
Institut für Stahlbau, Leibniz Universität Hannover

Zu Beginn meines Vortrages möchte ich mich zunächst bei meinem Kollegen Hieber bedanken. Nicht nur dafür, dass er diese Veranstaltung organisiert hat. Nein, ihm habe ich es zu verdanken, dass ich mich über einen Zeitraum von einigen Monaten mit diesem Thema auseinandergesetzt habe.

Zum Titel

Dass in dem Titel das Wort »Verantwortung« vorkommt, mag bei dem Titel dieses Symposiums niemanden verwundern. Den Zuhörern ist es auch nicht verborgen geblieben, dass hier Vertreter aus den typischen Ingenieurdisziplinen zu Ihnen sprechen. Ich habe Bauingenieurwesen studiert und bin konsequenterweise heute als Professor an der Fakultät für Bauingenieurwesen und Geodäsie tätig. Warum habe ich gleichwohl im Titel die Bezeichnung »ziviles Ingenieurwesen« anstelle von Bauingenieurwesen verwendet? Dafür gibt es für mich mehrere Gründe.

Das erste, ganz vordergründige Argument ist die Tatsache, dass im angelsächsischen Sprachraum die entsprechende Bezeichnung »Civil Engineer« lautet. In Großbritannien nennt sich folgerichtig die im Jahre 1818 gegründete, traditionsreiche Berufsvereinigung »Institution of Civil Engineers«, deren erster Vorsitzender der berühmte Brückenbauingenieur Thomas Telford war. Auch unsere österreichischen Nachbarn verwenden den Begriff Zivilingenieur.

Der zweite Grund ist der, dass ich ins Bewusstsein bringen wollte, dass der Begriff »ziviles Ingenieurwesen« die Abgrenzung zum militärischen Bereich zum Ausdruck bringt. Der Begriff *Ingenieur*, der bereits seit dem frühen Mittelalter Verwendung fand, leitet sich von dem lateinischen Wort *ingenium* (produktiver Geist, Verstand, geistreicher Mensch) ab. Diesen Titel erhielten im 12ten und 13ten Jahrhundert Menschen, die sich auf den Bau und die Bedienung von Kriegsgerät verstanden. Sie konnten also nicht nur Festungen bauen, sondern auch die Attacken bei der Belagerung anordnen. Diese Bedeutung behielt das Wort *Ingenieur* viele Jahrhunderte. Erst im 18ten Jahrhundert wurde in Europa der Begriff Zivilingenieur geprägt, um zivile Belange zu integrieren und sich von der Kriegsbaukunst abzugrenzen.

Der dritte und mir wichtigste Grund für die Begriffswahl »ziviles Ingenieurwesen« liegt darin, dass mir der Begriff »Bauingenieur« für das Tätigkeitsfeld und damit den Verantwortungsbereich der hier tätigen Ingenieure zu eingeschränkt ist. Darauf möchte in dem nächsten Teil meines Vortrages etwas genauer eingehen.

Verantwortung – wofür?

Zunächst möchte ich den Begriff »Verantwortung« so erläutern, wie ich ihn hier verstanden wissen will. Dabei möchte ich nicht verhehlen, dass mir als einen eher in mathematisch-naturwissenschaftlich Dimensionen denkenden Menschen, der Zugang nicht alltäglich ist.

»Sich verantworten«, sich also als Angeklagter vor Gericht rechtfertigen, wie es wohl der Wortherkunft entspricht, kommt sicherlich auch bei Bauingenieuren vor, ist aber nicht in erster Linie gemeint. Ich möchte »sich verantworten« als »Rechenschaft ablegen über das Handeln in einem bestimmten Bereich und die Konsequenzen des Handelns tragen« verstanden wissen. Die Ingenieure, über die ich hier spreche, übernehmen aufgrund ihrer fachlichen Kompetenz bestimmte Aufgaben und stehen – insbesondere bei Fehlern – für die Folgen ein. Ein meines Erachtens wichtiger Punkt ist dabei, dass zu der Verantwortung auch immer die Freiheit der Entscheidung bei der Aufgabenerfüllung gehört.

Verantwortung muss einem Verantwortungsbereich zugeordnet werden. Niemand kann für alles und jeden verantwortlich sein. Wie lässt sich nun der »bestimmte Bereich« beschreiben, in dem zivile Ingenieure ihre Aufgaben erfüllen?

Bei dem Begriff »Bauingenieurwesen« haben Laien schnell ein Gebäude oder ein Ingenieurbauwerk zum Beispiel eine Brücke vor Augen. Die Tätigkeit des Bauingenieurs wird dabei häufig mit der Entstehung also dem eigentlichen Bau verbunden. Dabei wird vor dem geistigen Auge schablonenhaft eine Person mit Schutzhelm und Gummistiefeln assoziiert. Da dieses Klischee zu kurz greift, habe ich mich zu der alternativen Bezeichnung »ziviles Ingenieurwesen« entschieden.

Der Verantwortungsbereich umfasst vielmehr

- die Konzeption und die Planung,
- den Bau und den Betrieb,
- die Organisation und
- den Erhalt

Bild 1 Beispiele für Tätigkeitsbereiche von Bauingenieuren: Stadien, Offshore-Windenergie, Staudämme, Brücken und Hafenanlagen

von Gebäuden und Infrastrukturen. Mit Infrastrukturen sind dabei nicht nur Ingenieurbauwerke wie Türme, Brücken oder Windenergieanlagen gemeint, sondern dazu gehören auch Straßen-, Wasserstraßen- und Schienennetze, die Wasser- und Abwasserwirtschaft, der Küstenschutz und vieles mehr (s. Bild 1).

Innerhalb dieser Verantwortungsbereiche geht es bei der Ingenieurtätigkeit häufig darum, technische Anforderungen zu erfüllen. Dazu gehört in allererster Linie die Sicherheit, zum Beispiel die Standsicherheit von Gebäuden. Sie gehört zweifelsfrei zu den Basisanforderungen an Bauwerke. In der Verordnung des Europäischen Parlaments und des Rates zur Festlegung harmonisierter Bedingungen für die Vermarktung von Bauprodukten werden darüberhinaus weitere Basisanforderungen definiert: Brandschutz, Hygiene, Gesundheit und Umweltschutz, Nutzungssicherheit, Lärmschutz, Energieeinsparung und Wärmeschutz und die nachhaltige Nutzung der natürlichen Ressourcen. Diese Basisanforderungen sind bei normaler Instandhaltung über einen wirtschaftlich angemessenen Zeitraum zu erfüllen.

Verantwortung für Nachhaltigkeit

Damit komme ich auf einen besonderen Aspekt des Verantwortungsbereiches ziviler Ingenieure: Die Lebensdauer der von ihnen geschaffenen Bauwerke und Infrastrukturen. Wie sich leicht an Beispielen wie den Pyramiden von Gizeh oder dem Pont du Gard in

Bild 2 Tätigkeitsfelder von Bauingenieuren

Forschung, Entwicklung und Planung

Produktion, Errichtung und Betrieb

Beratung, Schulung und Lehre

Frankreich verdeutlichen lässt, geht die Lebensdauer der Produkte, die die Ingenieure kreieren, oft deutlich über die Dauer des eigenen Lebens hinaus. Bauwerke werden so zu Kulturgütern, die ihre Existenz unabhängig von dem ursprünglichen Zweck (Grabstätte, Wasserleitung) macht. Das Bewusstsein, dass die Arbeitsergebnisse von zivilen Ingenieuren das Gesicht unseres Planeten für lange Zeiträume verändern, legt in besonderem Maße die Forderung nach Nachhaltigkeit der Bauwerke nahe. Daher ist es konsequent, dass die »Nachhaltige Entwicklung« seit Beginn dieses Jahrhunderts verstärkt in dem Verantwortungsbereich der zivilen Ingenieure Einzug hält, wie sie 1987 erstmals von der Brundtland-Kommission definiert wurde: »Dauerhafte Entwicklung ist Entwicklung, die die Bedürfnisse der Gegenwart befriedigt, ohne zu riskieren, dass künftige Generationen ihre eigenen Bedürfnisse nicht befriedigen können.« [1]

Verantwortung im Schadensfall

Traditionell sind Lösungen von Bauingenieuren der Sicherheit und der Wirtschaftlichkeit verpflichtet. Weil Sicherheit Geld kostet, ist hier ein Zielkonflikt vorprogrammiert. Dieser Konflikt wurde den Menschen früh bewusst. Um hier die Prioritäten klar festzulegen, wurden daher genauso früh gesetzliche Regelungen geschaffen. Überliefert sind

Verantwortung im zivilen Ingenieurwesen

die Gesetze des Babylonischen Königs Hammurabi (1728–1686 v. Chr.) [2]. Hier ein Auszug: »Wenn ein Baumeister ein Haus baut für einen Mann und macht seine Konstruktion nicht stark, so dass es einstürzt und verursacht den Tod des Bauherrn: dieser Baumeister soll getötet werden.« Nicht mehr nach alttestamentarischen Prinzip »Auge um Auge, Zahn um Zahn« finden sich heute gesetzliche Regeln zum Thema Standsicherheit im Bauordnungsrecht und im Strafrecht; § 319 StGB »Baugefährdung« Absatz 1:

> Wer bei der Planung, Leitung oder Ausführung eines Baues oder des Abbruchs eines Bauwerks gegen die allgemein anerkannten Regeln der Technik verstößt und dadurch Leib oder Leben eines anderen Menschen gefährdet, wird mit Freiheitsstrafe bis zu fünf Jahren oder mit Geldstrafe bestraft.

Hier wird häufig auf die Einhaltung der sogenannten allgemein anerkannten Regeln der Technik verwiesen. Letztere sind selbstverständlich nicht statisch, sondern in einer Zeit permanenter technischer Neuerungen einem kontinuierlichen Änderungsprozess unterworfen. Daraus entsteht für verantwortungsvoll handelnde Ingenieure eine fortwährende Verpflichtung, sich im Rahmen beruflicher Weiterbildungsmaßnahmen über neue Entwicklungen der technischen Regeln zu informieren.

Welche besondere Bedeutung der Frage der Standsicherheit zukommt, machen uns aktuelle Schadensfälle deutlich. Am 2. Januar 2006 stürzte das Dach der Eislaufhalle in Bad Reichenhall ein (s. Bild 3). Dabei starben 15 Menschen und 34 weitere wurden zum Teil schwer verletzt. Aufgrund der vergleichsweise großen Schneemassen, die zum Zeitpunkt des Einsturzes auf dem Dach lagen, wurde in der Öffentlichkeit zunächst eine Überlastung des Daches vermutet.

Bild 3 Rettungskräfte am 3. Januar 2006 in der eingestürzten Eissporthalle in Bad Reichenhall. (AP Photo/Diether Endlicher)

Die sofort eingeschaltete Staatsanwaltschaft beauftragte zwei Gutachter mit der Untersuchung der Schadensursache. Nach heutiger Kenntnis kann die Verwendung eines ungeeigneten Leims in den Holzbindern des Daches, welcher bei Feuchtigkeit seine Klebewirkung verliert, als wesentliche Ursache identifiziert werden. Gegen acht Personen wurden konkrete Ermittlungen aufgenommen. Im Prozess gegen drei Angeklagte wurde der Vorwurf der fahrlässigen Tötung und der fahrlässigen Körperverletzung erhoben. Der Prozess endete zunächst mit der Verurteilung des Konstrukteurs des Daches, der wegen Verletzung der Sorgfaltspflichten der fahrlässigen Tötung für schuldig befunden wurde, und zwei Freisprüchen. Da sowohl Verteidigung wie Staatsanwaltschaft Revision einlegten, stehen die endgültigen Urteile noch aus.

Konfliktsituationen

In meinen bisherigen Ausführungen habe ich den zivilen Ingenieur in der Wahrung seiner Verantwortung für den Aufgabenbereich beschrieben, der ihm aufgrund seiner fachlichen Kompetenz zugewiesen wird. Diese Rolle ist jedoch nur eine von mehreren Rollen, in denen zivile Ingenieure Verantwortung tragen. In der Gesellschaft ergeben sich darüberhinaus zahlreiche weitere Beziehungen, in denen verantwortliches Handeln gefordert werden muss. Diese Beziehungen bringen das Individuum häufig in Konfliktsituationen, die ein Abwägen nach ethischen Grundsätzen erfordern.

Hoyningen-Huene [2] führt dazu aus: »Die neue Ingenieurrolle, die nun auch die Interessen der Allgemeinheit aufnimmt, beinhaltet damit aber einen möglichen Konflikt zwischen bis zu sechs Polen (Lenk 1987, S. 196 beschreibt den Konflikt als einen »Dreierrollenkonflikt«): Erstens den spezifisch egoistischen Interessen eines Individuums (Geld, Ansehen, Macht, Karriere etc.); zweitens den technischen Anforderungen an die Ingenieurarbeit (Sorgfalt, Genauigkeit, Normenkonformität etc.); drittens bei angestellten Ingenieuren der Loyalität gegenüber dem Arbeitgeber (Effizienz der Arbeit, Geschäftsgeheimnis etc.); viertens der Fairness gegenüber anderen Ingenieuren innerhalb der gleichen Firma oder außerhalb ihrer (Wettbewerbsbestimmungen, Honorierung etc.); fünftens der Loyalität gegenüber dem Auftraggeber (dessen Geschäftsgeheimnis, Erfüllung des Auftrags etc.); sechstens der inhaltlichen Orientierung der Ingenieurarbeit am Gemeinwohl. Natürlich liegen diese sechs Pole weder notwendig noch dauernd im Konflikt; aber es ist doch zu sehen, dass in der Ingenieurrolle damit eine erhebliche Spannung angelegt ist.«

An dieser Stelle seien stellvertretend drei aktuelle Beispiele für Bauprojekte genannt, anhand derer die Konfliktpotentiale sofort erkennbar sind:

- Stuttgart 21
  Das nunmehr in Bau befindliche Verkehrs- und Städtebauprojekt zur Erneuerung des Eisenbahnknotens Stuttgart mit dem Umbau des Stuttgarter Hauptbahnhof ist

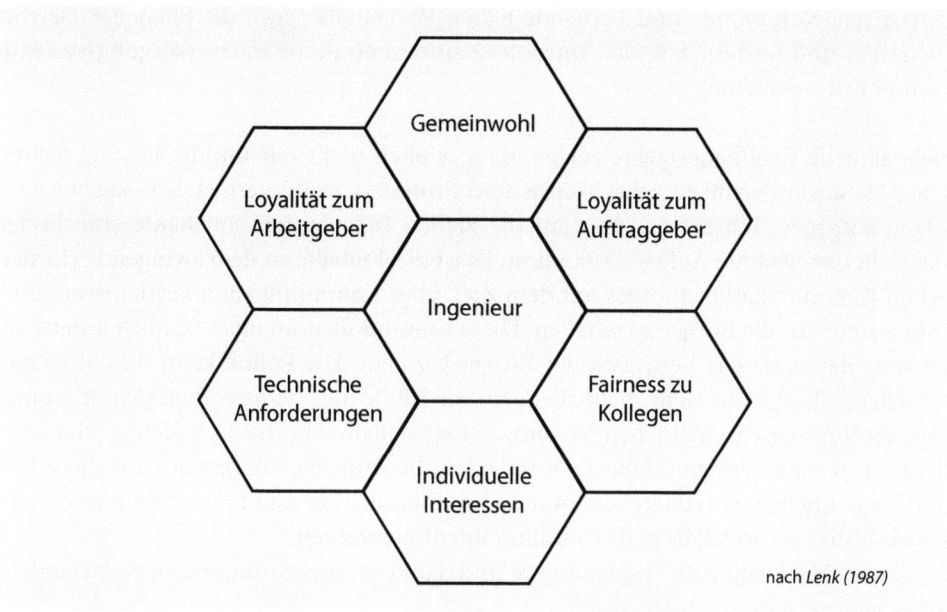

nach Lenk (1987)

zum Synonym des Widerstandes der Bevölkerung gegen politisch entschiedene große Infrastrukurprojekte. Befürworter betonen umfangreiche Möglichkeiten der Stadtentwicklung, wirtschaftliche und gesellschaftliche Möglichkeiten durch das neue Verkehrskonzept wie Fahrzeitverkürzungen und mehr Reiseverkehr. Gegner halten das Projekt für betriebsschädlich, nicht bahnkundenfreundlich, umweltbelastend und übeteuert. Sie bemängeln Eingriffe in Umwelt, Denkmäler und privates Eigentum.

- Femarnbelt-Querung
Der Bau einer festen Querung des Fehmarnbelts zwischen Dänemark und Deutschland ist ein europäisches Verkehrsprojekt. Es sieht eine 19 Kilometer lange Querung durch die Ostsee und einen Ausbau der Schienen- und Straßenhinterlandanbindungen in Deutschland und Dänemark vor. Die aktuellen Planungen sehen eine Absenktunnellösung vor. Hauptgründe dafür sind erwartete geringere Kosten und Umweltauswirkungen. Interessenkonflikte entstehen heute insbesondere über die Trassenführung auf dem deutschen Festland. Denn über die letztgültige Variante sollen Aspekte wie Lärm, Landschaftsverbrauch und Tourismusrelevanz entscheiden.

- Netzausbau
Die geplante Energiewende in Deutschland erfordert den Ausbau der elektrischen Übertragungsnetze, um Windenergie aus dem Norden in die großen Verbrauchszentren im Westen und Süden zu leiten. Dazu sind etwa 3800km neue Leitungen mit einem Investitionsvolumen von ca. 20 Milliarden Euro erforderlich. Viele Bürgerini-

tiativen, Kommunen und Verbände haben Vorbehalte gegen die Pläne der Netzbetreiber und fordern z. B. die Anpassung an dezentrale Energieversorgungssysteme und Erdverkabelung.

Viele aktuelle Großbauprojekte zeigen, dass es eben nicht nur um die Lösung technischer Herausforderungen geht. Skepsis und Proteste von Bürgern stehen solchen Projekten entgegen. Ich meine, dass auf die zivilen Ingenieuren von heute eine bisher vielleicht ungewohnte Aufgabe zukommt: Es ist die Teilhabe an dem zwingend erforderlichen Kommunikationsprozess mit dem Ziel, über Kommunikation Partizipation und Transparenz für die Bürger zu schaffen. Diese Kommunikation muss fachlich untermauert sein, damit sie das Vertrauen der Bürger verdient. Die Politik kann dies ohne entsprechende Fachkompetenz nicht allein leisten. Zivile Ingenieure sollten sich in diesem Kontext ihrer gesellschaftlichen Verantwortung stellen. Als Hochschullehrer erwächst daraus in zunehmendem Maße auch für mich die Aufgabe, Studierende für diese Vermittlungsaufgaben vorzubereiten, in dem Kommunikation und Präsentation noch stärker als bisher als Softskills in das Studium integriert werden.

Ein auf Nachhaltigkeit ausgerichtetes und damit verantwortungsbewusstes Handeln muss auch vermittelt werden können.

Literatur

[1] Brundlandt-Report, www.un-documents.net/wced-ocf.htm eine deutsche Ausgabe findet sich bei Hauff, V. (Hg.): Unsere gemeinsame Zukunft. Der Brundlandt-Bericht der Weltkommission für Umwelt und Entwicklung, Eggenkamp:Greven 1987

[2] Viel, H.-D.: Der Codex Hammurapi. Keilschrift-Edition mit Übersetzung. Dührkohp & Radicke. Göttingen 2002.

[3] Hoyningen-Huene, P.: Zur Verantwortung von Ingenieuren. Vortrag auf der Absolventenfeier der Fakultät Bauingenieurwesen und Geodäsie der Leibniz Universität Hannover am 9. Januar 2010

[4] H. Lenk, G. Ropohl (Hg.), Technik und Ethik. Stuttgart 1987.

Entscheidungsspielräume im Alltag des Maschinenbau-Ingenieurs

Jörg Seume
Turbomaschinen und Fluid-Dynamik, Leibniz Universität Hannover

Motivation

Am Beispiel des Maschinenbaus soll im Folgenden darauf eingegangen werden, welche Anforderungen an die Ethik des Ingenieurs gestellt werden. Im Maschinenbau werden Ingenieure und Anwender der Technik mit besonders hohen Energiedichten und damit Gefährdungspotenzialen konfrontiert. Daraus ergeben sich besonders hohe Anforderungen an das Verantwortungsbewusstsein des Ingenieurs.

Dem gegenüber steht die Handlungsmöglichkeit der Maschinenbauingenieure, gesellschaftliche Entwicklungen positiv zu prägen und zu beeinflussen: sowohl in der Produktion als auch in der Entwicklung sind sie maßgeblich daran beteiligt, das Einkommen der Erwerbsbevölkerung zu sichern und sicherzustellen, dass Arbeitnehmern die gesellschaftliche Anerkennung für ihre Erwerbstätigkeit zuteil wird, die in unserer Gesellschaft für das Wohlbefinden der Menschen im Erwerbsalter so nötig ist.

Produkte und Prozesse, die vom Maschinenbau-Ingenieur geprägt und gestaltet werden, fallen im technischen Alltag häufig dadurch auf, dass sie Lärm und Schadstoffe verursachen. Diesen negativen Einflüssen technischen Handelns stehen die von der Gesellschaft gewünschten positiven Ergebnisse gegenüber: Maschinenbauingenieure tragen wesentlich dazu bei, die Gesellschaft mit Energie zu versorgen, ihre Mobilität zu sichern, den Transport von Konsumgütern und Investitionsgütern zu bewältigen. Gerade letztere tragen maßgeblich zum Wohlstand unserer Gesellschaft in Deutschland bei. Im privaten Bereich leisten Maschinenbauingenieure Beiträge dazu, dass die Gesundheit der Menschen erhalten bleibt oder wieder hergestellt wird, indem biomedizintechnische Apparate, Prothesen und Diagnosemethoden die Ärzte in ihrer täglichen Arbeit unterstützen.

Das enorme Risikopotenzial technischer Anlagen sei hier an einem Beispiel aus der Kraftwerkstechnik veranschaulicht (Abb. 1). An 31. Dezember 1987 barst eine Nieder-

Abbildung 1 Turbinenwelle [1]

druckturbinenwelle eines Dampfturbosatzes in einem Kraftwerk bei Irsching in Bayern (Abb. 3). Der Unfall ereignete sich unmittelbar nach dem Erreichen der Betriebsdrehzahl und kurz vor dem Synchronisieren (d. h. dem Anpassen der Phasenlage des Generators an die Phase des Netzes), also bei keiner besonders hohen Beanspruchung. Die zum damaligen Zeitpunkt 15 Jahre alte Maschine hatte ca. 60 000 Betriebsstunden bei 838 An- und Abfahrten bewältigt, stand also nicht am Ende der technischen Lebenserwartung [1]. Beim Bersten der Welle entstanden 35 Bruchstücke, von denen acht Stücke mit Massen zwischen 600 und 3 000 kg Dach (Abb. 2) oder Wände der Maschinenhalle durchschlugen [2]. Ein Stahlteil mit 1300 kg Masse wurde 1,3 km weit geschleudert [2]. Menschen kamen bei diesem Unfall nicht zu Schaden. Eine bruchmechanische Analyse ergab, dass der Schaden auf eine Konzentration von Werkstofffehlern zurückzuführen ist, die mit den Messmethoden der 1970er Jahre noch nicht möglich waren, heute aber mit modernen Ultraschall-Messverfahren jederzeit erfasst werden könnten.

Abbildung 2 Beschädigtes Maschinenhaus [1]

Abbildung 3 Geborstene Turbinenwelle [1]

Das geschilderte Beispiel zeigt, dass Ingenieure eine hohe Verantwortung haben, weil sie daran beteiligt sind, Produkte und Prozesse zu schaffen und zu betreiben, deren hohe Energiedichte im Schadensfall zerstörerisch wirken kann. Die resultierenden Risiken muss jeder der beteiligten Ingenieure im Rahmen seiner Aufgabe begrenzen: bei der Herstellung, der Qualitätskontrolle und beim Einsatz des Bauteils muss die Sicherheit gewährleistet werden, auch wenn die beteiligten Unternehmen aus wirtschaftlichen Gründen anstreben, den Aufwand zu minimieren.

Ethische Konflikte

Die ethischen Konflikte im Arbeitsalltag des Ingenieurs ergeben sich daraus, dass die Bewertungskriterien seiner Arbeit durch den Kunden und den Arbeitgeber sich im Kern ihrer wirtschaftlichen Rolle entsprechend auf Minimierung der benötigten Zeit, Minimierung der Kosten und Sicherstellung der notwendigen Qualität beschränken. Dem gegenüber bewertet die Gesellschaft das Handeln des Ingenieurs weitgehend nach Kriterien der Sicherheit:

- Sicherheit des Produkts und der Arbeitsprozesse
- Sicherung von Arbeitsplätzen und Einkommen
- Sicherung der Gesundheit der Mitarbeiter, der Nutzer der Technik und im Normalfall unbeteiligter Mitmenschen
- Sicherung der Nachhaltigkeit

Ingenieure sind also mit einem Interessenkonflikt konfrontiert zwischen den Interessen der unmittelbaren Partner ihrer Erwerbstätigkeit (Kunden, Arbeitgeber) und den Interessen der Gesellschaft.

Unternehmen und Politik haben auf diesen Interessenkonflikt reagiert, indem sie Sicherheit, Gesundheit und Kosten miteinander gekoppelt haben, indem sie negative Auswirkungen technischen Handelns mithilfe der Gesetzgebung und Ansätzen der Ökonomisierung pönalisieren. Beispiele hierfür sind die Selbstkontrolle der Industrie in Sachen Arbeitssicherheit durch Berufsgenossenschaften und die finanzielle Belastung durch Emittenten von CO_2.

Lösungsansätze

In vielen Fällen lässt sich so durch geschickte Gesetzgebung und geschickte Schaffung von wirtschaftlichen Rahmenbedingungen erreichen, dass zum Beispiel die ökonomischen Interessen des Arbeitgebers mit dem ethisch gebotenen Verhalten seines Unternehmens zur Deckung gebracht werden, z. B. mit Hilfe des Handels mit CO_2-Zertifikaten. Häufig sind die Zielsetzungen des Unternehmens und der Gesellschaft auch deckungsgleich wie bei der Senkung der Lohnstückkosten durch Steigerung der Produktivität, die sowohl zur Verbesserung der Wettbewerbsfähigkeit des Unternehmens als auch zur Sicherung der Arbeitsplätze am Standort beitragen.

In vielen Fällen aber kann der Gesetzgeber die Probleme, die sich im Einzelfall aus den oben geschilderten Interessenkonflikten ergeben, weder vorhersehen noch sie auflösen. Ingenieure müssen häufig schnelle Entscheidungen und Entscheidungen bei sehr komplexen Anforderungen treffen. Daher ist es zusätzlich zu den o. g. legislativen Maßnahmen notwendig, das Bewusstsein der Ingenieure so zu schärfen, dass sie in der konkreten Situation des Berufsalltags den an sie gestellten ethischen Anforderungen gerecht werden können:

- Bewusstsein des eigenen Einflusses
- Bewusstsein der ethischen Erwartungen
- Bewusstsein der eigenen Entscheidungsspielräume

Nur Ingenieure, die sich ihrer Einflussmöglichkeiten, die an sie gestellten Erwartungen zu erfüllen und ihrer Entscheidungsspielräume bewusst sind, werden in der Lage sein, in den komplexen Situationen ihres vielfältigen Arbeitsalltags gute Entscheidungen zu treffen.

Integration in die Lehre

Die Grundlage für die skizzierten drei Elemente ethischen Bewusstseins sollte bereits im Studium gelegt werden.

1) Bewusstsein des eigenen Einflusses:
   Bereits bei der Rekrutierung von Studenten können und sollen Hochschulen darauf hinweisen, wie stark der Einfluss der Ingenieure auf die Befriedigung gesellschaftlicher Bedürfnisse ist und wie hoch die Verantwortung der Ingenieure ist, in ihrem Beruf Risiken und negative Folgen technischen Handelns für die Gesellschaft zu minimieren. Am verständlichsten kann dieser Einfluss in Fachvorlesungen dargestellt werden, indem mithilfe anekdotischer Beispiele etwa aus der eigenen Berufspraxis auf Gestaltungsmöglichkeiten an Produkten oder in Arbeitsprozessen hingewiesen wird. Darüber hinaus können andere Berufspraktiker zusätzliche anekdotische Hinweise auf den Einfluss geben, den Ingenieure nach Abschluss ihres Studiums im Beruf haben werden. Organisationen wie der VDI oder die Ingenieurkammern können dazu beitragen, Berufspraktiker so in die Ingenieurausbildung zu integrieren. Es

wäre nachfolgend einen Versuch wert, solche anekdotischen Beiträge zum Studium zu systematisieren, so dass das Bewusstsein des eigenen Einflusses künftig allen Ingenieuren mitgegeben werden kann.

2) Bewusstsein der ethischen Erwartungen an Ingenieure:
Angehende Ingenieure sollten bereits während ihres Studiums mit den ethischen Erwartungen der Gesellschaft an ihr Handeln konfrontiert werden. Um die Studierenden dabei nicht zu überfordern und um ihnen die positiven Gestaltungsmöglichkeiten ihres Handelns zu verdeutlichen (siehe 1), erscheint es sinnvoll, die Synergien technischen Handelns zu betonen. Beispiel: Der gegenwärtig am Markt der Flugzeugantriebe eingeführte »Geared Turbofan« ist ein Ergebnis intensiver Zusammenarbeit eines deutschen und eines amerikanischen Unternehmens, durch das der Kerosinverbrauch künftiger Flugzeuge gesenkt wird. Hierdurch gelingt es den beteiligten Ingenieuren sowohl die Nachhaltigkeit des Lufttransports zu verbessern, als auch Arbeitsplätze in Deutschland und USA zu sichern, als auch Beiträge zum Umweltschutz zu leisten, als auch zur Minderung des Lärms in der Nähe der Flughäfen beizutragen, als auch die Urlaubsfreuden vieler Menschen zu sichern.
Es sollte aber im Ingenieurstudium auch nicht versäumt werden, juristische Mindesterwartungen zu verdeutlichen, die sich aus der Produkthaftung und der strafrechtlichen Verantwortung ergeben. In diesem Falle bietet sich eine explizite Einbindung juristischer Aspekte in Vorlesungen zur Produktgestaltung an.

3) Bewusstsein der eigenen Entscheidungsspielräume
Ingenieure sind sich häufig nicht der vielen Handlungsalternativen bewusst, die ihnen in ihrer beruflichen Praxis zur Verfügung stehen. Folglich stellt sich ihnen zuweilen die Notwendigkeit als problematisch dar, verschiedene ethische Anforderungen miteinander zu vereinbaren. Für solche Menschen ist es befreiend, bereits im Studium ein Bewusstsein für ihre eigenen Entscheidungsspielräume kennen gelernt zu haben. Wegen der komplexen Anforderungen an die Entscheidungen der Ingenieure, lässt sich dieses Bewusstsein wahrscheinlich am besten mithilfe von Fallstudien entwickeln. Vorbereitend können Hinweise in Fachvorlesungen und anekdotische Beispiele aus der eigenen Berufspraxis helfen.
Dies setzt eine Bewusstseinsbildung bei den Professoren voraus. Daher sollte das Thema Ingenieurethik und insbesondere das Bewusstsein eigener Entscheidungsspielräume an die Professoren herangetragen werden. Zusätzlich sollten Fallstudien zur Festigung des Bewusstseins der eigenen Entscheidungsspielräume bei den Studierenden in den Curricula integriert werden.

Die skizzierten drei Vorschläge zur methodischen Integration der Ethik der Ingenieure in der Lehre müssen von den Lehrenden der Ingenieurwissenschaften umgesetzt werden. Standesorganisationen wie die Ingenieurkammer oder der VDI können mit Hilfe der oben skizzierten Ansätze wesentlich dazu beitragen, dass das ethische Bewusstsein der Ingenieure in den kommenden Jahren weiter entwickelt und gefestigt wird.

Quellenangaben

[1] Berger, Christina: Werkstoffe, die unsere Welt verändern. acatech Journalistenworkshop 2009 am 29./30.04.2009

[2] Klemm, Marco: Betrieb und Instandhaltung von Energieanlagen – Verfügbarkeit und Lebensdauer. TU Dresden, Institut für Energietechnik, Folie 38/42.

Grenzwertüberschreitungen:
Todsünde oder kalkulierbares Risiko?

Heyno Garbe
*Institut für Grundlagen der Elektrotechnik und Messtechnik,
Leibniz Universität Hannover*

Einleitung

Jedem Menschen ist bewusst, dass er ständig den unterschiedlichsten Gefahren ausgesetzt ist. Diese Gefahren können in

- wahrnehmbare und
- nicht wahrnehmbare

Gefahren unterschieden werden. Zum Beispiel kann Feuer signalisieren, dass hier eine Bedrohung von Leib und Leben vorliegt. Somit ist die Gefährdung klar zu erkennen. Im Gegensatz dazu ist diese Bedrohung bei elektromagnetischen Feldern oder bei radioaktiver Strahlung nicht mit den fünf menschlichen Sinnen zu erfassen. Gerade in diesem Fall wird nach einer Quantisierung der unsichtbaren Gefahr gefragt. Dies erfolgt durch Grenzwerte, die somit indirekt eine mögliche Gefahr beschreiben.

Deshalb befasse ich mich mit der Frage: warum benötigt man eigentlich Grenzwerte? Hier soll nicht nur der Gefährdungsaspekt beleuchtet werden, sondern Grenzwerte nehmen eine besondere Bedeutung zur Regelung des gesellschaftlichen Zusammenlebens ein.

Es schließt sich die Frage an: Wie findet man Grenzwerte? Die grundsätzlichen Methoden sollen dabei diskutiert werden. Man vergegenwärtige sich, dass neue Technologien durchaus Risiken beinhalten können, die zurzeit noch nicht bekannt sind. Am Beispiel der Personenschutzgrenzwerte soll diese Problematik diskutiert werden.

Schon die Auswahl der Methode zur Gewinnung von Grenzwerten ist nicht unumstritten. Deshalb ist es durchaus verständlich, wenn die Sinnhaftigkeit der Einhaltung der Grenzwerte in Frage gestellt wird. Dies soll vertieft an verschiedenen Konfliktfällen diskutiert werden. Zum Beispiel:

- Handelt der gesetzestreue Bürger vernünftig, obwohl (vielleicht vermeintlich) aufgrund eigenen Wissens keine Bedrohung vorliegt?
- Handelt der Ingenieur vernünftig, der die Auslieferung einer Maschine nicht freigibt und damit einen wirtschaftlichen Verlust der Firma in Kauf nimmt, nur weil ein Grenzwert bei der Abnahmemessung überschritten wurde?
- Ist der Ingenieur ein Pedant, der einen Raketenstart untersagt, weil er festgestellt hat, dass Dichtungen unter einer Grenztemperatur brüchig und damit nicht mehr dicht sein könnten?

Diese Konflikte sind beliebig erweiterbar. Jede Person in verantwortlicher Funktion hat diesen Druck sicher schon verspürt und nach Auswegen gefragt.

Auswege und Lösungsmöglichkeiten sollen deshalb im folgenden Kapitel diskutiert werden. Die Antwort wird zunächst sehr pessimistisch sein, dennoch soll aber der Versuch unternommen werden, über die »Verantwortung des Einzelnen« eine Lösung dieses ethischen Problems zu erreichen.

Warum benötigt man eigentlich Grenzwerte?

Je enger die Menschen einer Gesellschaft im sozialen Kontakt zueinander stehen, desto mehr muss ein verbindliches Rahmensystem von Normen und Werten geschaffen werden. Die gemeinsame Waschmaschine in einem Mehrfamilienhaus darf eben nur eine bestimmte Stundenzahl pro Partei und Woche genutzt werden. Jede Gemeinschaftsform, sei es die Familie oder die internationale Staatengemeinschaft, benötigt solche Normen- und Werterahmen. Es erscheint indes sofort verständlich, dass bei zunehmender Größe der Gemeinschaft die Findung gemeinsamer Werte schwieriger wird, und dass Werte einem ständigen Diskurs unterliegen.

Anders sollte es aussehen, wenn nicht nur das Zusammenleben geregelt werden soll, sondern der Schutz von Personen zur Diskussion steht. Betrachtet man hierzu die aktuelle Diskussion im Bereich Umweltschutz über die verschiedenen Emissionsgrenzwerte, so drängt sich manchmal der Gedanke auf, der Handel mit Eimissionszertifikaten eine Art »Ablasshandel« der Neuzeit darstellt. Früher war es die Seele, für die gelten sollte: »Wenn das Geld im Kasten klingt, die Seele aus dem Fegefeuer springt.«

Andererseits schafft man aber mit diesem Zertifikatshandel einen sanfteren Übergang zum emissionsreduzierten Zielzustand.

Die Notwendigkeit, diesen Zielzustand zu definieren, bleibt bestehen.

Wie ermittelt man Personenschutzgrenzwerte?

Am Beispiel der Personenschutzgrenzwerte sollen in diesem Kapitel die zwei unterschiedlichen Vorgehensweisen in der internationalen Normung und Standardisierung vorgestellt werden.

Man unterscheidet

- die wirkungsbasierte Methode und
- die ALARA[1]-Methode.

Die wirkungsbasierten Methode beobachtet eine Wirkung des elektromagnetischen Feldes. Dies kann zum Beispiel die lokale Erwärmung des Körpers sein. Wird die Stärke[2] des Feldes erhöht, so erhöht sich auch die Temperatur der Erwärmung. Es wird nun der Frage nachgegangen, bei welcher Amplitude der Störgröße eine unzulässige Störung, in diesem Fall eine unzulässige Erwärmung, auftritt. Der Wert dieser Amplitude wird anschließend mit einem Sicherheitsfaktor reduziert und als Grenzwert festgeschrieben.

Experimentell hat man bei 50 Hz Erregungsschwellen beim Menschen bestimmt. Die Untersuchungen fanden an normalen Erwachsenen statt. Es konnte zum Beispiel die Ruhestromdichte des Gehirns mit 0,1 µA/cm²[3] bestimmt werden. Folglich hat man die Frage gestellt, welche Stromdichte influenziert oder induziert ein externes elektrisches oder magnetisches Feld. Diese Umrechnungsfaktoren ergaben sich zu 2,5 nA/cm²/(kV/m)[4] bzw. 0,25 nA/cm²/(µT)[5].

Um mit einem von außen einwirkenden Feld dieselbe Stromdichte wie die Ruhestromdichte von mit 100 nA/cm² im Gehirn hervorzurufen, ist ein äußeres elektrisches Feld von 40 kV/m oder ein magnetisches Feld von 400 µT notwendig. Man beachte bei diesen Überlegungen, dass noch nicht von Schädigungen gesprochen wurde, sondern nur von der Erzeugung von Effekten, die in derselben Größenordnung liegen wie die natürlichen Abläufe der körpereigenen Vorgänge. Die Schädigungen treten erst bei Stromdichten auf, die weit über diesen Werten liegen. In der untenstehenden Tabelle sind beispielhaft Werte für die Stromdichte zur Gefährdung und für das Herzkammerflimmern angegeben. Der Wert für das elektrische Feld, welches eine Gefährdung auslösen könnte, erhöht sich demnach um den 1000. Das heißt, erst ein elektrisches Feld

---

1   ALARA = As Low As Reasonably Achievable
2   Stärke des Feldes = Amplitude des Feldes
3   µA/cm² = Stromstärke pro Fläche = Stromdichte
4   nA/cm²/(kV/m) Von einem elektrischen Feld (Einheit: kV/m) erzeugte Stromdichte im Gehirn (Einheit: nA/cm²)
5   nA/cm²/(µT) Von einem magnetischen Feld (Einheit: µT) erzeugte Stromdichte im Gehirn (Einheit: nA/cm²)

Erregungsschwellen (50 Hz)		
Ruhestromdichte Gehirn Reizwirkung Gefährdung Herzkammerflimmern	≈ 0,1 µA/cm2 > 10 µA/cm2 > 100 µA/cm2 > 500 µA/cm2	Schwellen
Influenzierte Stromdichte Induzierte Stromdichte Ruhestromdichte Äquivalente Felder	2,5 nA/cm2/(kV/m) 0,25 nA/cm2/µT 100 nA/cm2 E = 40 kV/m B = 0,4 mT	Gehirn
Influenzierte Stromdichte Induzierte Stromdichte Flimmerschwelle Äquivalente Felder	130 nA/cm2/(kV/m) 0,25 nA/cm2/µT 0,5 mA/cm2 E = 4 MV/m B = 2 T	Herz

aus: etz Band 110 (1989) Heft 6/7

von mehr als 40 000 kV/m bzw. 400 mT beim magnetischen Feld wäre als gefährlich anzusehen.

Eine häufig geäußerte Kritik an dieser Vorgehensweise ist, dass man als Untersuchungsobjekt einen erwachsenen Menschen betrachtet. Bei besonders großen oder kleinen Menschen oder bei Kindern sind die Verhältnisse sicher anders. Diese Unsicherheit versuchte man aber durch vergrößerte Sicherheitsfaktoren zu berücksichtigen.

Weltweit hat man sich bei der WHO[6] bei der Ermittlung von Grenzwerten auf dieses wirkungsbasierte Prinzip geeinigt.

Das ALRA-Prinzip hingegen verfolgt eine andere Vorgehensweise. Hier wird davon ausgegangen, dass die aktuelle Umwelt keinen schädlichen Einfluss auf den Menschen hat. Erst das Hinzufügen eines neuen »Senders« könnte Gefahren bewirken. Folglich ist das aktuelle elektromagnetische Klima gut und eine Erhöhung schlecht. Die schwedische Prüfstelle MPR[7] hat Ende der achtziger Jahre des vergangenen Jahrhunderts nach diesem Prinzip die Grenzwerte für elektrische und magnetische Feldaussendungen von Röhrenbildschirmen festgelegt. Besonders für magnetische Felder im tieffrequenten Bereich hatte man mit der damaligen Messtechnik erhebliche Empfindlichkeitsprobleme. Deshalb nahm man als Grenzwert die damalige Messgrenze der aktuellen Messtechnik

---

6 WHO = World Health Organization
7 MPR = Statens Mätoch Provräd (schwed.), staatliche Prüfstelle für Messgeräte.

an. Frei nach dem Vohenstrauß-Motto, wenn ich es nicht sehen kann, dann ist es auch nicht da.

Für das Frequenzband 5 Hz bis 2 kHz wurde ein Wert von 250 nT festgelegt. Die damalige Nachweisgrenze lag bei 30 nT. Man berücksichtige, dass z. B. das Erdmagnetfeld (Gleichfeld) in Hannover einen Wert von 47 µT hat und damit um den Faktor 188 größer ist.

Die Kritik an diesem ALARA-Prinzip entzündet sich deshalb an der fehlenden argumentativen Kausalität bei der Gewinnung der Grenzwerte. Dessen Motivation ist eher emotional basiert. Diskussionen über das Einhalten der ALARA-Grenzwerte können daher kaum rational geführt werden.

Wer zwingt uns, die Grenzwerte einzuhalten?

Nachdem die Grenzwerte entweder nach der wirkungsbasierten Methode oder nach dem ALARA-Prinzip ermittelt worden sind, muss gewährleistet werden, dass diese auch eingehalten werden. Drei verschiedene Strukturen haben sich im Laufe der Geschichte hierfür herausgebildet.

1) Gesellschaftliche Vereinbarung
2) Staatliche, juristische Reglementierung
3) Religiöse Reglementierung

Diese drei Systeme sind fundamental hinsichtlich

1) der Autorität der regelnden Institution,
2) der Verbindlichkeit und
3) der Konsequenzen im Falle des Nichtbefolgens

zu unterscheiden.

Die *Autorität der regelnden Institution* ist im ersten Fall der gesellschaftlichen Vereinbarung eher als gering zu betrachten. Zwar kennt man Gruppenzwang, jedoch verfügt in einer Demokratie jede handelnde Person über zivile Grundrechte – und ist damit auch ein Teil des »Gesetzgebers«. Gesellschaftlicher Konsens über Grenzwerte würde voraussetzen, dass die Ziele der beteiligten Personen bezüglich dieses Themenbereichs identisch sind.

Bei staatlichen Institutionen wird die »Gesetzgebungskompetenz« auf eine kleine Gruppe von Menschen übertragen. Die Bereitschaft, diesen Anweisungen aus Einsicht zu folgen, ist eher als klein zu bezeichnen, da die Gründe des Handelns der staatlichen Institutionen nur wenigen Personen transparent ist. Im Falle eines Konfliktes wird deshalb die Kompetenz der Institution angezweifelt, weil man meint, es selber besser zu wissen. Man folgt den Vorgaben des Staates, weil man durch das staatlich Gewaltmonopol sonst gezwungen werden kann.

Im Fall der religiösen Autorität ist dies, jedenfalls für strenggläubige Fundamentalisten, per Definition nicht möglich. Die göttliche Autorität darf axiomatisch nicht angezweifelt werden.

Damit ist im dritten Fall eine absolute *Verbindlichkeit* gegeben, deren infrage stellen schon einen Frevel darstellt. Dies ist natürlich beim gesellschaftlichen Konsens überhaupt nicht der Fall. Jeder kann die Gruppe ohne große Konsequenzen verlassen. Hingegen lebt bei der staatlichen Reglementierung die Verbindlichkeit von den möglichen Zwangsmaßnahmen, die einer staatlichen Institution zur Verfügung stehen.

Wir berühren jetzt den letzten Punkt, die Konsequenzen des Nichtbefolgens. Wie gerade gesagt, sind die beim gesellschaftlichen Konsens sehr vage und eher im psychologischen Bereich anzusiedeln. »Man tut so etwas nicht!« Bei der Verletzung von Regeln in staatlichen Systemen können hingegen die Strafen sehr drakonisch und unmittelbar sein. Das religiöse System spielt mit der Ungewissheit einer möglichen Sanktion; die Bestrafung (oder auch Belobigung) wird auf das Jenseits verlagert (zur Setzung von Axiomen und zur Vermeidung jeder Diskussion über die Sinnhaftigkeit einer Regel wird dies schon seit Jahrtausenden praktiziert).

... und ist das Befolgen wirklich sinnvoll?

Kommen wir jetzt aber zurück zu der eigentlichen Fragestellung dieses Vortrages. Natürlich bewegen wir uns bei der Frage nach der Befolgung von Grenzwerten in einem staatlichen, von Menschen geschaffenen Reglementierungssystem.

Was sollen wir tun, wenn das Befolgen der Grenzwerte offensichtlich unsinnig ist? Warum soll man nachts auf der Autobahn bei völlig freier Strecke die Geschwindigkeitsbeschränkung einhalten? Ich glaube, dass jeder schon einmal solch eine Situation erlebt hat.

Auch hier haben wir zwei Aspekte zu betrachten:

- Einerseits müssen existierende Vorschriften und Gesetze befolgt werden.
- Andererseits sagen das eigene Wissen und die eigene Vernunft, dass ein Befolgen nicht immer sinnvoll ist.

Jederzeit sind Situationen zu konstruieren, in denen die Handlungen nach der eigenen Vernunft und dem eigenen Wissen zu unterstützen wären. Andererseits setzt dieses Handeln genau die eigene Kompetenz voraus. Bloß, wer entscheidet, ob im konkreten Fall diese Kompetenz vorliegt?

Betrachten wir hierzu noch einmal die eingangs dargestellten Konflikte:

Wer ist in dem folgenden Fall zu schützen?

- Der Ingenieur, der eine Grenzwertüberschreitung toleriert, weil er weiß, dass noch nie bei diesem Wert ein Problem aufgetreten ist.
- Der Ingenieur, der eine Maschine nicht frei gibt, da ein Grenzwert bei der Abnahmemessung überschritten wurde.

oder noch etwas konkreter:

- Handelt der Ingenieur vernünftig, der die Auslieferung einer Maschine nicht freigibt und damit einen wirtschaftlichen Verlust der Firma in Kauf nimmt, nur weil ein Grenzwert bei der Abnahmemessung überschritten wurde?
- Ist der Ingenieur ein Pedant, der einen Raketenstart untersagt, weil er festgestellt hat, dass Dichtungen unter einer Grenztemperatur brüchig und damit nicht mehr dicht sein könnten?

In beiden Fällen begibt sich der Ingenieur in ein ethisches Dilemma. Jedes Handeln wird entweder als kleinkariert bei der Nicht-Freigabe oder als unverantwortlich im Fall der Freigabe mit katastrophaler Konsequenz gesehen. Wir können nur eins erkennen, dass es eine pauschale und damit objektiv richtige Antwort nicht gibt.

Die Skizzierung eines möglichen Auswegs

Wir befinden uns nunmehr in einer sehr negativen, deprimierenden Situation. Möglicherweise können Handlungen zu Katastrophen führen. Vielleicht aber hilft der Kategorische Imperativ von Kant hier weiter:

> Handle nur nach derjenigen Maxime, durch die du zugleich wollen kannst, dass sie ein allgemeines Gesetz werde.

Die Lösung unseres Dilemmas könnte somit zweistufig sein.

Einerseits muss gefordert werden, dass schon die Grenzwerte vernünftig bestimmt werden. Dieses setzt fachlich kompetente und verantwortungsbewusste Menschen (Ingenieure und Wissenschaftler) voraus. Andererseits müssen diese handelnden Personen so ausgebildet werden, dass ihre fachliche Kompetenz die Beurteilung der Sinnhaftigkeit der Grenzwerte erlaubt. Die Fokussierung auf einen einzigen Aspekt ist nicht zielführend, wenn z. B. nur das vom Mobilfunk erzeugte elektromagnetische Feld betrachtet wird und nicht auch das im benachbarten Frequenzbereich durch Fernsehsender vorhandene Feld.

Schließlich müssen Grenzwerte wieder zur Diskussion stehen, wenn diese sich als unzweckmäßig erwiesen haben. Dabei sind die entscheidenden Kriterien die Sicherheit des Menschen und das Erhalten der ökologischen Grundlagen des Lebens. Änderungen von Normen und Grenzwerten aus rein wirtschaftlichen Überlegungen ist unethisch!

Fazit

Nur gut ausgebildete und verantwortungsbewusst handelnde Ingenieure und Wissenschaftler können sinnvolle Grenzwerte und Regeln schaffen. Dabei haben der Schutz und die Sicherheit der Menschen und ihrer Lebensgrundlagen oberste Priorität. Verantwortliches Handeln setzt bei den fachlichen Experten voraus,

- dass basierend auf einer soliden fachlichen Basis Wechselbeziehungen zwischen den Bereichen erkannt und analysiert werden können
- und die Bereitschaft, Problemfelder des eigenen Handelns zu benennen und ehrlich zu analysieren.

Nur über Offenheit und Vertrauen kann gesellschaftlicher Konsens über Grenzwerte erzeugt. Ohne Grenzwerte und Regeln ist soziales Miteinander nicht möglich. Selbst Robinson brauchte Regeln, als Freitag erschien.

Chancen und Risiken bei der Entwicklung elektrotechnischer Systeme: Magnetschwebetechnik als exemplarischer Fall

Jürgen Meins
Institut für elektrische Maschinen, Antriebe und Bahnen, TU Braunschweig

Grundlagen der Magnetschwebetechnik

Die erste Idee einer Magnetschwebebahn entwickelte Dipl.-Ing. Hermann Kemper (1892–1977). Seine Patentschrift aus dem Jahre 1934 beschreibt seine Erfindung, welche die Aufgabe löst, »Körper mit Hilfe elektromagnetischer Kräfte entgegen der Erdschwerkraft in der Schwebe zu halten«. Sie sollte dazu dienen, so die Patentschrift weiter, ein »neuartiges Verkehrsmittel, die Schwebebahn« zu bauen, als »Schienenbahn für Menschen- und Güterbeförderung, bei der die räderlosen Fahrzeuge eisernen Schienen entlang schwebend geführt werden«. Damit sind die physikalischen Grundlagen formuliert. Die technischen Voraussetzungen für den experimentellen Nachweis waren vorhanden, für die praktische Anwendung fehlten sie damals jedoch noch.

In den 1970er Jahren war der Fernverkehr, neben dem Automobil, durch Eisenbahnzüge des Rad-Schiene-Systems und durch Flugzeuge geprägt. Die realisierbare Geschwindigkeit der Züge betrug etwa 200 km/h, die der Passagierflugzeuge 800 km/h. Vor diesem Hintergrund entwickelte sich die Suche nach einem bodengebundenen Verkehrssystem, dessen Geschwindigkeitsbereich zwischen diesen beiden Verkehrsmitteln liegt. Dafür boten sich zum einen im Bereich des Rad-Schiene-Systems der Hochgeschwindigkeitszug ICE (Intercity-Express) an, für den damals auf Basis der Rad-Schiene Technik eine Höchstgeschwindigkeit von 300 km/h erreichbar schien, und zum anderen unterschiedliche räderlose Magntschwebesysteme. Im Rahmen eines Systemvergleiches wurde 1977 die kombinierte Trag- und Antriebstechnik des Transrapid, als zukünftiges Hochgeschwindigkeitsverkehrssystem mit Geschwindigkeiten bis zu 400 km/h ausgewählt.

Gedanklich fassten Ingenieure auch das Luftkissenfahrzeug ins Auge. Diese Alternative verfolgten sie jedoch wegen hoher Geräuschentwicklung und hoher erforderlicher Leistung für die Schwebefunktion nicht weiter. So erschien es in den 1970er Jahren für

Abbildung 1

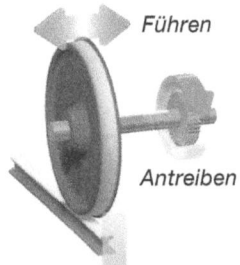
Rad/Schiene
Führen
Antreiben
Tragen

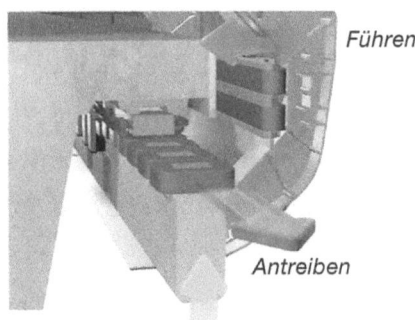
Elektromagnetisches Schweben
Führen
Antreiben
Tragen

den angestrebten Geschwindigkeitsbereich zwischen Eisenbahn und Flugzeug sinnvoll, wegen der günstigen und entwicklungsfähigen technischen Voraussetzungen, die Magnetschwebetechnik weiter zu verfolgen.

Bei der Magnetschwebetechnik standen die Ingenieure vor einigen grundlegenden Herausforderungen. Das Rad-Schiene-System des konventionellen Zuges musste beim elektromagnetischen Schweben durch entsprechende Funktionen ersetzt werden. Beim Rad-Schiene-System kommen dem Rad drei Funktionen zu. Das Rad trägt das Fahrzeug, dient dem Führen auf der Schiene und dem Antrieb. Dieselben Funktionen des Tragens, des Führens und des Antreibens müssen für den Transrapid magnetisch realisiert werden (Abb.1). Dem Tragen dient der Tragmagnet unterhalb des Stators. Er sorgt dafür, dass der Zug scheinbar über der Reaktionsschiene schwebt, physikalisch jedoch über die magnetischen Zugkräfte an der Reaktionsschiene hängt. Der Stator besteht aus einem ferromagnetischen Blechpaket und eingelegter Wicklung welche als Wanderfeldwicklung für die Vortriebskräfte sorgt und damit zu einer Bewegung des Zuges mit hoher Geschwindigkeit führt. Ein fahrzeugseitiger Führmagnet dient zusammen mit der fahrwegseitigen Führschiene dem Führen des Zuges. (Abb. 2).

Da die Stabilisierung des Luftspaltes zwischen Magnet und Schiene durch Kraftänderung erfolgt, ist es erforderlich den Magnetstrom mit Hilfe der Leistungselektronik ständig an die sich wechselnden Anforderungen anzupassen. Dabei geht es um regelbare Ströme in einer Größenordnung von 50 Ampere bei Spannungen von 400–600 Volt. Diese praktische Umsetzung war zur Zeit des Kemper-Patents noch nicht, sondern zunehmend seit den 1970er Jahren mit der Entwicklung der modernen Halbleiter und deren Anwendung in der Leistungselektronik erfüllbar.

Das Institut für Elektrische Maschinen, Antriebe und Bahnen (IMAB) der TU Braunschweig war von Anfang an in die Entwicklung der Magnetschwebetechnik ein-

Abbildung 2

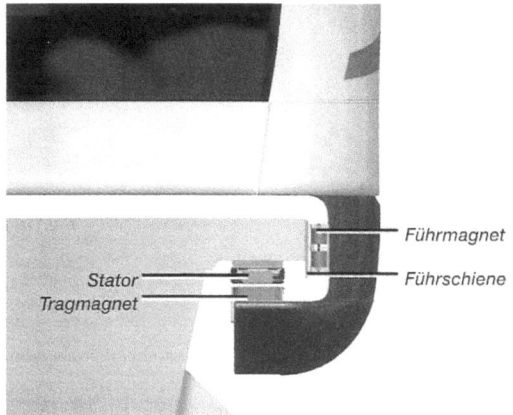

gebunden. Seitens der Industrie wurden ebenfalls Untersuchungen zur Magnetschwebetechnik mit unterschiedlichen Ansätze (Abb. 3)[1] verfolgt. Das Ziel sich gemeinsam auf die Entwicklung eines zukünftigen Magnetschwebesystems zu konzentrieren fürte 1977 zu einer Systementscheidung, aus welcher der Typ TANSRAPID hervorging, dessen technische Funktionsweise bereits geschildert wurde (Abb. 4).

Abbildung 3

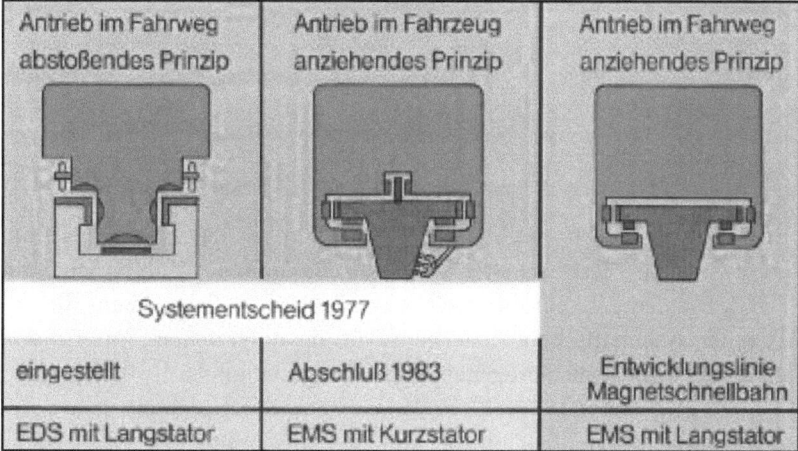

---

1 EDS= elektrodynamisches Schweben. EMS=elektromagnetisches Schweben.

Abbildung 4

Redundantes Trag- & Führkonzept

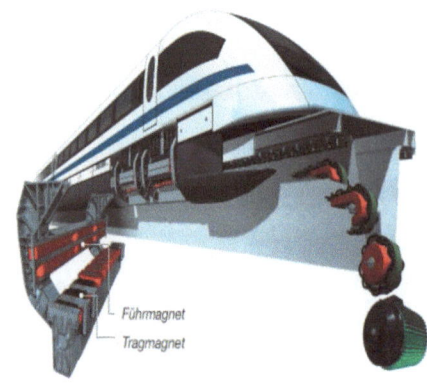

Trag- & Führmagnete

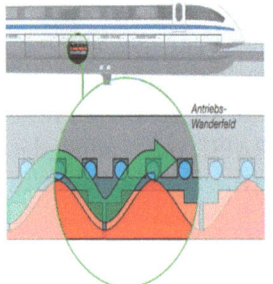

Synchron- Langstator Motor (Antrieb)

Führschiene

Sicherheit

Für Bau und Betrieb der Magnetschwebebahn ist das Eisenbahn Bundesamt (EBA) verantwortlich. Dieses schaltet Gutachter ein (z. B. Technische Überwachungsvereine (TÜV), Fachleute, Experten), welche auf Basis ihres Fachwissens die entwickelte Technik einer systematischen Sicherheitsprüfung unterziehen. Aufgrund der zu Anfang der 1970er Jahre vollständig neuartigen Fragestellungen in Bezug auf die Sicherheitsnachweise für Magnetschwebe Verkehrsysteme ergab sich ein sehr enger Kontakt und Entwicklern. Im Hinblick auf die geplante Anwendung der Magnetschwebetechnik in einem Verkehrssystem ruhte eine erhebliche Verantwortung bei den beteiligten Ingenieuren.

Die Ingenieure, die für die Entwicklung der Grundlagen des Transrapid zuständig waren, hatten sich zunächst auf die Funktion des Systems konzentriert. Die Gutachter untersuchten dagegen Fragen zum Gefährdungspotenzial, welches daraus resultieren kann, dass konzeptionelle Entwicklungsfehler vorliegen, Ausfälle von Komponenten oder aber Störungen im Betriebsablauf auftreten. Aus dem Dialog zwischen Entwicklern, an dem Bau beteiligten Firmen, dem Betreiber der Magnetbahnversuchsanlage und Gutachtern entstanden technische Ausführungen welche die sicherheitstechnischen Anforderungen erfüllten. Die Erprobung und Führung der praktischen nachweise erfolgte auf der Transrapid Versuchsanlage im Emsland (TVE).

Eine Frage betraf, um ein erstes Beispiel zu nennen, den Störfall, dass das Trag-Magnetfeld ausfällt. Für diese Situation fanden die Ingenieure die Lösung von Kufen, die, unten am Fahrzeug angebracht, ein Aufsetzen auf die Gleitleiste des Fahrweges ermöglichen. Eine andere Frage setzte sich mit dem Fall auseinander, dass das Magnetfeld unkontrolliert zu groß wird. Für diese Situation wurde ein redundantes System zum Abschalten des Magnetstromes entwickelt. Die Wahrscheinlichkeit, dass beide Systeme zugleich ausfallen, und ein Abschalten des Magnetfeldes somit nicht möglich ist, ergab einen hinreichend geringen Wert.

Eine weitere wichtige Frage zur Sicherheit des Betriebes bezog sich auf die Konstruktion der ›Weichen‹, und damit auf die Sicherheit des Betriebssystems. Wenn ein Transrapid von einem ›Gleis‹ auf ein anderes wechseln muss, ist eine Weiche erforderlich. Durch eine ›Biegeweiche‹ kann der Fahrweg gebogen und der Transrapid auf das andere Gleis geleitet werden. Dabei tritt die Frage der Fahrwegsicherung auf. Dass die Weiche tatsächlich Anschluss an das gewünschte Gleis hat, muss selbstverständlich gewährleistet, aber auch gesichert werden. Gemäß den Forderungen der Gutachter musste ein Konzept der Weichensicherung erarbeitet werden. Das gelang durch die Konstruktion eines Verriegelungs-Mechanismus, für den ein spezieller ausfallsicherer Sensor entwickelt wurde.

Auch die Frage des Sicherheitsbereichs längs des Fahrweges musste erarbeitet werden. Beim Rad-Schiene-Systems gibt es Block-Abschnitte. Die Freigabe zum Durchfahren eines Blockabschnittes den der Zug zu durchfahren hat, erfolgt durch ein betreffendes sicheres Signal bzw. ein sicheres automatisches Überwachungssystem. Beim Transrapid wird ein Sicherheitsbereich entsprechend der Länge des Bremsweges, fortwährend aktualisiert und dem entsprechenden Fahrzeug mitgeteilt. Kommt es zu einer Verletzung dieses Sicherheitsbereiches, oder aber zu einem Ausfall der Übertragung wird eine Bremsung des Fahrzeuges eingeleitet.

Aber auch die sicherheitstechnische Überprüfung von Schraubverbindungen wurde bearbeitet. Die Stator-Pakete, die am Betonträger geschraubt sind, bestehen aus etwa 1 m langen Abschnitten. Das sicherheitsrelevante Versagen einer Schraubverbindung wurde durch redundante Befestigung, sowie ein kontinuierliches dynamisches Überwachungssystem hinreichend unwahrscheinlich gemacht.

Aus der Kommunikation der Ingenieure, die den Transrapid entwickelten, mit den Gutachtern ergab sich ein Sicherheitskonzept, das alle die Sicherheit betreffenden notwendigen Aspekte einschließt. Dabei wurden standardisierte Verfahren zum Nachweis der Sicherheit eingesetzt. So beispielsweise »Ausfall-Analysen«, die ermitteln, was in der vorhandenen Technik mit welcher Wahrscheinlichkeit ausfallen kann und welches die Folgen eines Ausfalles sind. Wenn in diesem Sinne das Ausfallverhalten eines technisches Bauteiles betrachtet wurde, ging es für die Entwicklungsingenieure der beteiligten Unternehmen darum, Berechnungen und Experimente durchzuführen sowie Nachweise zu erbringen, um seitens der Gutachter die nachgewiesene Sicherheit bestätigt zu bekommen. Dabei musste notwendigerweise der Sachverstand der einen Seite mit dem der anderen zusammenarbeiten. Auf beiden Seiten spielten die jeweiligen Erfahrungen eine wesentliche Rolle: auf der Seite der Gutachter die Erfahrungen mit Sicherheitsprüfungen, und auf der Seite der Entwicklungsingenieure die Erfahrungen und Kenntnisse des technischen Systems. Der Weg, die Kompetenzen beider Seiten zusammenzubringen und Sicherheitskonzepte zu entwickeln, beruht auf Verantwortungsbewusstsein in mehrfacher Hinsicht. Im Zusammenhang der technischen Fragen, die ingenieurwissenschaftlich beantwortet werden können, müssen ökonomische, soziale und psychologische Erwägungen einbezogen werden. In diesen vieldimensionalen Aspekten ist die Verantwortung der beteiligten Ingenieure verankert.

Die Struktur der Verantwortungen und Zuständigkeiten für den Magnetbahnbetrieb bildet ein komplexes Geflecht (Abb. 5). Ingenieurinnen und Ingenieure arbeiten im Allgemeinen in Kooperationen. Deshalb kommt es auf eine kritische Prüfung dessen an,

Abbildung 5

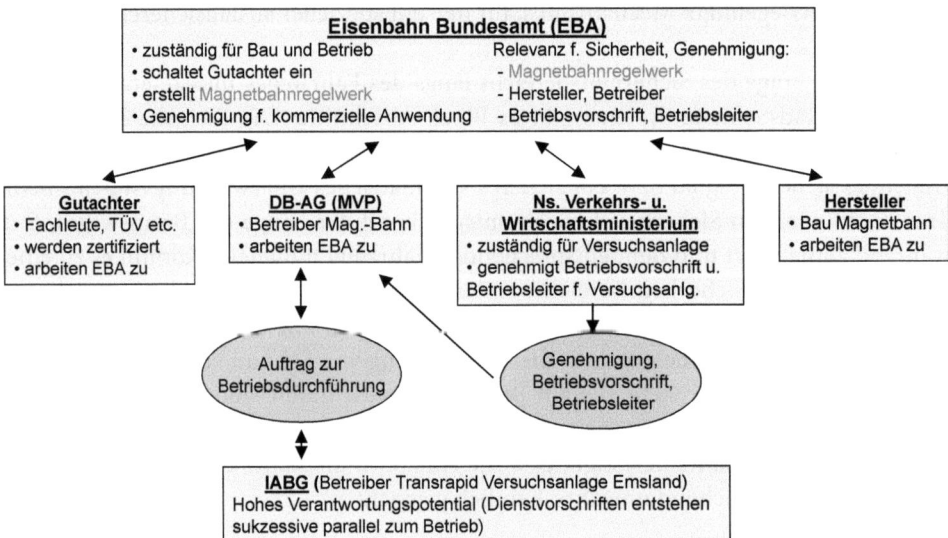

Abbildung 6

Tätigkeits-bereich	Forschung	Entwicklung	Fertigung	Vertrieb	Gutachten	Genehmigung, Zulassung
Verant-wortungs-bereiche	Idee Konzept Prinzip Funktion	Kosten Wirtschaftl.-keit Sicherheit Wartung Kompatibilität Materialien Entsorgung	Kosten Qualität Termin Ablauf	Service Beratung Lieferzeit Produktwahl	Sorgfalt Vorschriften Umsicht	Gesetze Regelwerke Vorschriften

Personalführung, Abläufe, Regelungen

was die Einzelnen in stärkeren oder schwächeren Maßen auslösen. Die Verantwortungsbereiche lassen sich auflisten (Abb. 6). Die Einzelnen tragen Verantwortung in ihrem Tätigkeitsfeld. Sie sind aber auch aufgerufen, rechtzeitig auf all jene Mängel hinzuweisen, die sie auch außerhalb davon erkennen können.

Transrapid

Der Transrapid erreichte im Jahre 1991 seine Einsatzreife. In Deutschland kam er nur in einer Versuchsstrecke im Emsland zum Einsatz.

Die Versuchsstrecke im Emsland wurde ab 1979 – zunächst mit der Nordschleife – erbaut und nahm 1984 den Betrieb auf. 1987 wurde die Strecke mit der Südschleife auf insgesamt 31,5 km Fahrweglänge erweitert. Ziel war es, die Transrapid Technik auch im Geschwindigkeitsbereich oberhalb 400 km/h zu erproben. Die maximal erreichte Geschwindigkeit auf der Versuchsanlage im Emsland betrug 454 km/h und war durch die Kurvenradien in Nord- und Südschleife und die damit begrenzten Geschwindigkeiten festgelegt.

In Shanghai wurde ein Transrapid-Verkehrssystem für die Verkehrsanbindung des Flughafens gebaut (Abb. 7). Es nahm im Januar 2004 den Betrieb auf. Das Prototypfahrzeug besteht aus 3 Sektionen mit einer Gesamtlänge von 79,7m, einer Fahrzeug-

Abbildung 7

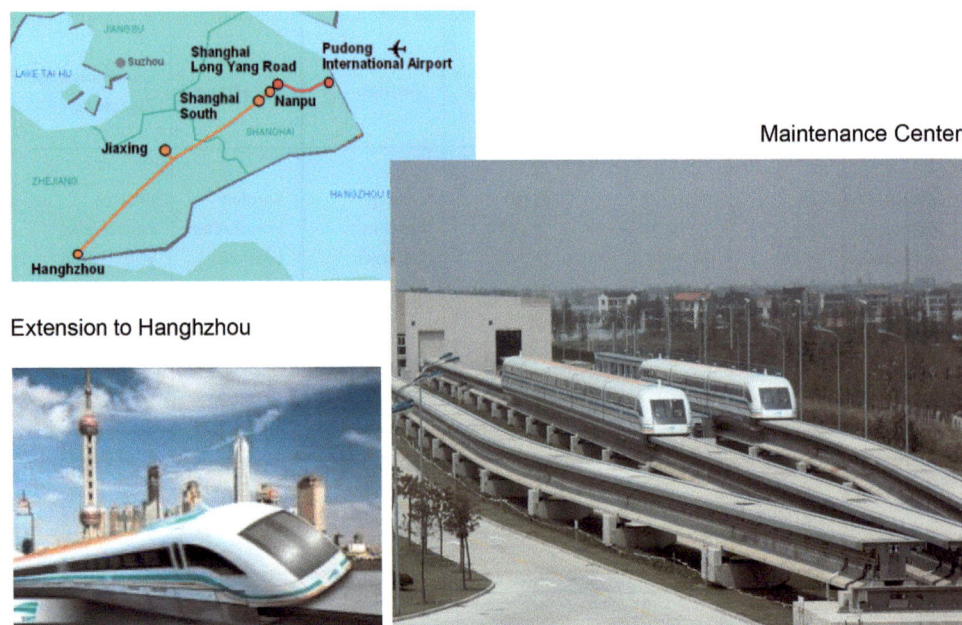

masse von 188,5 to und erreichte eine Maximalgeschwindigkeit von 550 km/h. Der Einsatz der TRANSRAPID Magnetschwebetechnik in Shanghai verläuft bis heute problemlos.

Risiko und Verantwortung im Kontext modellbasierter Analyse und Prognose von Ingenieursystemen

Manfred Krafczyk
Institut für rechnergestützte Modellierung im Bauingenieurwesen, TU Braunschweig

Der nachfolgende Beitrag setzt sich mit einigen Aspekten der Verantwortung von Ingenieuren auseinander, die primär (aber sicher nicht ausschließlich) für den Bereich der universitären Ingenieurausbildung relevant sind, offensichtlich keinen Anspruch auf Vollständigkeit erheben und durch die subjektive Sichtweise des Autors in seinem Tätigkeitsgebiet als Hochschullehrer in den Bereichen Modellierung und Simulation komplexer Transportprobleme sowie als tätiger Ingenieur im Bereich interdisziplinärer Problemstellungen gefärbt sind.

Vereinfachend gesagt, beschreibt der Begriff der Verantwortung die Zuweisung einer Pflicht von Akteuren gegenüber einer anderen Person oder Personengruppe aufgrund eines normativen Anspruchs, der durch eine Instanz eingefordert werden kann und vor dieser zu rechtfertigen ist. Die Handlungsfolgen können für den Handelnden zu Konsequenzen wie Belohnung, Bestrafung oder Ersatzleistungen führen [1, 2, 3]. Im Kontext von Ingenieuraufgaben tritt der Fall der Verantwortung typischerweise dann ein, wenn das im weiteren Sinn beauftragte Produkt nicht fristgerecht fertiggestellt wurde, wesentliche Aspekte seiner Funktion nicht hinreichend erfüllt oder aus seiner Funktionalität heraus unvorhergesehene (meist negative) Seiteneffekte entstehen, die mit geltenden Normen und Recht aus Sicht einer spezifischen Gruppe oder gesellschaftlichen Institution nicht zu vereinbaren sind.

Im Gegensatz zu eher erkenntnisorientierten Arbeiten in den Naturwissenschaften ist bei Ingenieuraufgaben nicht nur die Lösung einer mehr oder weniger komplexen Problemstellung selbst gefordert, sondern deren Erarbeitung unter der Einhaltung materieller, zeitlicher und organisatorischer Randbedingungen im Sinne einer Optimierung. Darüber hinaus sollte die Ingenieurzunft zumindest die technisch objektivierbaren Grundlagen für eine weitergehende Abschätzung wirtschaftlicher und gesellschaftlicher Auswirkungen ihres Wirkens durch andere Disziplinen zur Verfügung stellen, da heutige und zukünftige technische Systeme und Anlagen auf großer Skala mehr und mehr das Wohlbefinden einer Gesellschaft im Alltag nachhaltig und umfassend prägen. In Folge dessen hat sich die Technikfolgenabschätzung [4] zu einer wesentlichen Disziplin entwickelt, in deren Kontext die Prognose von (im allgemeinen Fall gekoppelten) Risiken und deren Bewertung als wesentliche Elemente etabliert wurden.

Der wissenschaftliche Beirat der Bundesregierung für Globale Umweltveränderungen (WBGU) definiert Risiko als das Produkt von Eintrittshäufigkeit bzw. Eintrittswahrscheinlichkeit und Ereignisschwere bzw. Schadensausmaß. Es zeigt sich jedoch, dass schon der der Risikobewertung vorausgehende Prozess der Risikoermittlung in der praktischen Umsetzung eine Vielzahl von Problemen mit sich bringt, die nach Auffassung des Autors in der universitären Ingenieurausbildung heute oftmals weder formal noch in der nötigen Tiefe hinreichend vermittelt werden.

Auch fehlt oft ein grundlegendes Verständnis für die korrekte Interpretation grundlegender statistischer Sachverhalte. Dies lässt sich z. B. am Begriff der Eintrittshäufigkeit festmachen, welche die Häufigkeit angibt, mit der ein Ereignis innerhalb eines bestimmten Zeitintervalls eintritt. So bedeutet z. B. eine Eintrittshäufigkeit von 0,01 Ereignissen pro Jahr, dass *im statistischen Mittel* ein Schadensereignis einmal in 100 Jahren beobachtet worden ist. Solche Einschätzungen sind jedoch genuin abhängig von der entsprechenden Verfügbarkeit relevanter statistischer Daten und nur dann halbwegs verlässlich, wenn eine genügend große Zahl von Beobachtungen vorliegt. Der Schluss, ein Ereignis mit der beobachteten Eintrittshäufigkeit würde auch in Zukunft »nur alle 100 Jahre« auftreten, ist daher ein nicht nur in der Bevölkerung weitverbreitetes Missverständnis, welches auch bei der professionellen Risikoanalyse und -bewertung zu vielfältigen Fehlern geführt hat. Treten solche vergleichsweise leicht zu identifizierenden Fehler bei der Risikoanalyse ein, sind weiterführende Probleme bei der anschließenden Risikobewertung oft deutlich schwieriger zu identifizieren und zu beheben. Hier stellt sich zum Beispiel die Frage, wie man Risiken vergleichend bewertet, die aus dem Produkt einer sehr geringen Eintrittswahrscheinlichkeit und einer extremen Gefährdung (z. B. Kernkraftwerk-GAU) einerseits und aus einer relativ hohen kumulierten Eintrittswahrscheinlichkeit und einer statistisch unauffälligen Gefährdung (jährlich auftretende Sturm- oder Flutschäden oder Wintergrippe) erwachsen. In beiden Fällen könnte man objektiv zu der Auffassung kommen, den jeweiligen volkswirtschaftlichen Schaden über einen längeren Zeitraum als vergleichbar zu betrachten, allerdings wäre unter psychologischen Gesichtspunkten eine entsprechend symmetrische Investition von Abwehrmaßnahmen kaum gesellschaftlich konsensfähig.

Unabhängig von dieser Problematik liegt ein weiterer Umstand für die Minimierung von Risiken in der Tatsache begründet, dass immer mehr Ingenieursysteme durch eine Vielzahl von Multiplizitäten gekennzeichnet sind, was eine substantieller Erschwerung ihrer Prognose bzgl. ihrer zukünftigen Funktionalität, Robustheit und Nebenwirkungen (also der assoziierten Risiken) mit sich bringt. Diese Multiplizitäten sind beispielsweise charakterisiert durch Begriffe wie:

- multi-physics (Das System wird beschrieben durch eine Vielzahl gekoppelter Teilprozesse mit unterschiedlichen Modellrepräsentationen wie z. B. Struktur, Strömung, Strahlung, Materialien, Prozesse, ...)
- multi-scale (vom Nanometer zur Skala des globalen Ökosystems, von der Millisekunde zum Millennium)
- multi-discipline (Mechanik, Mathematik, Physik, Informatik, Chemie, Wirtschaft, Rechtskunde, Ökologie, ...)
- multi-language (bei international kooperierenden Arbeitsgruppen)
- multi-modal (deterministisch, stochastisch, regelbasiert → Gesetze, Normen, ...)
- Optimierung mit mehrdimensionalen Zielfunktionen aus unterschiedlichen Disziplinen (z. B. architektonische Form vs. Funktionsfähigkeit und Ressourcenoptimierung)

Offensichtlich setzt der zukünftig sichere Umgang junger IngenieurInnen eine sehr breite und auch durchaus theoretische Auseinandersetzung mit vielfältigen Themen über die eigenen Kerndisziplinen der jeweiligen Ausbildungsgänge voraus, da ansonsten eine qualifizierte Verantwortungsübernahme für zukünftige Ingenieurlösungen nicht durch entsprechende Fachkompetenz unterlegt werden kann. Dies stellt jedoch insbesondere an eine zeitlich gestraffte Ausbildung im Kontext eines Bachelor-Masterstudiums große Herausforderungen, da gleichzeitig der Anteil der erfahrungsorientierten Ausbildungsinhalte nicht übermäßig leiden darf.

Grundsätzlich besteht in der Ingenieurausbildung eine relativ große Spannung zwischen der Vermittlung heuristischer, regelbasierter Korrelationen, die sich in einfachen algebraischen Beziehungen zwischen Systemgrößen und entsprechenden Normen niederschlagen und der Einführung in komplexe und multimodale Modellierungsansätze, die eine erhebliche theoretische Modellierungskompetenz erfordern. Insbesondere führt dies zu der Herausforderung, bei der Systembeschreibung im Sinne einer Ressourcenoptimierung möglichst flexibel zwischen einfachen und schnell evaluierbaren Modellen und solchen komplexerer Art zu wechseln, um eine hinreichend verlässliche Systemanalyse bzw. -prognose mit möglichst geringem Aufwand zu realisieren (A. Einstein: »Alles sollte so einfach wie möglich gemacht werden, aber nicht einfacher«). Leider ist die Befolgung dieser Maxime in der Praxis oft nicht zu erkennen. Als Beispiel hierzu diene der weit verbreitete Umgang mit Simulationssoftware zur Analyse und Prognose des physikalischen Verhaltens von verschiedensten Systemen, die den Bereichen der Struktur- und Strömungsmechanik zuzuordnen sind. Diese Systeme (in welche bei den Marktführern oft hunderte Mannjahre an hochspezifischem Arbeitsaufwand und Know-How der unterschiedlichsten Disziplinen eingeflossen sind) möchten dem Benutzer (also typischerweise dem Berechnungsingenieur) eine möglichst einfach zu bedienende Programmumgebung zur Verfügung stellen, innerhalb derer das Verhalten eines geplanten oder bestehenden komplexen (strömungs-)mechanischen Systems berechnet werden soll. Dazu bedarf es modellintern einer konsistenten Verknüpfung von unterschiedlichsten Modellebenen, von denen jede einzelne *a priori* fehlerbehaftet ist. Dies beginnt bei den Details der mathematisch-physikalischen Formulierung (typischerweise als Satz nichtlinearer partieller Differentialgleichungen), geht über die Wahl geeigneter Randbedingungen (wo beginnt bzw endet mein System und wie ist sein Zustand an den angenommenen Grenzen charakterisiert?) zur Wahl geeigneter Materialien mit entsprechenden Eigenschaften aus entsprechenden Datenbanken bis zur geeigneten (fast niemals automatischen) Diskretisierung in Form eines Berechnungsnetzes oder -gitters und der anschließenden Aktivierung geeigneter Gleichungslöser mit unterschiedlichen Konvergenzeigenschaften. Als Ergebnis all dieser vom Benutzer festzusetzenden Eigenschaften des virtuellen Systems erfolgt nach mehr oder weniger langwieriger Berechnung die Erzeugung eines im Prinzip beliebig großen Datensatzes, den es mit Hilfe geeigneter Visualisierungstechniken (wieder als Teil der Software verfügbar) in Bezug auf die ursprünglich verfolgten Fragestellungen zu interpretieren gilt. Da prinzipiell auf jeder der vorangegangenen Modellierungsebene zwangsläufig mehr oder minder große Fehler gemacht werden, liegt es nahe, das der kompetente Benutzer einer solchen Simulationssoftware in der Lage sein sollte, die wesentlichen Fehlerquellen seiner Berechnung zumindest qualitativ einzuordnen und so letzlich eine belastbare Aussage über die Genauigkeit seiner Analyse respektive Prognose zu treffen. Für nichtlineare Systeme ist eine solche Bewertung einer Simulationsrechnung allerdings oftmals sehr schwierig, weswegen hochwertigere Problemlösungen tendenziell auch Sensitivitätsstudien zu bestimmten Modellaspekten beinhalten sollten. In der Praxis bürgert sich aber immer mehr eine Haltung ein, die aus Unkenntnis der (zugegebenermaßen sehr komplexen) inneren Abläufe bei Simulationsrechnungen die Qualität der erzeugten Berechnungsdaten nicht hinreichend hinterfragt, so dass die Berechnungsergebnisse die Qualität eines Orakelspruches erlangen, das nicht hinreichend hinterfragt wird. Die aus einer mangelhaften Auseinandersetzung mit den mathematischen, physikalischen und informationstechnischen Grundlagen des eigenen Handwerkszeugs resultierende Unsicherheit führt dann zu einer Nutzung der Werkzeuge als black-box-Instrumentarium mit nicht selten schwerwiegenden Folgen für die Funktionalität des realen Zielsystems. In einem solchen Fall kann natürlich von verantwortlichem Handeln des Berechnungsingenieurs nicht mehr die Rede sein, auch wenn dieser sich der Problematik nicht bewusst sein mag und kein Vorsatz vorliegt. Dieser Problematik ist nur mit einer vertieften Ausbildung in den entsprechenden Grundlagenfächern in Verknüpfung mit dem Studium realistischer Fallbeispiele zu begegnen und motiviert außerdem die enge Verknüpfung von ingenieurpraktischen und grundlagenbezogenen Ausbildungs- und Forschungsinhalten.

Der gewachsene Anspruch an die Ingenieurausbildung lässt sich exemplarisch auch dokumentieren an einem Auszug der curricularen Ziele der American Society of Civil Engineers. Demnach sollen zukünftig vermittelt werden:

1) Die Fähigkeit zur sicheren Anwendung von mathematischem sowie natur- bzw. ingenieurwissenschaftlichem Wissen auf dem Niveau des Standes der Technik,

2) die Fähigkeit, Experimente zu entwerfen und durchzuführen sowie deren Ergebnisse sinnvoll zu analysieren und zu interpretieren,
3) erfolgreich in multifunktionalen Arbeitsgruppen zu agieren,
4) die Fähigkeit, Ingenieurprobleme zu identifizieren, korrekt zu formulieren und zu lösen, sowie
5) die Kompetenz, effizient zu kommunizieren.

Der/die zukünftige IngenieurIn soll dies in der Funktion eines Integrators und einer Führungspersönlichkeit durch Beherrschung der folgenden Disziplinen demonstrieren: sicherer Umgang mit mathematischen Gleichungen (Differential- und algebraischen Gleichungen), Statistik, Physik, Biologie, Chemie, Ökologie, Geologie, Ökonomie, Mechanik, Materialwissenschaften, Systemtheorie, Nanotechnologie und der angewandten Informatik.

Diese erweiterten Qualifikationsansprüche sind nicht zuletzt durch einen wahrnehmbaren Wandel bei der Komplexität vieler heutiger Ingenieuraufgaben erwachsen, die sich vereinfacht und stichpunktartig in Tabelle 1 angedeutet werden.

Im Bereich der universitären Forschung entstehen gerade im Bereich der Doktorandenausbildung immer öfter strukturierte Programme, bei denen Beteiligte aus mehreren Disziplinen (z. B. Mathematik, Informatik und einer Ingenieurwissenschaft) gemeinsam an einem Zielsystem forschen. Aus einem solchen Ansatz heraus lernen alle Beteiligten etwas über die Prioritäten und den Stand der Technik der jeweils anderen Disziplinen und werden solchermaßen in die Lage versetzt, aus dem daraus resultierenden methodischen Vorsprung einen echten Mehrwert für die belastbare (und damit auch verantwortungsvolle) Analyse und Prognose von Ingenieursystemen zu generieren. Ein analoger Mehrwert wird generiert, wenn entsprechende Teams aus experimentell und theoretisch orientierten Partnern an einer gemeinsamen Problemstellung arbeiten. Allerdings muss in beiden Fällen auch klar antizipiert werden, dass der angestrebte Mehrwert bei gemischten Teams auch eine gehörige Mehrleistung im Sinne einer inten-

Tabelle 1 Gegenüberstellung einiger generischer Aspekte bei der Lösung von Ingenieurproblemen gestern und heute

Ingenieurprobleme gestern	Ingenieurprobleme heute
• lokalisiert in Raum, Zeit & Kontext • Bearbeitung individuell oder in kleinen Teams • monodisziplinär • technisch orientiert • örtlicher Kontext • schwach formalisiert • stark idealisiert	• zunehmend raumübergreifende Großprojekte • große, interdisziplinäre Teams • inter- und transdisziplinär • wissenschaftlich, technisch, wirtschaftlich orientiert • globaler Kontext (Internationalisierung) • stark formalisiert & kodifiziert (Normen, Vertragskomplexität, komplexe Organisationsstrukturen, Rechtsunsicherheiten → Haftung) • hoch detailliert

siveren und aufwändigeren Kommunikationsleistung erfordert, die sich aber bei guter Projektsteuerung im Allgemeinen bezahlt macht.

Da die heute in der Entwicklung und im Betrieb befindlichen technischen Systeme fraglos immer komplexer werden, ist es auch mit einer beliebig verbesserten Grundausbildung im Rahmen eines Studiums nicht getan, insbesondere da durch die gestrafften zeitlichen Randbedingungen des Bachelor-Master-Systems weniger Zeit für eine systemorientierte Ausbildung bleibt. Letztlich kann die/der IngenieurIn nur durch eine die gesamte Berufstätigkeitsspanne umfassende Weiterbildung der Zunahme der Komplexität der anvisierten Zielsysteme begegnen.

Die Übernahme von *Verantwortung* im Sinne einer Absicherung bzw. Gewährleistung für Ingenieurleistungen stellt heute also zunehmend höhere Anforderungen an alle beteiligten Akteure als jemals zuvor. Die nachhaltige Motivation junger IngenierInnen, sich auf einen solchen (schwer formalisierbaren) Prozess einzulassen, muss daher zumindest implizit Bestandteil eines jeden hochwertigen universitären Curriculums sein.

Über den Bereich der konkreten Systemanalyse und -prognose hinaus wäre im Sinne einer umfassenderen Übernahme von Verantwortung die Vorhersage von Seiteneffekten umgesetzter Ingenieursysteme auf das System Mensch/Umwelt wünschenswert. Beispiele für solche schwer zu prognostizierenden Systeme finden sich im Kontext der Langzeitfolgenanalyse der Nutzung von Kernenergie, der übermäßigen anthropogenen Nutzung natürlicher Ressourcen oder der zunehmenden Urbanisierung von Ökosystemen unterschiedlichster Art. Bedauerlicherweise wird die Dynamik solcher Prozesse durch das sog. Collingridge-Dilemma (auch »Steuerungs- oder Kontrolldilemma«) [6, 7] signifikant beeinträchtigt:

Die Versuche der Technikfolgenabschätzung zur Gestaltung der Technikentwicklung beizutragen, stehen dabei vor dem Problem, dass einerseits langfristige Auswirkungen nicht leicht vorhergesehen werden können, solange eine Technologie noch nicht ausreichend entwickelt und weit verbreitet ist und andererseits Kontrolle bzw. alternative Gestaltung deutlich schwieriger umzusetzen sind, wenn diese Technologie schon umfassend etabliert ist. Anders ausgedrückt: Die Aussichten auf sicheres Folgenwissen sind proportional zum Entwicklungsstand einer Technologie (d. h. je besser die Produktionsbedingungen, Nutzungskontexte und Entsorgungsverfahren bekannt sind). Allerdings besteht dann keine Möglichkeit mehr, die Technik oder die Technikfolgen gestaltend zu beeinflussen, da deren Entwicklung bereits so weit fortgeschritten ist, dass aus ökonomischen Gründen eine signifikante Modifikation oder Neuorientierung kaum noch oder nicht mehr möglich ist.

Hier öffnet sich ein beträchtliches Spannungsfeld, inwieweit der Ingenieur als Teil seiner erweiterten Verantwortungsübernahme für seine technischen Entwicklungen auch an der Diskussion gesellschaftlicher Implikationen dieser Schöpfungen qualifiziert partizipieren soll und kann. Im weiteren Sinne könnte dies eine explizite Ausprägung der von dem Philosophen Søren Kierkegaard geäußerten Auffassung sein [8]:

»Der Mensch ist der, der durch Wahl für das, was er als das Zufällige ausschließt, eine wesentliche Verantwortung übernimmt im Hinblick darauf, dass er es ausgeschlossen hat.«

Literatur

1. http://de.wikipedia.org/wiki/Verantwortung

2. Otfried Höffe: Lexikon der Ethik, Beck, München 1986, 263, oder Oswald Schwemmer in Enzyklopädie Philosophie und Wissenschaftstheorie. Vierbändige Enzyklopädie, hrsg. Jürgen Mittelstraß, vierbändige Ausgabe, Metzler, Stuttgart 1980–1996, Band 4, 499–501

3. Eva Buddeberg: Verantwortung im Diskurs: Grundlinien einer rekonstruktiv-hermeneutischen Konzeption moralischer Verantwortung im Anschluss an Hans Jonas, Karl-Otto Apel und Emmanuel Lévinas, de Gruyter, Berlin 2011, Teil I: Explikation des Vorverständnisses, pp. 11–46

4. Grunwald: Technikfolgenabschätzung – eine Einführung. 2. Auflage. edition sigma, Berlin 2010, ISBN 978-3-89404-950-8, S. 165.

5. http://de.wikipedia.org/wiki/Collingridge-Dilemma

6. David Collingridge: The Social Control of Technology. Pinter u. a., London u. a. 1982, ISBN 0-312-73168-X.

7. R. Wanger-Döbler: Das Dilemma der Technikkontrolle. Ed. Sigma, Berlin 1989, ISBN 3-89404-300-8

8. Søren Kierkegaard: Entweder – Oder. 2. Teil, Hrsg. Hermann Diem und Walter Rest, dtv, München 1975, Kapitel II. Das Gleichgewicht zwischen dem Ästhetischen und dem Ethischen in der Herausarbeitung der Persönlichkeit, 704–914

Teil III
Lehre und Studium

Innovationsschübe und die Verantwortung der Lehrenden in den Ingenieurwissenschaften

Sabine Christine Langer & Jens-Uwe Böhrnsen
Institut für Konstruktionstechnik, TU Braunschweig

Abstract

Die Lehre an der Hochschule misst sich heute insbesondere in den MINT-Fächern (Mathematik – Informatik – Naturwissenschaft – Technik) vornehmlich an der Bildung einer möglichst hohen fachlichen Kompetenz der Studierenden. Die Hochschullehre bereitet die Studierenden darauf vor, auf neue Herausforderungen durch die Erweiterung und Weiterentwicklung bekannter Grundlagen zu reagieren. Allerdings zeigt sich, dass notwendige Innovationsschübe erst durch die Beachtung völlig neuer Ideen und Visionen tatsächlich möglich werden. Dies ist insbesondere in den Ingenieurwissenschaften relevant, da Ingenieure einen großen Anteil an der Entwicklung von Ideen zur Gestaltung unseres zukünftigen Lebens haben.

Wir leben in einer spannenden, herausfordernden Zeit. Schlagwörter wie Krise, Zerfall, Katastrophe sind allgegenwärtig. Die Welt ist stärker denn je zusammengerückt, bedenkt man wie vor allem die virtuelle und wirtschaftliche Vernetzung voranschreitet. Es werden auf der einen Seite globale Zusammenhänge erkannt und gelebt. Auf der anderen Seite sind die persönlichen Kontakte und die gelebten Gemeinschaften nicht im gleichen Maße entwickelt. In vielen von uns reift eine Ahnung, dass die alten Strukturen nicht mehr tragen, etwas Neues entwickelt und Innovationen befördert werden müssen.

Voraussetzung für Innovation ist die Öffnung für kreative Prozesse und der Kontakt des Einzelnen zu seinen Möglichkeiten. Die individuelle Entwicklung – mit Blick auf die Kreativität und das persönliche Potential – ist notwendig. Daher stellt sich die Frage, welche Verantwortung den Lehrenden in den Ingenieurwissenschaften heute zukommt, welche Veränderungen wir zulassen und befördern können.

1 Der Ingenieur und seine Modelle

Ingenieure verstehen sich in der Regel als die geistigen Väter technischer Systeme, mit deren Hilfe naturwissenschaftliche Erkenntnisse zum Nutzen der Menschen angewendet werden. In weiten Teilen unserer Gesellschaft ist das Ingenieurbild eines scharfen Denkers und Tüftlers verankert. Entsprechend diesem Bild ist der Ingenieur in der Lage, auf jede Herausforderung eine technische Antwort zu liefern.

Was Ingenieure in unbestrittenem Maß besonders auszeichnet ist das Vermögen, die Realität in Ingenieurmodelle zu übersetzen. Dieser Prozess versetzt sie in die Lage, Lösungen für sehr komplexe Aufgabenstellungen zu finden.

1.1 Ingenieurmodelle

Ingenieurmodelle zeichnen sich dadurch aus, dass die Realität nicht exakt abgebildet wird, sondern dass durch Reduktion die wesentlichen Einflüsse übersetzt werden [7]. Nach Heinz Duddeck ist ein Modell dann besonders gut, wenn das jeweils Richtige behalten und das jeweils Richtige weggelassen wird.

Die Weiterentwicklung von Ingenieurmodellen kann nach Duddeck durch zwei Antriebe erfolgen:

1) Als Teil des Entwicklungsstroms durch Anwendung von Kenntnissen, Sachverstand und Fleiß
2) Mit Blick auf den Entwicklungsstrom durch Einspeisen von Ideen mit Visionen, Phantasie und Intuition

Während der erste Antrieb ermöglicht, dass bekannte Grundlagen weiterentwickelt werden, so kann durch den Zweiten die zukünftige Entwicklung in heute noch nicht erkennbare Richtungen gelenkt werden. Letzteres führt zu völlig neuen Ideen, Entwicklungen und Innovationsschüben.

1.2 Denkmodelle

Das alltägliche Denken des Ingenieurs in Modellen hinterlässt Spuren. Ingenieure suchen in vielen Fällen auf Herausforderungen jedweder Art eine technische Antwort – selbst wenn objektiv gesehen eine emotionale Reaktion oder ein kommunikativer Austausch angemessen gewesen wäre. Eine gewisse Gefahr liegt dabei in der Tatsache begründet, dass das Denken und Handeln in Modellen durch die Akteure oft unbewusst erfolgt. Duddeck warf dazu schon 1984 die Frage auf, ob Ingenieure mit Modellen schon so selbstverständlich umgehen, dass es ihnen gar nicht bewusst wird. Er fragt in einem in [7] abgedruckten Beitrag weiter »Machen wir davon [von den Modellen] gar im Sinne von ›naiv‹, d. h. nicht darüber reflektierend, Gebrauch?«

An den Hochschulen und Universitäten setzt sich mehr und mehr die Erkenntnis durch, dass eine rein technisch-wissenschaftlich orientierte Ausbildung nicht ausreichend ist. Die Sozialkompetenz der Studierenden muss ebenfalls geschult werden. Es wurden und werden in derzeitige Lehrpläne Veranstaltungen aufgenommen, die die überfachliche Kompetenz befördern. Dabei handelt es sich beispielsweise um Kurse zu Rhetorik und Vortragstechniken, Fremdsprachen oder zu juristischen Aspekten.

Das Denken in Modellen ist in weiten Bereichen unseres täglichen Lebens fest verankert. Die Auswirkung des Denkens in Modellen auf weitere Lebensbereiche ist nicht überraschend, wenn man die jüngeren Erkenntnisse der Gehirnforschung berücksichtigt: »Das Gehirn wird so, wie und wofür man es mit Freude und Begeisterung nutzt«, bringt es der Neurowissenschaftler und Hirnforscher Gerald Hüther der Universität Göttingen auf den Punkt (s. z. B. [14], [13]).

Hüther leitet aus seinen Forschungsergebnissen ab, dass eine völlig neue Lehr- und Lernkultur entstehen muss, die die Potentialentfaltung des Individuums in das Zentrum einer individualisierten Gemeinschaft stellt (siehe Abschnitt 3.2). Das Selbstverständnis des Einzelnen und der bewusste Umgang mit seinen Fähigkeiten ist eine Schlüsselqualifikation für gesellschaftliche Entwicklung zu mehr Freiheit im Denken und Wirken.

1.3   Beschränkung durch Modelle?

Weite Bereiche unseres täglichen Lebens sind geprägt durch Modelle und Vorstellungen, die sich durch jahrelange Erfahrungen entwickelt und verfestigt haben. Wir haben gesellschaftliche Konventionen und eine starke Übereinkunft, welche Ansichten bzw. Vorgänge richtig und möglich und welche falsch und unmöglich sind. Die Konsequenz daraus ist eine Einengung unserer Möglichkeiten und die fehlende Akzeptanz, dass auch Unbekanntes oder fremd erscheinendes Wissen möglich ist und sein kann.

In besonderem Maße gilt dies für die Ingenieurwissenschaften. Die heutige technische Entwicklung basiert zu einem überwiegenden Teil auf dem Weltbild, das Newton durch seine Mechanik bereits im 17. Jahrhundert (1665) begründete. Newtons Idee zur Beschreibung der Gravitation und die Beobachtungen des Offensichtlichen, wie die Bewegungen der Sterne, haben das heutige mechanistische Weltbild entstehen lassen. Das mechanische Modell hat sich für unzählige Aufgabenstellungen bewährt und die Basis für den heutigen technischen Entwicklungsstand geschaffen.

Die Ausrichtung des damaligen Denkens und der entsprechenden Forschung mit den dazu passenden Fragestellungen bedeuteten eine Weichenstellung zu unserer heutigen erlebten Realität. Einige gesellschaftliche Konsequenzen sind die Abtrennung (vom Lebendigen) und der Dualismus mit einer Individualisierung und einem starken Denken in den Kategorien Richtig und Falsch.

Damit stellt sich die Frage, ob den Herausforderungen der Gegenwart und Zukunft mit einem rund 350 Jahre alten Modell adäquat begegnet werden kann.

- Bewirken die fest in uns verankerten etablierten Modelle, dass wir nicht wirklich offen für Innovationen sein können?
- Welche Wahrnehmungen neben der visuellen Beobachtung und dem physikalischen Messgerät lassen wir zu?

2 Wirklichkeit und Potentialität

Die Quantenphysik gibt uns Hinweise, dass die Möglichkeiten der Gestaltung unserer Realität zum Einen offen sind und zum Anderen von der Fragestellung selbst abhängen. Die Fragestellung bzw. Messung legt die Realität in dem Moment der Messung fest. Diese Erkenntnis der Quantenphysik geht insbesondere auf das Gedankenmodell von Schrödingers Katze [18] zurück. Dabei werden die Zustände »Katze tot – Katze lebendig« erst in dem Moment der Messung (Öffnen der Kiste und hinein schauen) festgelegt. Während die Katze mit der tödlichen Apparatur[1] gemeinsam in der verschlossen Kiste verbleibt, existiert sie in einem uns unbekannten Zustand. Wir können der Katze einen potentiellen Zustand (zwischen tot – lebendig) zuschreiben, der in unserem Weltbild als unmöglich erscheint, jedoch bei Nahtoderfahrungen als real erlebt und beschrieben wird [10].

Das von Bohr [2] eingeführte Komplementaritätsprinzip trägt der Tatsache Rechnung, dass beispielsweise ein Elektron als Welle oder als Teilchen beschrieben wird – je nach der Art der Messung. So dass sie »*als komplementäre aber einander ausschließende Züge der Beschreibung des Inhalts der Erfahrung aufzufassen*« sind (Bohr 1928: 245). Gemeinsam bilden das Welle- und das Teilchenmodel eine vollständige Beschreibung, zwischen den beiden besteht jedoch ein logischer Widerspruch. Carl Friedrich von Weizäcker (1941/42: 492) [21] merkt an »*Beide Modelle bilden eine vollständige Disjunktion. Folgt daraus, dass sich eine physikalische Realität an einem bestimmten Ort befindet, dass sie sich nicht zugleich an einem anderen Ort befinden kann, so nennen wir sie ein Teilchen, folgt dies nicht, nennen wir sie ein Feld (und dies ist es ja, was wir mit dem ungenauen Terminus ›Welle‹ meinen)*«. Das Komplementaritätsprinzip stellt einen unlösbaren Widerspruch dar, der dem rationalen Geist der Ingenieure gar nicht gefällt.

Die Bildung von Modellvorstellungen in Gesellschaft und in Wissenschaft resultieren weiterhin vornehmlich aus der visuellen Betrachtung unserer Realität und der Inter-

---

1 Eine Katze wird in eine Stahlkammer gesperrt, zusammen mit folgender Höllenmaschine (die man gegen den Zugriff der Katze sichern muss) in einem Geigerschen Zählrohr befindet sich eine winzige Menge radikoativer Substanz, so wenig, dass im Laufe einer Stunde vielleicht eines von den Atomen zerfällt, ebenso wahrscheinlich aber auch keines; geschieht es, so spricht das Zählrohr an und betätigt über ein Relais, ein Hämmerchen, das ein Kölbchen mit Blausäure zertrümmert.

pretation von Ereignissen, Messergebnissen bzw. empirischen Daten, letztlich der Beobachtung des *Offensichtlichen*. Weite Bereiche der Wissenschaft beschäftigen sich auch heute noch fast ausschließlich mit der Erforschung der Materie (sichtbar), obwohl in der aktuellen wissenschaftlichen Diskussion längst ganz selbstverständlich und anerkanntermaßen über dunkle Materie und Energie gesprochen wird [5], Erscheinungen die nicht *offensichtlich* sind und deren Bedeutung für unsere Existenz noch völlig unklar erscheinen.

2.1 Wandel der Weltsicht

Die Frage, welche Möglichkeiten sich für den Ingenieur ergeben, wenn aktuelle physikalische Theorien zur Beschreibung unserer Welt verwendet werden, und welche Auswirkungen dies auf das gesellschaftlich verankerte Weltbild hätte, hat 2010 die Ringvorlesung Neue Weltsicht – Neue Weitsicht | Physik und Ingenieure heute an der TU Braunschweig thematisiert [3].

Der Physiker Thomas Görnitz führte hier in seinem Vortrag mit dem Titel »Warum auch Nichtphysiker das Wesentliche der Quantentheorie kennen sollten« folgende Punkte an, die die Quantenphysik charakterisieren:

- *Quantenphysik ist eine Physik der Beziehungen*
- *Das Wirken von Möglichkeiten wird beschrieben*
- *Die Offenheit der Zukunft wird deutlich*
- *Für den Menschen ergibt sich eine Freiheit und damit Verantwortung*

Siehe Veröffentlichungen von Thomas & Brigitte Görnitz [11], [12], [3].

Hans-Peter Dürr, ehemaliger Direktor des Max-Planck-Instituts für Physik in München und Schüler Werner Heisenbergs, leitet in seinem Beitrag im Rahmen der Ringvorlesung [3] aus der Quantenphysik Schlussfolgerungen ab:

- *Wir müssen lernen, auf neue Weise zu denken*
- *Die Zukunft ist offen*
- *Die Wirklichkeit entspringt einer Potentialität*
- *Das Wahrscheinlichere passiert wahrscheinlicher*

Im Vergleich zur Newtonschen Weltsicht ergibt sich ein völlig anderer Blick auf die Realität. Dürr spricht hierbei von einem Paradigmenwechsel, der sich vollziehen muss. Ein Wechsel von einem materialistischen Weltbild hin zu einer Weltsicht, die jeden Moment als Bifurkationspunkt unendlich vieler Möglichkeiten erfasst. Als Folge dieser neuen Weltsicht gibt es keine manifeste Realität mit zwanghaft konsequenten Abläufen sondern Felder von Potentialität [9][3]. In einem seinem Buch »Das Lebende lebendiger werden lassen: Wie uns neues Denken aus der Krise führt« [8] zeigt Hans-Peter Dürr auf, wie die Enge unseres materialistischen Weltbilds überwunden werden kann, so dass Leben in besserem Einklang mit der Natur möglich wird. Er beschreibt Wege, wie mit neuem Denken und beherztem Tun die Krisen unserer Zeit bewältigt sowie das eigene Leben und das aller anderen lebendiger gemacht werden können.

An dieser Stelle sei darauf hingewiesen, dass der Nutzen der etablierten Ingenieurmodelle und der klassischen Mechanik nicht in Frage zu stellen ist. Es ist (aber) unerlässlich, für die Möglichkeiten und Grenzen der jeweiligen Modelle zu sensibilisieren und sich diese bewusst zu machen. Deutlich wird, dass weder die klassische noch die Quantenmechanik zu einer vollkommenen Vereinheitlichung der Physik führt – eine allumfassende Weltformel existiert bis heute nicht. Dies bemerkt der Astrophysiker Stephen Hawking in seinem Buch Die kürzeste Geschichte der Zeit [19]. Hawking führt weiterhin aus: »Bislang waren die meisten Wissenschaftler zu sehr mit der Entwicklung neuer Theorien beschäftigt, in denen sie zu beschreiben versuchten, was das Universum ist, um die Frage nach dem ›Warum‹ zu stellen.«. Aus seiner Sicht ist es an der Zeit, Wissenschaft und Philosophie in Einklang bringen.

2.2 Materie-Geist-Frage

Es ist bemerkenswert, dass bei vielen Physikern, Mathematikern oder Wissenschaftlern im Allgemeinen, wenn Sie sich sehr intensiv und mit großer Tiefe in ein Problem eingearbeitet haben, häufig eine Fragestellung auftaucht, die sich letztendlich als ein Materie-Geist-Problem beschreiben lässt. Der Quantenphysiker Heisenberg bemerkt hierzu sehr treffend:

> »*Der erste Schluck aus dem Becher der Naturwissenschaft macht atheistisch – Auf dem Grund des Bechers wartet Gott*«
> Werner Heisenberg

Als Beispiel sei hier Max Planck genannt, der das Materie-Geist-Problem für sich wie folgt beschreibt [1]:

> »*Es gibt keine Materie an sich! Alle Materie entsteht und besteht nur durch eine Kraft, welche die Atomteilchen in Schwingungen bringt und sie zum winzigsten Sonnensystem des Atoms zusammenhält. Da es aber im ganzen Weltall weder eine intelligente noch eine ewige Kraft gibt [...] –, so müssen wir hinter dieser Kraft einen bewussten Geist annehmen. Dieser Geist ist der Ursprung aller Materie. Nicht die sichtbare, aber vergängliche Materie ist das Reale, Wahre und Wirkliche, sondern der unsichtbare, unsterbliche Geist ist das Wahre. Da es aber Geist an sich nicht geben kann und jeder Geist einem Wesen angehört, so müssen wir zwingend Geistwesen annehmen. Da aber auch Geistwesen nicht aus sich selbst sein können, sondern geschaf-*

fen worden sein müssen, so scheue ich mich nicht, diesen geheimnisvollen Schöpfer ebenso zu nennen, wie ihn alle alten Kulturvölker der Erde genannt haben: Gott. Damit kommt der Physiker, der sich mit der Materie zu befassen hat, vom Reiche des Stoffes in das Reich des Geistes. Und damit ist unsere Aufgabe zu Ende, wir müssen unser Forschen weitergeben in die Hände der Philosophie.«
Max Planck

In jüngster Zeit haben die Physiker Michael König und Jochen Häuser unabhängig voneinander die Theorie von Burkhart Heim [20] aufgegriffen. Dieser hatte angestrebt, Einsteins Ansätze in eine einheitliche Feldtheorie zu überführen. König gelingt auf dieser Basis eine mathematisch und physikalisch schlüssige Herleitung einer Instanz, die er mit dem Göttlichen in Verbindung bringt [16]. Häuser nutzt Heims alternative Sichtweise auf beispielsweise die Gravitation und gelangt so zu innovativen Antriebssystemen für die Raumfahrt [5] [6]. Diese Beispiele zeigen, dass die Offenheit des Einzelnen es möglich macht, dass wirklich Neues in die Welt kommt.

Hierzu sei abschließend bemerkt, dass die Beobachtung an sich eine Potentialität in die Realität überführt. Thilo Hinterberger – Hirnforscher vom Lehrstuhl für Angewandte Bewusstseinswissenschaften der Unviersität Regensburg – führt dazu in [4] aus, dass es eine interne Repräsentation der Außenwelt gibt und dass erst durch das gegenseitige Spiegeln ein soziales Gefüge entsteht. Die bewusste Beobachtung führe zu einer Trennung, Kohärenz stabilisiere dabei das System.

3 Innovation durch Offenheit

Der Antrieb für die Entwicklung von neuen Technologien geht einher mit einem neuem Verständnis und mit der Bildung von neuen Modellen. Damit die zukünftigen Ingenieure auf die Herausforderungen unserer Zeit vorbereitet sind, muss die Hochschullehre sie in die Lage versetzten, die notwendigen Entwicklungsimpulse leisten zu können.

Bisher bereitet die Hochschullehre die zukünftigen Ingenieure fast ausschließlich auf die Ausweitung und Weiterentwicklung bekannter Grundlagen vor. Innovationschübe und -sprünge [7] können nur entstehen, wenn völlig neue Ideen und Visionen in den Entwicklungsstrom eingespeist werden. Woher kommen die Impulse, wie werden völlig neue Ideen geschöpft?

Es ist offensichtlich, dass wir mit den Modellen der Vergangenheit die Herausforderungen unserer Zeit nicht adäquat bearbeiten können. Oder wie es schon Albert Einstein formulierte: *»Die signifikanten Probleme, die sich uns stellen, können nicht mit dem gleichen Grad des Denkens gelöst werden, den wir hatten als wir sie kreiert haben.«* Daher müssen zukünftige Gestalter in der Lage sein, offen für völlig Neues zu werden. Dazu wird insbesondere eine Offenheit benötigt, bewährte Ansätze und Modelle hinsichtlich ihrer Anwendbarkeit für neue Herausforderungen in Frage zu stellen.

Etwas wirklich Neues zu entdecken wird möglich, wenn die Frage nach der Gültigkeit der bestehenden Modelle gestellt wird. Eine offene Fragestellung in diesem Zusammenhang ist:

- *Was ist noch möglich?*
- *Wie kann das Phänomen (noch) dargestellt werden?*

Hierbei geht es nicht darum, die bewährten Modelle selbst in Frage zu stellen, sondern es geht darum, weitere Möglichkeiten (Potential) zuzulassen.

3.1 Öffnen für das Neue

Die Kreativität und Neuschöpfung wird u. a. von Eckart Altenmueller als Arzt und Musikwissenschaftler anhand der Improvisation beim Musizieren untersucht. Er stellt fest, dass Planung und Kontrolle, die nachweislich in der vorderen Gehirnregion (Präfrontaler Cortex) ablaufen, hinderlich beim Improvisieren eines Musikers sind. Er sagt recht anschaulich »*Wir müssen die Wachen vor den Stadttoren abziehen*«, um kreativ sein zu können. Und meint damit, dass Entspannung und Meditation oder auch Trance den Kontrollapparat im vorderen Hirnbereich deaktivieren und damit Kreativität zulassen [4].

Die Öffnung für etwas Neues und Unbekanntes fällt uns häufig schwer. Es bedeutet ja das Bekannte und Vertraute loszulassen, womit eine Unsicherheit einhergeht. Wir fühlen uns sicher, wenn:

- wir darauf vertrauen können, dass uns keine Gefahr droht.
- wir wissen, was passieren wird.
- wir die Kontrolle haben.

Diese Sicherheit ist wichtig in unserem alltäglichen Leben. Es bedeutet ein Wagnis, ein Abenteuer, sich auf etwas Unbekanntes einzulassen. Wie können wir

- uns für etwas Neues und Unbekanntes öffnen?
- unseren Möglichkeitsraum wahrnehmen und erweitern?
- die unendliche Potentialität für uns zugänglich machen?

Um sich den Antworten auf diese Fragen zu nähern, möchten wir gerne den sogenannten U-Prozess heranziehen, den C. Otto Scharmer – ein deutscher Soziologe und Wirtschaftswissenschaftler, der am MIT tätig ist – in seinem Buch Theorie U – Von der Zukunft her führen [17] erläutert.

Abbildung 1 U-Prozess: Wie kommt etwas Neues in Welt? Nach C. Otto Scharmer [17]

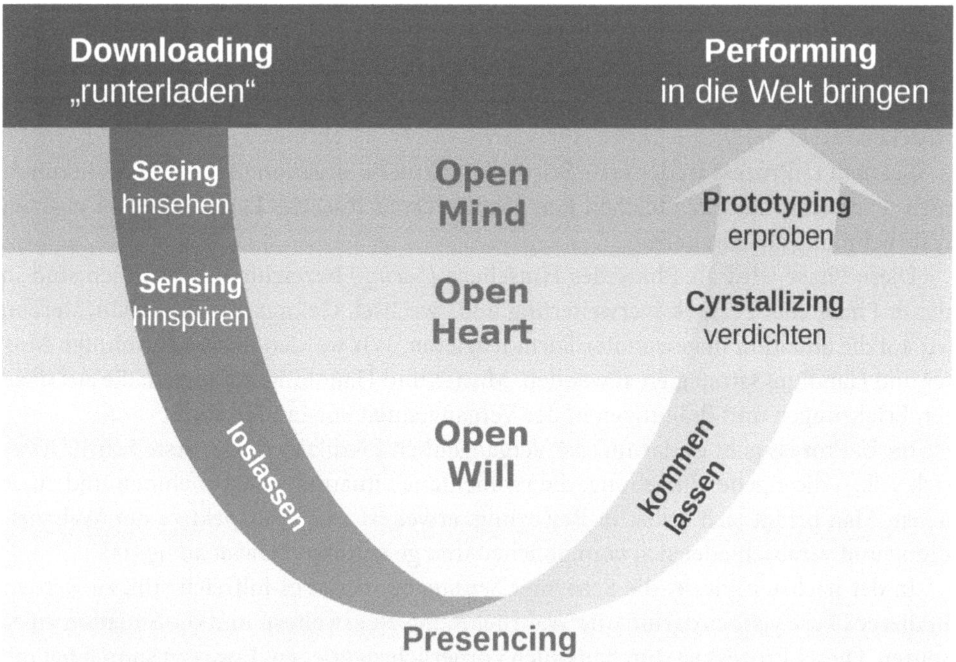

```
Downloading                                    Performing
„runterladen"                                  in die Welt bringen

    Seeing          Open              Prototyping
    hinsehen        Mind              erproben

    Sensing         Open              Cyrstallizing
    hinspüren       Heart             verdichten

         loslassen      Open        kommen lassen
                        Will

                    Presencing
```

1) *Seeing:* Die Perspektive der eigenen Wahrnehmung ändern.
2) *Sensing:* Die Wahrnehmung erweitern und die Situation erspüren.
3) *Presencing:* Öffnung und Anbindung.
4) *Crystallizing:* Annehmen, dass etwas Neues Platz haben kann.
5) *Prototyping:* Ausprobieren, dass etwas Neues funktionieren kann.

Er hat sich der Frage gewidmet: Wie kann es gelingen, sich gemeinsam an einer kreativen Zukunftsgestaltung zu beteiligen und einzubringen? Er entwickelt die U-Theorie und eine Methode, mit der wir lernen, mit Herausforderungen umzugehen, auf die es bisher keine Antworten aus der Erfahrung heraus gibt. Er beschreibt mit dem U-Prozess eine Strategie, die sich von dem üblichen Vorgehen unterscheidet, bei dem man zunächst (ingenieurmäßig) das Problem analysiert, Lösungsstrategien plant und dann umsetzt. Es geht ihm darum, dass es gelingt, Zukunftspotentiale zu erspüren. Scharmer hat die Theorie auf Basis von Interviews mit herausragenden und visionären Persönlichkeiten entwickelt.

Anzumerken ist dabei, dass er diese Theorie als Technik zur Zukunftsgestaltung allgemein formuliert, diese aber insbesondere in den Kontext von Führung stellt. Hier stellen wir die Theorie in Zusammenhang mit der Frage, wie Innovationen gelingen können und wie Antworten auf die Herausforderungen unserer Zeit gefunden werden, da hierzu nicht nur technische Probleme sondern auch der gesellschaftliche und soziale Kontext gehören. Wir benötigen eine Kultur und ein kollektives Selbstverständnis, das es ermöglicht, die Sicherheit zu haben, sich auf die Erfahrung von etwas Neuem einzustellen.

Bei dem U-Prozess ist der erste Schritt, die aktuelle Situation umfassend wahrzunehmen – zunächst aus der üblichen Perspektive. Danach ist die Perspektive der eigenen Wahrnehmung zu erweitern.

Diese Phase wird als Phase des Hinsehens *(Seeing)* bezeichnet. Wesentlich sind in dieser Phase eine Perspektiverweiterung und -wechsel. Gelingt uns dies nicht, werden wir auf die Situation in gewohnter Form reagieren. Wir werden unsere gewohnten Muster und Handlungsstrategien anwenden. Muster und Handlungsstrategien, die aus unseren Erfahrungen und Prägungen in der Vergangenheit entstanden sind.

Im U-Prozess geht es darum, die Vergangenheit loszulassen. Der erste Schritt ist es, sich selbst, die eigene Umgebung, die momentane Situation wahrzunehmen und zu erleben. Man bringt sich selbst in Bewegung, erweitert seine Perspektive der Wahrnehmung und verabschiedet sich vom üblichen und gewohnten *Downloading* [15].

In der nächsten Phase, die Scharmer *Sensing* nennt, ist es hilfreich still, zu werden. In dieser Phase geht es darum, die Wahrnehmung zu erweitern und die Situation zu erspüren. Dieser Prozess ist durchaus auch körperlich zu erleben. Etwas zu spüren hat mit Körperempfindungen zu tun. Wir neigen dazu, unserem Verstand die Führung zu überlassen. Können wir eine Stille (im Kopf) ertragen und uns einlassen auf ein vermutlich Neues und Unbekanntes (Körper)empfinden und ganz genau *hinhören*?

Scharmer nennt den Punkt des völligen Öffnens *Presencing* – ein Punkt der Anwesenheit (Presence) und des Spürens (sensing). Ein Punkt, an dem Geist, Herz und Willen geöffnet sind für das Neue, für den Möglichkeitsraum. Von diesem Punkt aus kann völlig Neues in die Welt gebracht werden, indem man zunächst zulässt, dass etwas Neues passieren kann und annimmt, dass etwas Neues Platz haben möchte *(Christalizing)*. In der letzten Entstehungsphase – dem Prototyping – wird das Neue ausprobiert, bevor gehandelt und gestaltet wird *(Performing)*.

3.2   Zukünftige Lehre

Die Lehre – besonders an den Hochschulen – soll die Lernenden in die Lage versetzen, die Zukunft zu gestalten und die Lebensgrundlage für den Menschen zu erhalten und nach Möglichkeit zu verbessern. Wir leben mit Konventionen im Denken und Handeln, die als Grundlage für das Funktionieren unserer Gesellschaft notwendig sind. Die Aufgabe und Mission der Lehrenden muss sein, die Kreativität und das Vertrauen des einzelnen in sich Selbst zu fördern, zu stärken und anzuerkennen. Dies ist die Grundlage für eine Öffnung des Einzelnen zu seinem Potential und dem Einbringen in den Prozess der gesellschaftlichen und technischen Entwicklung der Zukunft.

Der in Kapitel 3.1 beschriebene und von C. O. Scharmer entwickelte U-Prozess (Abbildung 1) identifiziert sieben Kernkompetenzen und -methoden, die es ermöglichen, selbstbewusste und selbstbestimmte Handlungen und Denkweisen zu erlangen und verantwortungsvoll anzuwenden [15]. Diese sind:

1) Raum geben
2) Innehalten
3) Erspüren
4) Verbinden
5) Annehmen
6) Ausprobieren
7) Vom Ganzen her verantwortungsvoll handeln

Wie kann es den Hochschullehrern nun gelingen, derartige Kernfähigkeiten bei den Studierenden zu befördern? Wie können Randbedingungen an der Hochschule und in der Gesellschaft geschaffen werden, die den persönlichen Kontakt mit einer im Entstehen begriffenen Zukunftsmöglichkeit erlauben?

Aus Sicht der Autoren geht dies über eine reine Vermittlung von Fachwissen hinaus. Wir müssen die Studierenden inspirieren und ermutigen, ihr eigenes Potenzial und damit auch die genannten Kernfähigkeiten zu entwickeln. Dafür ist es essentiell notwendig, dass sich bei den Lehrenden eine Öffnung für das Unbekannte vollzieht. Der Mut, sich vom Denken und den Mustern der Vergangenheit und der Konventionen zu lösen, muss wachsen. Wir haben die Verantwortung, die Gemeinschaft zu entwickeln und persönliche Übervorteilungen zu vermindern. Das verstärkte kollektive Bewusstsein der Verbundenheit mit Allem und allen Handlungen wird durch die globale Vernetzung immer deutlicher und nachvollziehbarer.

Abschließend sei bemerkt, dass an dieser Stelle bewusst offen gelassen werden muss, wie Lehr- und Lernkultur insgesamt und die Lehr- und Lerninhalte im Besonderen in den Ingenieurwissenschaften zukünftig aussehen werden. Eine Öffnung für das Unbekannte ermöglicht in diesem Zusammenhang eine große Chance, die Inhalte und die Gestaltung für die jeweilige Gruppe (Ingenieure, Mediziner, Lehrberufe, ...) passend zu gestalten. Die Autoren möchten die Leser einladen, sich für ihr eigenes Potential zu öffnen, zu erleben und anzuerkennen.

»A human being is a part of the whole, called by us ›Universe,‹ a part limited in time and space. He experiences himself, his thoughts, and feelings as something separated from the rest, a kind of optical delusion of his consciousness. This delusion is a kind of prison for us, restricting us to our personal desires and to affection for a few persons nearest to us. Our task must be to free ourselves from this prison by widening our circle of compassion to embrace all living creatures and the

whole of nature in its beauty. Nobody is able to achieve this completely, but the striving for such achievement is in itself a part of the liberation and a foundation for inner security.«
Albert Einstein

Literatur

[1] Archiv zur Geschichte der Max-Planck-Gesellschaft, Abt. Va, Rep. 11 Planck, Nr. 1797.

[2] Niels Bohr. Das quantenpostulat und die neuere entwicklung der atomistik. Die Naturwissenschaften, 16: 245–257, 1928.

[3] Jens-Uwe Böhrnsen. Neue Weltsicht – Neue Weitsicht | Physik&Ingenieure heute. Braunschweiger Schriften zur Mechanik, online, 2010. www.infam.tu-braunschweig.de/index.php?m =Ringvorlesung&l=de&tg=physing, ISBN 978-3-920395-64-7.

[4] Jens-Uwe Böhrnsen. Neue Weltsicht – Neue Weitsicht | Kompetenz & Kreativität. Braunschweiger Schriften zur Mechanik, online, 2012. www.infam.tu-braunschweig.de/index.php?m =Ringvorlesung&l=de&tg=physing, ISBN 978-3-920395-66-1.

[5] Jochem Hauser; Walter Dröscher. Gravity-like fields new paradigm for propulsion science. International Review of Aerospace Engineering (I.RE.AS.E), 4(5), 2011.

[6] Jochem Hauser; Walter Dröscher. On the reality of gravity-like fields. In 48th AIAA/ASME/ SAE/ASEE Joint Propulsion Conference & Exhibit. AIAA, 2012.

[7] Heinz Duddeck. Jenseits und diesseits von Technik. Texte und Reden 1962–2002, Braunschweig, 2002.

[8] Hans-Peter Dürr. Das Lebende lebendiger werden lassen: Wie uns neues Denken aus der Krise führt. Oekom, 2011.

[9] Hans-Peter Dürr. Es gibt keine Materie! Crotona, 2012.

[10] Günther Ewald. Gehirn, Seele und Computer. Der Mensch im Quantenzeitalter. Wissenschaftliche Buchgesellschaft, 2006. ISBN-10: 3534196155.

[11] Thomas Görnitz; Brigitte Görnitz. Der kreative Kosmos; Geist und Materie aus Quanteninformation. Spektrum Akademischer Verlag, Heidelberg, 2002. ISBN 978-3-827-41368-0.

[12] Thomas Görnitz; Brigitte Görnitz. Die Evolution des Geistigen; Quantenphysik – Bewusstsein – Religion. Vandenhoeck & Ruprecht, Göttingen, 2008. ISBN 978-3-525-56717-3.

[13] Gerald Hüther. Bedienungsanleitung für ein menschliches Gehirn. Vandenhoeck & Ruprecht, 2010.

[14] Gerald Hüther. Was wir sind und wie wir sein könnten. S. Fischer, 2012.

[15] C. Otto Scharmer; Katrin Käufer. Führung vor der leeren Leinwand. OrganisationsEntwicklung, 2, 2008.

[16] Michael König. Das Urwort: Die Physik Gottes. Scorpio Verlag, 2010.

[17] C. Otto Scharmer. Theorie U – Von der Zukunft her führen. Carl-Auer, 2009.

[18] Erwin Schrödinger. Die gegenwärtige Situation in der Quantenmechanik. Naturwissenschaften, 1935.

[19] Stephen Hawking and Leonard Mlodinow. Die kürzeste Geschichte der Zeit. rororo, 2010.

[20] Illobrand von Ludwiger. Das neue Weltbild des Physikers Burkhard Heim. Komplett Media, 2006. DVD.

[21] Carl Friedrich von Weizäcker. Zur Deutung der Quantenmechanik. Zeitschrift für Physik, 118: 489–509, 1941.

Verantwortung in der Lehre

Zwei Fallbeispiele

Bernd Meinerzhagen
Institut für Elektronische Bauelemente und Schaltungen, TU Braunschweig

Abstract

Anhand von zwei Fallbeispielen wird versucht zu verdeutlichen, wie sich das Thema Verantwortung in der Lehre konkret manifestiert. Beim ersten Beispiel geht es um die Gratwanderung der Lehrenden bei der Vermittlung von fundamental wichtigen, aber nicht einfach zu erfassenden, Lehrinhalten und beim zweiten Beispiel um den Umgang mit Studierenden aus fremden Kulturen.

1 Fallbeispiel 1

1.1 Einleitung

Die Lehre an den deutschen Universitäten steht insbesondere bei den Studiengängen, die traditionell als schwierig empfunden werden, zunehmend in der Kritik. Bei denjenigen Studiengängen, bei denen zusätzlich ein Mangel an Absolventen beklagt wird, wie zum Beispiel in vielen Ingenieurwissenschaften, bezieht sich diese Kritik insbesondere auf die dort oft als hoch empfundenen Abbrecherquoten. Dabei wird zumeist völlig übersehen, dass es gerade in den als schwierig empfundenen Fächern meist keinerlei Zulassungsbeschränkung gibt, wodurch die erste neutrale Beurteilung der Eignung der Studierenden für das von ihnen gewählte Fach durch die Universität erst durch die regulären Prüfungen nach den ersten Grundlagenvorlesungen erfolgt. Dadurch ersetzen diese ersten Prüfungen in den Grundlagenfächern die an vielen ausländischen Universitäten üblichen Eingangsprüfungen, die dort zur besseren Orientierung der Lehrenden und der Studierenden und zur Vermeidung hoher Abbrecherquoten vor dem Studium durchgeführt werden.

Die Lehrenden in den Grundlagenvorlesungen konfrontieren die Studierenden also typischerweise erstmals mit den theoretischen Grundlagen des von ihnen gewählten Faches. Diese Sonderrolle begründet die typische Gratwanderung zwischen Abstraktion und Anschaulichkeit, mathematisch strenger Begründung und vorsichtigem Herantasten an die Theorie, der sich die Lehrenden in diesen Fächern immer schon zu stellen hatten. Dabei liegt es in der Natur des jeweiligen Faches begründet, dass es Grundlagen gibt, die als schwerer und andere, die als leichter empfunden werden. Dies führt naturgemäß dazu, dass Vorlesungen mit als schwer empfundenen Inhalten bei den Studierenden weniger beliebt sind. Dies zeigt sich auch bei den heute üblichen Vorlesungsevaluationen, bei denen Vorlesungen mit ausgeprägt theoretisch mathematischen Inhalten typischerweise schlechter bewertet werden als solche, bei denen diese Inhalte weniger im Vordergrund stehen. Da solche Evaluationen bei der heute üblichen W-Besoldung einen signifikanten Einfluss auf das Gehalt eines Hochschullehrers haben können, gibt es für die Lehrenden neben dem verständlichen Wunsch, möglichst beliebt zu sein und möglichst gute Evaluationsergebnisse zu erzielen, auch noch einen handfesten ökonomischen Grund, den Schwierigkeitsgrad der Vorlesungen möglichst niedrig zu halten. Da aber die sachgerechte abstrakte mathematische Formulierung der theoretischen Grundlagen sehr oft dazu führt, dass eine Vorlesung als schwierig empfunden wird, ist es eine beliebte Methode, eine Vorlesung dadurch »leichter« erscheinen zu lassen, indem auf eine abstrakte mathematische Formulierung und Begründung weitgehend verzichtet und stattdessen die Theorie stärker anhand mathematisch anspruchsloserer Beispiele verdeutlicht wird. Dies führt aber bei wichtigen Grundlagen, die nur über eine sachgerechte abstrakte mathematische Formulierung der Theorie vermittelbar sind, dazu, dass diese Grundlagen nicht oder nur unzureichend vermittelt werden. Dies soll nun anhand eines fundamental wichtigen Begriffs aus der Netzwerktheorie verdeutlicht werden.

1.2 Die Ordnung eines linearen, zeitinvarianten Netzwerks

Die Netzwerktheorie ist eines der zentralen Theoriegebiete der Elektrotechnik, das von keinem anderen Studiengang gelehrt wird. Innerhalb der Netzwerktheorie ist die Theorie der linearen, zeitinvarianten Netzwerke das wichtigste Teilgebiet. Das Verhalten von linearen und zeitinvarianten Netzwerken wird durch endlich viele komplexe Zahlen, die auch oft als natürliche Frequenzen bezeichnet werden, bestimmt. Insbesondere hängen wichtige Eigenschaften linearer und zeitinvarianter Netzwerke wie die asymptotische Stabilität und die Existenz eines periodisch eingeschwungenen Zustandes bei periodischer Anregung ausschließlich von den Eigenschaften der natürlichen Frequenzen ab. Die Anzahl der verschiedenen natürlichen Frequenzen eines linearen und zeitinvarianten Netzwerks ist immer nach oben durch die Ordnung des Netzwerks begrenzt und fast immer auch durch diese Ordnung gegeben. Daher ist es von sehr hohem Interesse, die Ordnung eines linearen und zeitinvarianten Netzwerkes zu kennen.

Auf der Basis der mathematischen Grundlagen, die bei ingenieurwissenschaftlichen Studiengängen immer Teil der Grundlagenausbildung sind, kann man den Begriff der Ordnung eines linearen und zeitinvarianten Netzwerkes ohne Probleme streng definieren. Diese Ordnung n ist gleich der minimalen Dimension, die ein Zustandsraummodell haben muss, um das Netzwerkverhalten vollständig zu beschreiben. Zentraler Bestandteil jedes dieser Zustandsraummodelle mit minimaler Dimension ist ein System von n gekoppelten, gewöhnlichen, linearen und zeitinvarianten Differentialgleichungen erster Ordnung für n sogenannte Zustandsfunktionen. Alle diese Zustandsraummodelle haben das gleiche, normierte charakteristische Polynom. Der Grad dieses Polynoms ist ebenfalls gleich n und seine Wurzeln sind die natürlichen Frequenzen.

Wo liegt also das Problem? Das Problem liegt darin begründet, dass es keinen einfachen, allgemein gültigen Zusammenhang zwischen den elementaren Beschreibungsgleichungen eines linearen und zeitinvarianten Netzwerkmodells wie den Kirchhoffschen Gleichungen und den Zweiggleichungen der Widerstände, Kapazitäten, Induktivitäten etc. und den Zustandsraummodellen, deren Dimension die Ordnung n definiert, gibt. Um diesen Zusammenhang klar darzustellen, ist ein gewisses Mindestmaß an abstrakter, mathematischer Theorie, die als schwierig empfunden wird, unvermeidbar. Man kann diese notwendige Theorievermittlung vermeiden, wenn auf die klare Darstellung des oben beschriebenen Zusammenhanges sowie auf eine saubere Definition des Begriffs der Ordnung n und auf die Entwicklung und Begründung von Rechenregeln zur zahlenmäßigen Bestimmung von n verzichtet wird. Wie mit dem Begriff der Ordnung in typischen Grundlagenlehrbüchern und Grundlagenvorlesungen umgegangen wird, soll nun anhand von zwei Lehrbeispielen verdeutlicht werden.

1.2.1 Lehrbeispiel 1

In einem vielfach verwendeten, bekannten, deutschsprachigen Lehrbuch findet man folgende Ausführungen:

Aufstellen der Differentialgleichungen
Ein gegebenes Netzwerk mit Energiespeichern (Induktivitäten und Kapazitäten) kann mit Hilfe der Kirchhoff'schen Maschen- und Knotenregel durch ein gekoppeltes System von algebraischen Gleichungen und Differentialgleichungen beschrieben werden. Die Anzahl n der unabhängigen Energiespeicher in dem Netzwerk liefert n Differentialgleichungen erster Ordnung. Beispiele für nicht unabhängige Energiespeicher sind in Reihe liegende oder parallel geschaltete Komponenten gleichen Typs, die durch eine resultierende Kapazität bzw. Induktivität ersetzt werden können.

Mit n ist in diesem Beispiel offensichtlich die Ordnung des Netzwerkes gemeint. Diese wird mit »unabhängigen« Energiespeichern in Verbindung gebracht, wobei der Begriff der Unabhängigkeit nur anhand von einfachen Beispielen erklärt wird. Aber selbst diese einfachen Beispiele werden nicht sachgemäß behandelt, da aus der Netzwerktheorie zweifelsfrei folgt, dass die Reihenschaltung von Kapazitäten und die Parallelschaltung von Induktivitäten für sich alleine genommen keinerlei Einfluß auf den Zusammenhang zwischen der Anzahl der Energiespeicher und der Ordnung eines Netzwerkes hat. Als Fazit kann man also festhalten, dass bei diesem ersten Lehrbeispiel weitgehend offen gelassen wird, was unter unabhängigen Energiespeichern genau zu verstehen ist.

1.2.2 Lehrbeispiel 2

In den Kursmaterialien zu einem englischsprachigen Kurs mit dem Titel »Circuit Theory I«, der von einer bekannten, internationalen Universität aus dem Mittelmeerraum angeboten wird, findet man zum Kapitel über »Second Order Circuits« folgende Ausführungen:

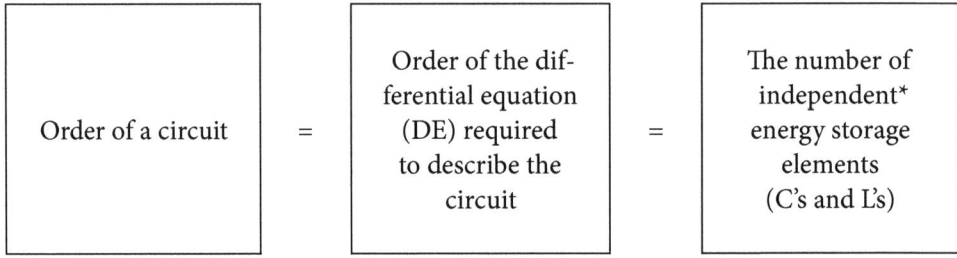

* C's and L's are independent if they can not be combined with other C's and L's (in series or parallel, for example)

Auch hier wird die Ordnung des Netzwerks wieder auf die unabhängigen Energiespeicher im Netzwerk zurückgeführt und die Erklärung des Begriffs der Unabhängigkeit ist vergleichbar inkorrekt und unvollständig wie im Lehrbeispiel 1. Wiederum wird wieder weitgehend offen gelassen, was unter unabhängigen Energiespeichern genau zu verstehen ist.

1.3 Auswirkungen auf das Wissen der Studierenden über die Ordnung eines Netzwerkes

Wie sich die in den beiden Lehrbeispielen aufgezeigten Defizite auf die Fähigkeiten der Studierenden auswirken, wichtige elementare Netzwerke zu beurteilen, soll nun anhand des Netzwerkes aus Abbildung 1 demonstriert werden.

Das Netzwerk zwischen den beiden gestrichelten Linien in Abbildung 1 beschreibt das auf dieser Welt zweifellos meistverwendete elektrische Bauelement, den MOS-Transistor in dem technisch besonders wichtigen sogenannten Kleinsignalbereich. Angeregt

Abbildung 1 Kleinsignalmodell eines MOS-Transistors mit Spannungsquellenanregung

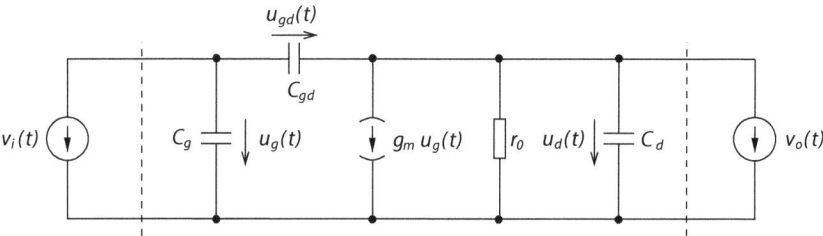

wird das Netzwerk durch zwei ideale Spannungsquellen. Als Energiespeicher enthält das Netzwerk drei Kapazitäten, die weder in Reihe, noch parallel geschaltet sind. Für Studierende, die analog zu den Lehrbeispielen 1 und 2 ausgebildet wurden, liegt es also nahe anzunehmen, dass dieses elementare Netzwerk die Ordnung 3 und somit wahrscheinlich 3 verschiedene natürliche Frequenzen hat. Diese Einschätzung, die nur aufgrund der oben erwähnten Lehrdefizite naheliegt, ist aber völlig falsch. Studierende, denen der Begriff der Ordnung eines linearen und zeitinvarianten Netzwerkes vollständig mit allen notwendigen mathematischen Begriffsbildungen vermittelt wurde, erkennen leicht, dass aus den elementaren Gleichungen des Netzwerkes folgende drei algebraische Gleichungen folgen:

$$\begin{pmatrix} 1 & -1 & 1 \\ 1 & 0 & 0 \\ 0 & 1 & 0 \end{pmatrix} \cdot \begin{pmatrix} u_g(t) \\ u_d(t) \\ u_{gd}(t) \end{pmatrix} = \begin{pmatrix} 0 \\ v_i(t) \\ v_o(t) \end{pmatrix}$$

Bei diesen drei Gleichungen handelt es sich um drei sogenannte zustandsreduzierende algebraische Gleichungen. Denn auf der linken Seite stehen als Zeitfunktionen nur sogenannte differenzierbare Variablen, also Spannungen oder Ströme des Netzwerkes, die in irgendeiner der Zweiggleichungen differenziert werden, wie dies zum Beispiel bei den Zweiggleichungen der Kapazitäten und Transkapazitäten für eine Zweigspannung und bei den Zweiggleichungen der Induktivitäten und Transinduktivitäten für einen Zweigstrom geschieht. Ferner stehen auf der rechten Seite als Zeitfunktionen nur vorgegebene Funktionen wie Urspannungen und Urströme sowie möglicherweise deren Ableitungen. Da die Matrix auf der linken Seite, wie leicht zu erkennen ist, den Rang 3 hat, gibt es also mindestens 3 unabhängige zustandsreduzierende Gleichungen, die aus den elementaren Gleichungen des Netzwerkes aus Abbildung 1 folgen. Aus der Netzwerktheorie folgt ferner für die Ordnung eines linearen und zeitinvarianten Netzwerkes der allgemein gültige Zusammenhang:

$$0 \leq n = n_A - n_R$$

Dabei ist n_A die maximale Anzahl der differenzierbaren Variablen und n_R die maximale Anzahl von unabhängigen zustandsreduzierenden Gleichungen eines Netzwerkes. Studierende, denen diese Zusammenhänge und Begriffe geläufig sind, können also für das Netzwerk aus Abbildung 1 sofort folgern:

$$0 \leq n = n_A - n_R \leq 3 - 3 = 0 \rightarrow n = 0$$

Für vollständig und sachgerecht ausgebildete Studierende erschließt sich somit ohne komplizierte Rechnung, dass das wichtige elementare Netzwerk aus Abbildung 1 die Ordnung 0 hat und es somit keine natürlichen Frequenzen für dieses Netzwerk gibt. Daher ist das Netzwerk asymptotisch stabil und jede Spannungs- und Stromfunktion des Netzwerkes ist bei streng periodischer Anregung sofort ohne Einschwingzeit streng periodisch.

1.4 Fazit für Fallbeispiel 1

Netzwerktheorie wird heute an den Universitäten zumeist so gelehrt, dass die Studierenden selbst bei elementar wichtigen, einfachen linearen und zeitinvarianten Netzwerken die Ordnung nicht immer problemlos bestimmen können. Versetzt man die Studierenden aber durch eine fundiertere Vermittlung der Netzwerktheorie in die Lage, die Ordnung solcher Netzwerke stets auf einfache Art und Weise bestimmen zu können, so wird die Vorlesung durch die zusätzlich notwendigen mathematischen Begriffe und Begründungen von den Studierenden als schwerer empfunden. In Hinblick auf die notwendige fundierte Grundlagenausbildung unserer Studierenden haben die Lehrenden in den Grundlagenvorlesungen in diesem Spannungsfeld eine besondere Verantwortung und sollten dem wachsenden Druck widerstehen, ihre Vorlesungen durch ein Absenken des Niveaus und den Verzicht auf eine sachgerechte mathematische Vermittlung der Inhalte auf bequeme Art und Weise leichter verständlich zu machen. Aber auch die Fakultätsleitungen und Universitätspräsidien sollten sich ihrer Verantwortung bewußt sein und die Beurteilung von Vorlesungsevaluationen niemals ohne genaue Kenntnis der Vorlesungsinhalte vornehmen.

2 Fallbeispiel 2

Ausländische Studierenden können sich nach bestandener Sprachprüfung in viele deutschsprachige Studiengänge ohne weitere Zulassungsbeschränkung oder Eignungsprüfung einschreiben. Dies ist für ausländische Studierende attraktiv, denn die Ausbildung an deutschen Universitäten ist international angesehen, die Studiengebühren sind vergleichsweise sehr gering und auch die Lebenshaltungskosten sind in vielen kleineren deutschen Universitätsstädten angenehm niedrig. Ferner sehen viele Universitäten, die mit der Auslastung bestimmter Studiengänge Probleme haben, die Anwerbung von ausländischen Studierenden als eine einfache Möglichkeit an, die Auslastungssituation zu verbessern.

Was auf den ersten Blick wie eine Win-Win-Situation für die ausländischen Studienbewerber und die deutschen Universitäten mit Auslastungsproblemen aussieht, ist aber bei näherem Hinsehen mit sehr großen Gefahren für beide Seiten verbunden. Dies soll nun anhand eines abschreckenden Beispiels näher erläutert werden:

Im Wintersemester 2002/2003 kamen etwa 30 Erstsemester in den deutschsprachigen Studiengängen Elektrotechnik und Wirtschaftsingenieurwesen-Elektrotechnik an der TU Braunschweig aus China. Davon haben inzwischen 28 % nach 18 Semestern den angestrebten Diplomabschluss erreicht. Über den Status der restlichen 72 % kann keine generelle Aussage gemacht werden. Es ist jedoch klar, dass der überwiegende Anteil davon inzwischen sein Studium an der TU Braunschweig beendet hat, oder an diesem nicht mehr aktiv teilnimmt. Was ist der Grund für diesen im Vergleich zu den deutschen Studenten sehr viel geringeren Studienerfolg?

In einem längeren Gespräch gab eine Studentin aus der Umgebung von Shanghai, die ihr Studium im Studiengang Wirtschaftingenieurwesen-Elektrotechnik aufgrund zu vieler nicht bestandener Prüfungen endgültig beenden musste, folgende Informationen:

Sie war mit Hilfe einer privaten Agentur in Shanghai an die TU Braunschweig vermittelt worden. Ein zentrales Kriterium für diese Auswahl der Agentur war offensichtlich, dass man in China den Eindruck hatte, dass in Braunschweig die Sprachprüfung in Deutsch zum Nachweis der notwendigen Sprachqualifikation für einen deutschsprachigen Studiengang zum damaligen Zeitpunkt als vergleichsweise leicht angesehen werden konnte. Weitere wichtige Kriterien waren der international gute Ruf der Universität, das Vorhandensein von Studiengängen ohne Zulassungsbeschränkung, insbesondere in den Natur- und Ingenieurwissenschaften, und die vergleichsweise niedrigen Lebenshaltungskosten und Semesterbeiträge in Braunschweig.

Das Wunschstudium der Studentin war Wirtschaftswissenschaften und diese Wahl entsprach auch ihren Neigungen und ihrer Vorbildung. Rein wirtschaftswissenschaftliche Studiengänge waren zum damaligen Zeitpunkt in Deutschland typischerweise zulassungsbeschränkt und für die Zulassung zu diesen Studiengängen hätte die Studentin weit mehr als nur den Nachweis der Sprachprüfung benötigt. Andererseits war der Studiengang Wirtschaftsingenieurwesen-Elektrotechnik an der TU Braunschweig damals nicht zulassungsbeschränkt und ist es auch heute noch nicht. Ob es nun die Überredungskunst der Agentur oder die Blauäugigkeit der Studentin war, läßt sich heute nicht mehr rekonstruieren, jedenfalls hat sie sich für den letzteren Studiengang eingeschrieben, ohne sich allerdings darüber im klaren zu sein, wie sie mir bestätigt hat, dass der Studiengang Wirtschaftsingenieurwesen-Elektrotechnik an der TU Braunschweig alle von den Studierenden typischerweise als schwierig angesehenen Grundlagenfächer der Elektrotechnik umfaßt.

Aus diesen Ausführungen geht schon deutlich hervor, dass die Studentin vor Aufnahme des Studiums nicht kompetent und unabhängig von den finanziellen Interessen der Vermittlungsagentur beraten wurde. Typischerweise haben viele ausländische Studierende mit einem ähnlichen Hintergrund aber auch keinerlei Interesse an einer unabhängigen Beratung durch einen Vertreter der aufnehmenden Universität und erscheinen zu Beratungsgesprächen auch nur, wenn man sie dazu zwingt. Der Grund dafür liegt nahe und ist offensichtlich die Angst, dass die mangelnde Sprachkompetenz bei der Beratung auffallen und somit die Zulassung gefährden könnte. Bei der Studentin aus der Nähe von Shanghai wäre diese Angst jedenfalls berechtigt gewesen, denn sowohl ihre mangelnde Sprachkompetenz, von der ich mich in mehreren schwierigen, längeren Gesprächen und mündlichen Prüfungen überzeugen konnte, als auch ihr fehlendes Talent für ein ingenieurwissenschaftliches Studium, haben letztendlich dazu geführt, dass sie trotz intensivem Bemühen, das angefangene Studium aufgrund zu vieler nicht bestandener Prüfungen nicht erfolgreich beendet hat. Dies ist für außereuropäische Studierende besonders hart, da diese in der Regel, wie auch im vorliegenden Fall, aufgrund der deutschen Visavorschriften, keine Chance auf eine Fortsetzung in einem alternativen Studiengang erhalten, sondern das Land nahezu umgehend verlassen müssen.

Was sind die Folgen der zu einfachen Zulassung der Studentin in den Studiengang Wirtschaftsingenieurwesen-Elektrotechnik ohne sachgerechte Überprüfung ihrer Sprachkompetenz und ihrer Vorbildung? Die Studentin hat durch ihr Scheitern im Ausland »ihr Gesicht verloren«, was in China ein sehr schwerwiegender Makel ist. Die Eltern der Studentin, die ihr Studium finanzierten, haben für chinesische Verhältnisse ein Vermögen verloren und der durchaus hohe, öffentlich finanzierte Aufwand der TU Braunschweig hat zu keiner erfolgreichen Absolventin geführt und ist daher ebenfalls verloren. Nur die Agentur in China, die hohe Vermittlungsgebühren berechnet hat, ist wahrscheinlich zufrieden.

Es ist davon auszugehen, dass dieser Fall kein Einzelfall war, sondern dass die schlechte Erfolgsquote der chinesischen Studierenden des Jahrgangs 2002/2003 in vielen Fällen ähnliche Ursachen hatte. Dieses Beispiel zeigt, dass die Zulassung von Studierenden aus fremden Kulturen eine besondere Sorgfalt erfordert und die Lehrenden hier auch eine besondere Verantwortung haben, da das Scheitern dieser Studierenden für diese sehr oft erheblich schwerwiegendere Konsequenzen hat, als dies bei deutschen oder europäischen Studierenden der Fall ist. Studierende aus fremden Kulturkreisen verursachen und benötigen typischerweise auch deutlich mehr Betreuung als deutsche Studierende und eignen sich auf gar keinen Fall, um Auslastungsprobleme kurzfristig auf einfache Art und Weise zu lösen.

Zur Ehrenrettung meiner Universität möchte ich abschließend noch erwähnen, dass wir aus diesen Erfahrungen gelernt haben und die Zulassung außereuropäischer Studierender heute mit sehr viel mehr Sorgfalt gehandhabt wird, so dass ich seit Jahren keine ähnlich gelagerten Fälle mehr feststellen konnte.

Sensibilisierung für die Dimensionen der Ingenieur-Verantwortung in der Lehre

Heike Horeschi
*Private Fachhochschule für Wirtschaft und Technik,
Studienbereich Ingenieurwesen »Dr. Jürgen Ulderup«, Diepholz*

Zahlreiche aktuelle Beispiele belegen, dass die Verantwortung von Ingenieuren für ihre Arbeit zunehmend mehr in das Blickfeld der Gesellschaft rückt. Prozesse gegen Ingenieure gehen durch die Medien. Beispielhaft seien hier der Prozess um den Einsturz der Eissporthalle in Bad Reichenhall und das Zugunglück von Eschede aufgeführt. Zahlreiche Rückrufaktionen verschiedener Automobilbauer, Rückrufe technischer Geräte wie Haartrockner und verschiedenster Werkzeuge künden davon, dass auch Ingenieure nicht perfekt und fehlerfrei arbeiten. Und dann kommt immer die Frage, wer hat Schuld und wer übernimmt die Verantwortung?

In der beruflichen Praxis ist der Ingenieur immer wieder gefordert sein Handeln und das anderer zu prüfen. Ein Beispiel hierfür ist die Auslegung eines Chassis (Maschinenträger) einer Windkraftanlage durch ein ausländisches Ingenieurbüro betreffs der Betriebsfestigkeit. Dabei müssen vor allem die Schweißnähte sorgfältig ausgelegt werden, da diese hinsichtlich der Betriebsfestigkeit immer einen Schwachpunkt darstellen. Die Berechnung erfolgte mit der Finiten Elemente Methode.

Es handelte sich hierbei um eine dünnwandige Struktur (Abbildung 1), welche mit viel zu großen Volumenelementen vernetzt wurde (Abbildung 2). Die Festigkeitsanalyse des Ingenieurbüros wurde durch eine französische Zertifizierungsgesellschaft geprüft und zertifiziert. Die Maschinenträger gingen so in Serie und wurde in Windkraftanlagen verbaut.

Ein neuer Geschäftsführer des Windkraftanlagenherstellers war von Struktur und Haltbarkeit des Maschinenträgers nicht überzeugt und ließ die Festigkeit durch ein zweites Ingenieurbüro prüfen. Die Nachrechnung ergab eine völlig unzureichende Betriebsfestigkeit für die Schweißnähte. Sämtliche Anlagen wurden sofort vom Netz genommen. Eine Überprüfung vor Ort ergab, dass tatsächlich die kritischen Schweißnähte rissbehaftet waren. Folglich mussten die Chassis ausgetauscht werden, was das Unternehmen finanziell nicht verkraftete. Neben dem Erwerbsausfall für die Betreiber

Abbildung 1 Beispielhafte Darstellung des Chassis

Abbildung 2 Beispielhafte Darstellung der Vernetzung

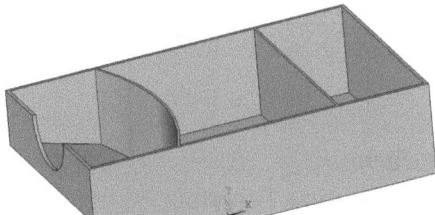
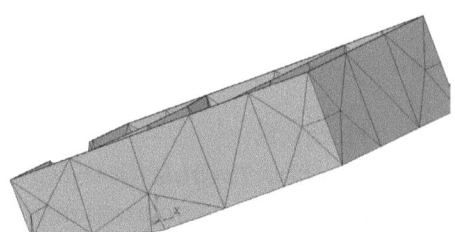

der Windkraftanlagen gingen in der Folge Arbeitsplätze verloren. Das ausländische Ingenieurbüro hatte das verwendete Berechnungswerkzeug ohne qualifiziertes Fachwissen eingesetzt und so falsche Ergebnisse erhalten. Grundsätzlich sollten dünnwandige Strukturen mit Schalenelementen vernetzt werden. Bei Einsatz von Volumenelementen ist auf ein ausreichend feines Netz, mindestens 2–3 Elemente über der Wanddicke bei geeignetem Seitenverhältnis der Elementkanten, und auf die Verwendung höherer Ansatzfunktionen zu achten. Dies ist im vorliegenden Fall eindeutig nicht geschehen. Es wurde lediglich ein Volumenelement über der Dicke von 8–20 mm verwendet bei sonstigen Elementkantenlängen von über 500 mm. Dies widerspricht den Grundregeln der FEM-Anwendung [Kl]. Trotzdem konnte weder das Ingenieurbüro noch die Zertifizierungsgesellschaft für den Schaden haftbar gemacht werden.

Selbstverständlich sollte jeder von klein auf lernen, für sein Handeln Verantwortung zu übernehmen. Jedoch zieht sich das Lernen von Verantwortung und verantwortliches Handeln durch das gesamte Leben eines jeden Menschen. Dies gehört zum lebenslangen Lernen, zumal es sehr verschiedene Arten von Verantwortung gibt, wie z. B. ökonomische, politische, ökologisch, soziale und moralische Verantwortung. Weiterhin gehören Haftungsverantwortung und Selbstverantwortung dazu.

Ingenieurverantwortung berührt und beinhaltet viele dieser Aspekte. Angehende Ingenieure und Ingenieurinnen müssen zu verantwortungsbewusstem Handeln befähigt werden. Hier ist es die Aufgabe der Hochschulen und insbesondere der Hochschullehrer das Thema zu vermitteln und adäquat die verschiedensten Aspekte verantwortlichen Handelns in den passenden Lehrveranstaltungen aufzugreifen. An den Hochschulen sollen nicht nur Fachwissen und Methodenkompetenzen vermittelt werden, sondern auch Sozialkompetenzen, und dazu gehört unabdingbar das Übernehmen von Verantwortung für sich und andere. Dies betrifft u. a. verantwortliches Handeln gegenüber den Mitmenschen, gegenüber der Gesellschaft, gegenüber der Umwelt.

Wie dies in der Praxis erfolgen kann, soll an einigen Beispielen exemplarisch dargestellt werden.

(1.) Die *juristische Seite* der Ingenieurverantwortung wird im Modul Recht beleuchtet. Hier wird z. B. die Frage geklärt, was Produkthaftung bedeutet. Der Sachverhalt wird zunächst theoretisch erläutert und an praktischen Beispielen vertieft.

»Mit dem Begriff Produkthaftung bezeichnet man umgangssprachlich die gesetzliche Haftung des Herstellers für Schäden, die durch sein fehlerhaftes Produkt hervorgerufen wurden.« [Kr] Ist durch ein fehlerhaftes Produkt ein körperlicher oder sachlicher Schaden entstanden, so kann der Geschädigte seine Ansprüche entweder nach dem § 823 des Bürgerlichen Gesetzbuches oder nach dem Produkthaftungsgesetz geltend machen. Beiden liegt eine unterschiedliche Haftungsstruktur zugrunde.

Die strafrechtliche Verantwortung erstreckt sich nicht »nur auf Vorstände, Geschäftsführer oder leitende Angestellte, auch die »normalen« Mitarbeiter eines Unternehmens können strafrechtlich verfolgt werden« [Kr].

Bei nachgewiesener Fahrlässigkeit und Nichtbeachtung technischer Standards kann also jeder Mitarbeiter eines Unternehmens für sein Handeln zur Verantwortung gezogen werden. Ein bekanntes Beispiel ist das Zugunglück von Eschede 1998, bei dem wegen eines verschlissenen Radreifens 101 Menschen ums Leben kamen [VDI]. Angeklagt wurden drei Ingenieure, die maßgeblich an der Entwicklung der Radreifen beteiligt waren. Während des acht Monate dauernden Prozesses wurden an insgesamt 52 Verhandlungstagen 93 Zeugen gehört. Die Frage, ob die Angeklagten die Bruchgefahr der Radreifen hätten erkennen müssen, konnte nicht eindeutig geklärt werden. Das Verfahren wurde gegen die Zahlung von jeweils 10 000 € eingestellt.

Ein weiteres Beispiel ist der Einsturz der Eissporthalle in Bad Reichenhall im Januar 2006, bei dem 15 Menschen, darunter 12 Kinder, getötet wurden. Ursache war nicht die Schneelast, sondern »Fehler bei der statischen Berechnung und der Konstruktion sowie später bei der Instandhaltung des Gebäudes« [SO]. Es wurde gegen vier Personen Anklage erhoben, u.a gegen »den für die Erstellung der Halle maßgeblichen Bauleiter, der bei dem für die Dachkonstruktion zuständigen Unternehmen als Konstrukteur tätig war« [ZIS]. Dieser wurde zu 18 Monaten Haft auf Bewährung verurteilt.

(2.) Auf die Beachtung technischer Standards wird im *Modul Konstruktion* viel Wert gelegt. Die Anwendung und Kenntnis von DIN Normen, die den aktuellen Wissens- und Entwicklungsstandard widerspiegeln, wird erklärt und geübt. Ein Konstrukteur ist verpflichtet, den Stand der Technik zu kennen und einzusetzen. Weiterhin geben Richtlinien, wie z. B. die VDI-Richtlinien, richtungsweisende Arbeitsunterlagen und fundierte Entscheidungshilfen. Normen und Richtlinien bilden den Maßstab für einwandfreies technisches Vorgehen, sie spiegeln sozusagen den »State of the Art« wieder.

Eine Konstruktion muss nicht nur normgerecht gestaltet werden und die geforderte Funktion erfüllen. Es sind Aspekte wie Ergonomie, also die menschengerechte Gestaltung des Systems Mensch-Produkt-Umwelt [Co] und Recyclinggerechtigkeit vor dem Hintergrund des verantwortungsvollen Materialeinsatzes [Pa] zu beachten. Die Studierenden lernen, dass Umweltschutz und Nachhaltigkeit mindestens genauso wichtig sind, wie Wirtschaftlichkeit und Funktionalität.

(3.) Im *Modul Finite Elemente Methoden* (FEM) werden die Studierenden hinsichtlich des sorgfältigen und verantwortlichen Umganges mit Berechnungssoftware sensibilisiert. Der Einsatz von derart komplexen Programmen, wie es FEM-Programme sind, erfordert solide Ingenieurkenntnisse und ein hohes Maß an Verantwortungsbewusstsein. Die zunehmend benutzerfreundlichen Oberflächen verleiten zu der Annahme, das ist ganz einfach und von (fast) jedem beherrschbar. Und in der Tat ist es mit vielen Programmen recht einfach möglich »bunte Bilder« zu produzieren, die bei nicht fachgerechter Anwendung des Programmes eben auch nicht mehr als das sind.

An einem ganz einfachen Beispiel – einem Biegebalken (Abbildung 3) – wird in der Lehrveranstaltung demonstriert, wie schnell es passieren kann, das man völlig falsche Ergebnisse erzielt, die bei flüchtiger Betrachtung auch noch plausibel erscheinen können [Mü]. Der Balken ist an der linken Seite eingespannt und wird rechts mit einer einzelnen Kraft belastet.

Da eine Abmessung deutlich größer ist als die beiden anderen und die Belastung quer zur Längsrichtung wirkt, kann hier mit der Balkentheorie gerechnet werden. Das Linienmodell wird mit Balkenelementen vernetzt.

Bei ungeeigneter Elementwahl und/oder ungeeigneten Einstellungen für die Vernetzung erhält man Ergebnisse, wie sie in Abbildung 4 dargestellt sind. Vorgenannte Fehler passieren Nutzern ohne vertiefte Kenntnisse des Programmes und der dahinter steckenden Theorie sehr leicht.

Die symmetrische Spannungsverteilung über dem Balkenquerschnitt und das Auftreten von Zugspannungen an der Oberseite und Druckspannungen an der Unterseite in der Höhe von $\pm\,60\,\frac{N}{mm^2}$ scheinen plausibel. Trotzdem sind die Ergebnisse völlig falsch. Die tatsächlich auftretenden Spannungen und Verformungen kann jeder Student spätestens im zweiten Semester analytisch berechnen. Demnach treten die maximalen Spannungen in Höhe von $\pm\,120\,\frac{N}{mm^2}$ an der Einspannung auf.

Ursache für die extrem abweichenden Ergebnisse der numerischen Berechnung sind der Einsatz eines Elementes mit linearem Verschiebungsansatz und der Verwendung von nur einem Element für die gesamte Balkenlänge. Dies ist natürlich ein Extremfall, welcher bei den meisten Programmen auch unter Verwendung der Standardeinstellungen nicht auftreten wird. Aber er führt bei den Studierenden zunächst zu einem »Huch«-Effekt. Wieso kann das Programm denn so falsch rechnen?

Verwendet man bei gleicher Vernetzung ein Element mit quadratischem Verschiebungsansatz, erhält man korrekte Ergebnisse, wie in Abbildung 5 dargestellt.

Die Erläuterung der theoretischen Hintergründe führt zum »Ahh«-Effekt. Es folgen weitere Analysen des Biegebalkens mit mehr Elementen, welche bei linearem Verschiebungsansatz zu besseren, aber nicht exakten Ergebnissen führen.

Abbildung 3 Biegebalken-Modell

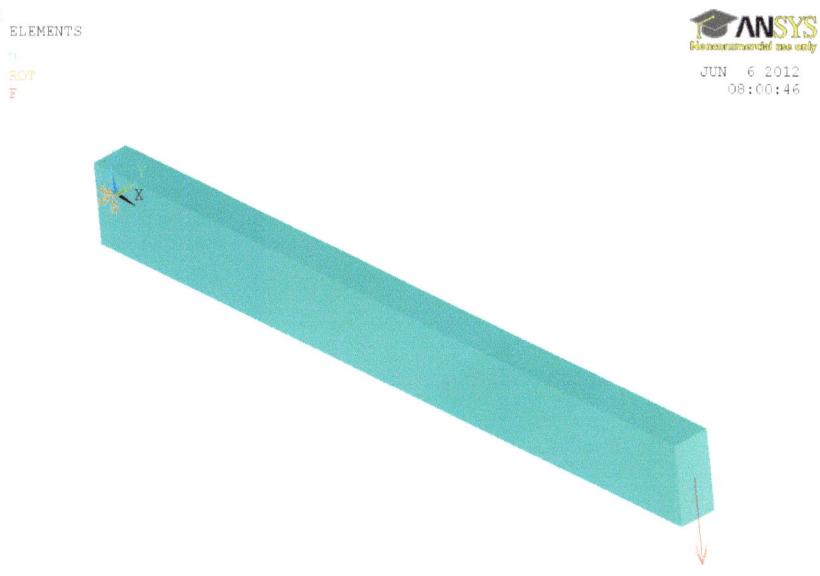

Abbildung 4 Biegebalken – Normalspannungen in Balkenlängsrichtung bei ungeeigneten Vernetzungseinstellungen

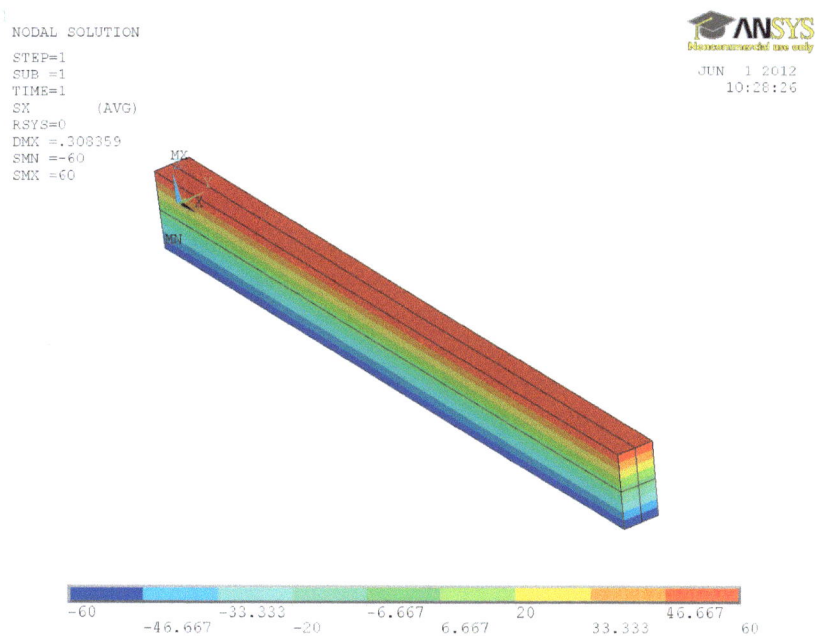

Abbildung 5 Biegebalken – Normalspannungen in Balkenlängsrichtung bei Verwendung eines Elementes mit quadratischem Verschiebungsansatz

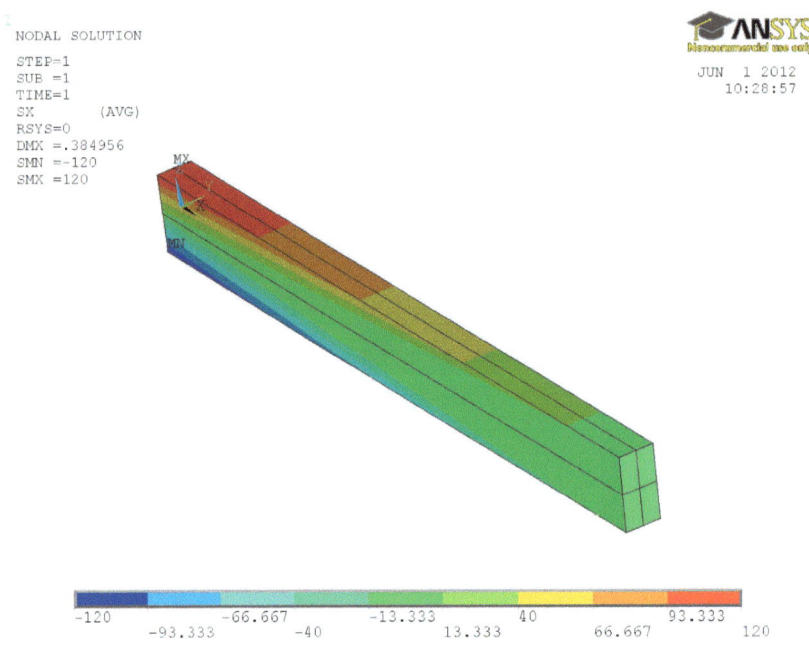

Die Studierenden sollen begreifen, dass *Diskretisierungsuntersuchungen* (feinere Vernetzung in Bereichen hoher Spannungen) und eine *Plausibilitätsprüfung* unbedingt erforderlich sind.

(4.) Ein weiterer Aspekt sind die *FEM-Module in gängigen CAD-Programmen,* wie beispielsweise SimulationXpress von Solid Works. Hier erfolgt eine Verknüpfung der Module Konstruktion und FEM. Die Analyse des Biegebalkens gestaltet sich sehr einfach. Das Modell wird im CAD Programm als einfaches Volumen modelliert. Die Vernetzung der Struktur ist zu keiner Zeit sichtbar, Diskretisierungsuntersuchungen somit nicht möglich. Die berechneten Spannungen (Abbildung 6) sind zu hoch.

Immerhin weist das Programm im Kleingedruckten darauf hin, dass »Meist ... ein umfassenderes Analyseprodukt für genauere und vollständigere realitätsgetreue Simulationen vor der endgültigen Annahme der Konstruktion nötig« [SW] ist.

Das Tool ist durchaus nützlich und sinnvoll, um konstruktionsbegleitend festzustellen, wo Spannungsmaxima auftreten und wie sich die Struktur verformt, aber eine schlussendliche Aussage zu den absolut auftretenden Spannungen und Verformungen kann damit nicht getroffen werden.

Abbildung 6 Biegebalken – v. Mises Spannungen, berechnet mit SimulationXpress

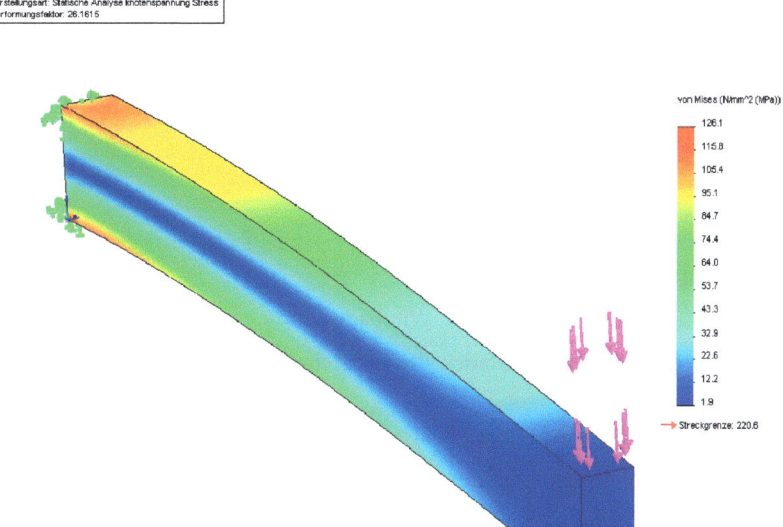

(5.) Das Hauptstudium in den Studiengängen Maschinenbau, Wirtschaftsingenieurwesen, Elektrotechnik und Mechatronik der Privaten Fachhochschule für Wirtschaft und Technik Vechta/Diepholz/Oldenburg ist als *Projektstudium* konzipiert, d. h., es erfolgt ein »Studieren in Projekten«. Die Aufgabenstellung der Projekte erfolgt in Anlehnung an bestehende Produkte, wie Maschinen, technische Anlagen oder Geräte, die als verbesserungswürdig erkannt werden. Dies schließt auch völlige Neuentwicklungen nicht aus. Die Projektaufgaben werden in kleinen Gruppen bearbeitet. Diese Gruppen setzen sich interdisziplinär aus vier bis sieben Studierenden der oben genannten Studiengänge zusammen. Ergebnis dieser Projekte sind unter anderem ein Vermarktungskonzept und ein Prototyp. Die Ergebnisse werden in einer abschließenden Projektpräsentation der Öffentlichkeit (es nehmen Vertreter der Unternehmen, die Hochschulöffentlichkeit sowie Familie und Freunde der Studierenden teil) vorgestellt. In diesen Projekten wenden die Studierenden bereits gelerntes Fachwissen an, setzen erarbeitete Methoden problemorientiert ein und lernen Verhaltensqualifikationen mit einzelpersönlicher Betonung, z. B. Kritikfähigkeit, Kontaktfreudigkeit und Verantwortungsbewusstsein und Verhaltensqualifikationen mit zwischenmenschlicher Betonung, z. B. Teamfähigkeit, Kooperationsfähigkeit, Kommunikationsfähigkeit. Sie tragen für Ihr Projekt Terminverantwortung, da bestimmte Leistungen (Hausarbeiten, Referate, Prototyp) zu vorgegebenen Zeitpunkten vorliegen müssen, Finanzverantwortung (Kosten für den Prototypen) und Personalverantwortung.

Fazit: Das Verantwortungsbewusstsein von Ingenieurinnen und Ingenieuren kann studienbegleitend in den verschiedensten Studienmodulen geweckt und geschult werden. Die Studierenden werden angehalten ihre Arbeit kritisch zu hinterfragen und zu reflektieren. Sie lernen, ihre Ingenieurtätigkeit im Kontext zu Mensch, Natur und Gesellschaft zu begreifen und Verantwortung zu übernehmen.

Literaturverzeichnis

[Kl]: Bernd Klein, FEM, , Friedr. Vieweg & Sohn, Wiesbaden 2003

[Kr]: Volker Krey, Arun Kapoor, Praxisleitfaden Produktsicherheitsrecht, 2009, Carl Hanser Verlag München Wien

[VDI]: Katja Wilke, Haftung – auch bis hin zur Haft?, 22. 7. 2005, VDI nachrichten.com

[SO]: , Baumängel führten zum Hallen-Einsturz, 20. 07. 2006, Spiegel Online

[ZIS]: Stephan Stübinger, Zurechnungsprobleme beim Zusammenwirken mehrerer fahrlässiger Taten, , Zeitschrift für Internationale Strafrechtsdogmatik 7/2011, 602–615

[Co]: Klaus-Jörg Conrad, Taschenbuch der Konstruktionstechnik, 2004, Fachbuchverlag Leipzig im Carl Hanser Verlag

[Pa]: Gerhard Pahl u. a., Konstruktionslehre, 2003, Springer-Verlag Berlin Heidelberg

[Mü]: Günter Müller, Clemens Groth, FEM für Praktiker – Band 1: Grundlagen, 2002, expert verlag, Renningen

[SW]: , SolidWorks Lehredition

Teil IV
Sorgfalt und Sicherheit

Qualitätsmerkmal Technische Sicherheit als Basis für eine moderne Fehlerkultur

Bernd Schulz-Forberg
VDI-Ausschuss Technische Sicherheit

Der Text gliedert sich in vier Hauptpunkte, nämlich die VDI Denkschrift »Qualitätsmerkmal Technische Sicherheit«, den VDI Leitfaden »Technische Sicherheit« als Entwurf mit dem Stand Januar 2012, der Fehlerkultur und letztlich einer Botschaft.

I   Die VDI Denkschrift »Qualitätsmerkmal Technische Sicherheit«

Die Denkschrift gliedert sich in sieben Kapitel:

1) Einleitung
2) Bedarf für ein sicherheitsmethodisches Vorgehenskonzept
3) Erzeugen von Sicherheit
4) Grenzen der Sicherheit
5) Überprüfbarkeit der Sicherheit
6) Gesellschaftliche Betrachtungen
7) Empfehlungen.

In der Einleitung der Denkschrift wird unter anderem darauf hingewiesen, dass Unfälle Ingenieure stets aufs Neue in die Pflicht nehmen, die Wirksamkeit sicherheitstechnischer Maßnahmen zu hinterfragen. Reichen also das sicherheitstechnische Fachwissen, die Vorgehensweise, die technischen Regelwerke sowie die gesetzlichen Regelungen aus? Wird der Sicherheit moderner technischer Systeme heute nicht mehr die Bedeutung wie früher zugemessen? Wird der Wirtschaftlichkeit gar Vorrang vor der Sicherheit eingeräumt? Finden die einschlägigen technischen Regelwerke nicht mehr die hinreichende Beachtung? Wird sich vielleicht sogar über Gesetze und Rechtsverordnungen hinweggesetzt? Mangelt es an der Überwachung durch Behörden und aufsichtsführende Institutionen? Reicht das derzeit praktizierte Qualitätsmanagement möglicherweise nicht aus, um sicherheitskritische Qualitätsmängel und potenzielle Versagensursachen rechtzeitig aufzudecken und abstellen zu können? Was wäre letztlich zu tun?

Aus methodischer und inhaltlicher Sicht müssen die Fragen immer wieder gestellt werden.

Beim Erzeugen von Sicherheit ist zunächst festzuhalten, dass in allen Technikfeldern der erreichte Stand an technischer Sicherheit außerordentlich hoch ist. Optimierung aber ist stets weiterhin möglich und geboten. So gibt es für technologische Innovationsvorhaben keinen anerkannten Stand der Sicherheitstechnik, was durch Normierung der Vorgehensweise ausgeglichen werden kann. Auch wird das Generieren von technischer Sicherheit immer noch nicht überall durchgängig als interdisziplinäre Aufgabe verstanden, die alle Technikfelder umfasst. Technische Sicherheit wird in vielen Technikfeldern auch noch immer als konträr zur Wirtschaftlichkeit pauschal missverstanden. Sicherheitskommunikation zur Verbesserung von Verständnis und Anwendung sowie Akzeptanz ist heute zwingender als früher von nöten, da die Komplexität stark zugenommen hat.

Was tut der VDI? Er sorgt für das interdisziplinäre Zusammenwirken aller betroffenen Disziplinen und Technikfelder, er organisiert die technikübergreifende Harmonisierung durch Offenlegung des verdeckten Gemeinsamen. Er sorgt für die Rückführung und Anwendung der gefundenen technikübergreifenden Allgemeinnormen und löst den scheinbaren Zielkonflikt zwischen Sicherheit und Wirtschaftlichkeit auf. Dabei betrachtet der VDI-Ausschuss Technische Sicherheit stets den gesamten Lebenszyklus eines Produktes oder Systems.

Der Lebenszyklus gliedert sich in drei Prozesse, nämlich den Planungs-, den Realisierungs- und den Betriebsprozess (Abb. 1). Dabei ist der Planungsprozess in die Phasen Konzeption und Definition zu unterteilen, der Realisierungsprozess in die Phasen Entwicklung und Konstruktion sowie Herstellung und der Betriebsprozess ist zu unterteilen in die Phasen Betrieb und Nutzung sowie Rückbau, Entsorgung und Recycling.

Wie es in hierarchischen Systemen immer möglich ist, wird auch hier im ersten Prozess die wesentliche Grundlage für das Gestalten eines Produktes oder Systems gelegt. Bezogen auf die Sicherheit wird also in den ersten Phasen Konzeption und Definition sowie Entwicklung & Konstruktion die größtmögliche Wirkung erzielt.

Sämtliche Produkte, Anlagen und Systeme, insbesondere natürlich die komplexeren, werden ausnahmslos aus technischen und menschlichen Komponenten bestehen. Die Grundvoraussetzungen für derartige Systeme erfordern Entwicklungs- und Entwurfsprozesse, bei denen zum frühestem möglichen Zeitpunkt die Optimierung von Mensch-Maschine-Nahtstellen als gemeinsame Optimierung sowohl der Technik- als auch der Humankomponenten einsetzt. Ereignisanalysen zeigen immer wieder, dass menschlichem Handeln bei der Vermeidung von Unfällen und der Minderung von Unfallfolgen eine große Bedeutung zukommt. Die als »human factors« definierten Faktoren haben Einfluss auf die Interaktion von Menschen in technischen Systemen. Organisatorische

Abbildung 1   Lebenszyklus technischer Produkte und Systeme

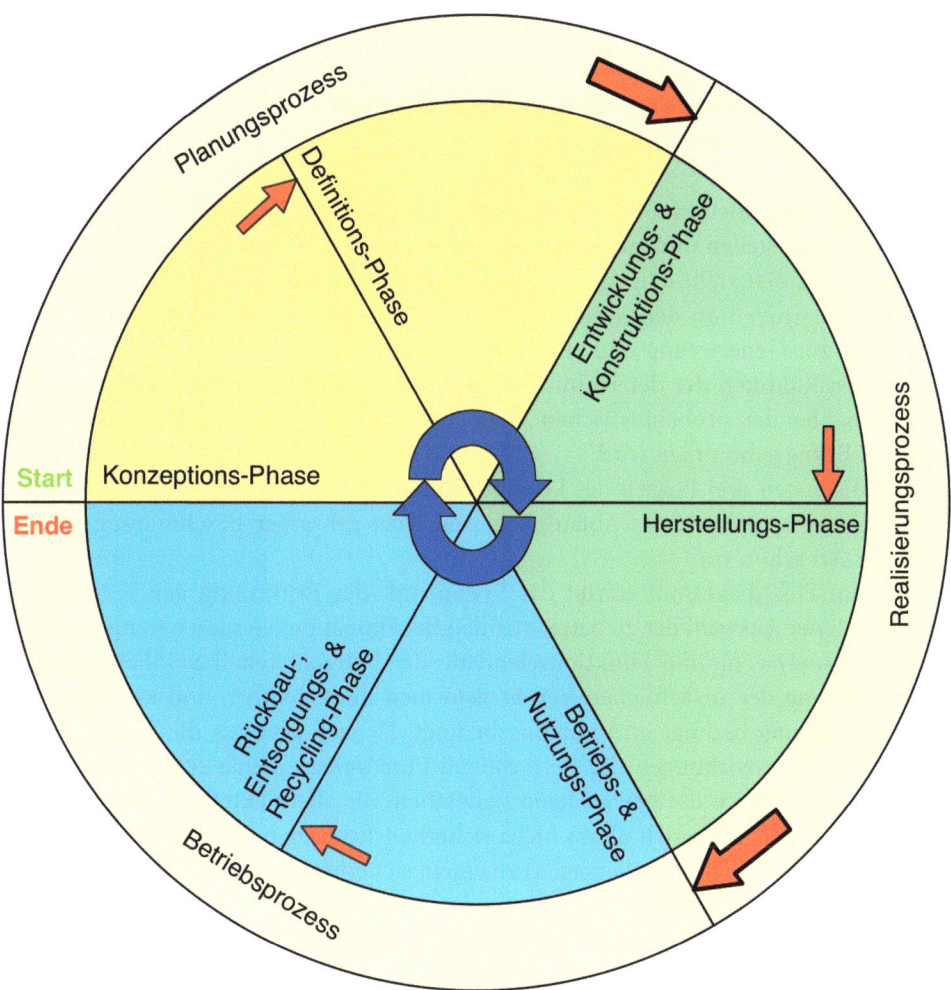

Faktoren, Arbeitsteilung, vorgängige Managemententscheidungen und sogar interorganisationale Beziehungen sind hier von größter Relevanz.

II Der VDI-Leitfaden »Technische Sicherheit« (Entwurf; Stand Januar 2012)

Der Leitfaden ist noch im Entstehungsprozess und demzufolge erstens nicht als fertige Unterlage vorzustellen und zweitens noch beeinflussbar. Der Ausschuss »Technische Sicherheit« des VDI sieht eine allgemeine Einleitung auf der Basis der Denkschrift vor und arbeitet zurzeit an der Gestaltung der alle Technikbereiche umfassenden Vorgehensweise zur Generierung und zum Erhalt von technischer Sicherheit. Dazu wird in die großen Rubriken der deterministischen und probabilistischen Maßnahmen unterteilt, wobei bei den probabilistischen Maßnahmen auf das Zuverlässigkeits-Handbuch des VDI Bezug genommen wird.

Für die ersten drei Phasen des Lebenszyklus eines Produkts oder Systems liegt die Ausarbeitung in Form eines Ablaufplans und dazu gehöriger Beschreibung umfangreichster Art schon vor.

In dem Flussdiagramm startet das System mit der Ermittlung der Versagensformen: Nach der Auswahl der zu betrachtenden Baueinheit des Gesamtsystems wird eine Verhaltensanalyse für die Funktionselemente der betrachteten Baueinheit unter Berücksichtigung der ursächlichen Versagensformen durchgeführt, und zwar zufallsbedingt, umgebungsbedingt und nutzungsbedingt. Danach erfolgen die Klassifizierung der Versagensauswirkungen der betrachteten Funktionselemente sowie die Auswahl der Versagensformen der betrachteten Baueinheit, die allein (Einfach-Versagen) oder in Verbindung mit für sich allein nicht sicherheitskritischen Versagensformen anderer Baueinheiten (Mehrfach-Versagen) zu einem sicherheitskritischen Versagen des Gesamtsystems führen.

Danach wird entschieden, ob im System ein sicherheitskritisches Versagen allein durch ein Versagen der betrachteten Funktionselemente, also eines Einfach-Versagens, verursacht werden kann. Ist das Einfach-Versagen begründbar durch unverlierbare naturgegebene Eigenschaften der betrachteten Baueinheit auszuschliessen, kann zunächst mit den deterministischen Maßnahmen gegen dieses Einfach-Versagen die Betrachtung fortgesetzt werden.

Kann dieses Einfach-Versagen begründbar durch unverlierbare, technisch bedingte Eigenschaften der betrachteten Baueinheit ausgeschlossen werden, so gilt dieselbe Schlussfolgerung.

Nur wenn diese beiden Fälle nicht mit »Ja« beantwortet werden können, muss dieses Einfachversagen weiter differenziert werden. Kann nämlich dieses Einfach-Versagen, begründbar durch unverlierbare, technisch bedingte Eigenschaften der Baueinheit, die der betrachteten Baueinheit übergeordnet ist, ausgeschlossen werden?

Beantwortet sich diese Frage mit »Ja«, dann ist eine sicherheitsgerechte Auslegung fortführbar, allerdings im semi-probabilistischen Bereich. Lautet die Antwort »Nein«, ist ein Neuentwurf notwendig.

Kann ferner dieses Einfach-Versagen, begründbar durch unverlierbare, technisch bedingte Eigenschaften einer oder mehrere Baueinheiten, die der betrachteten Baueinheit hierarchisch nicht zugeordnet sind, ausgeschlossen werden? Beantwortet sich diese Frage mit »Ja«, dann ist eine sicherheitsgerechte Auslegung fortführbar, allerdings im probabilistischen Bereich. Lautet die Antwort »Nein«, ist ein Neuentwurf notwendig.

Ohne auf eingängige Beispiele zurückzugreifen, kann im Rahmen dieses Beitrages der Ablaufplan nicht weiter im Detail erläutert werden.

Man erkennt aber, dass es sich bei dem Leitfaden-Teil für die ersten drei Phasen um eine umfassende Darstellung technikfeldübergreifender Art handelt.

Mit der Bearbeitung der Realisierungs- und der Betriebsphase werden die Arbeiten komplettiert. Der VDI-Leitfaden »Technische Sicherheit« ist zu gegebener Zeit für Details heranzuziehen.

III Moderne Fehlerkultur

Zunächst ist festzuhalten, dass in Deutschland überwiegend eine Kultur der Schuldzuweisung vorherrscht, wodurch vielfach die eigentlichen Ursachen eines Ereignisses/Unfalls mindestens überdeckt werden können. In Neu-Deutsch nennt man dies blame culture.

Für die Untersuchung von Vorfällen ist es entscheidend, ob sich ein Produkt oder ein System den allgemeinen anerkannten Regeln der Technik, dem Stand der Technik oder dem Stand von Wissenschaft und Technik zuordnen lässt.

Handelt es sich bei dem Produkt oder dem System um ein handelsübliches und gebräuchliches, so müssen die Fehler nur innerhalb des fest umrissenen Systems gesucht werden und für die zukünftigen Vorhaben ausgeschlossen werden. Handelt es sich aber um ein Gebiet der technologischen Fortentwicklungen, so sind zwar die Rechtsgrundlagen weiter zuzuordnen, auch die Aufsicht für den betreffenden Anwendungsfall ist festgelegt, aber es ist der Stand der Technik zu berücksichtigen. Und hier befindet man sich in einem nicht durchgehend kodifizierten Bereich, der Auslegungen unterschiedlicher Art zulässt. In diesem Zusammenhang ist auf die VDI-Denkschrift hinzuweisen, die die Normierung des Weges zur Erreichung des Standes der Technik beschreibt. Damit ergibt sich für die Gerichte eine entscheidende Verbesserung hinsichtlich der Anforderungen an und der Bewertung von Sachverständigengutachten.

Kommt man in den Bereich der technologischen Innovationsvorhaben, so sind die vorhandenen Rechtsgrundlagen nicht mehr zwingend anwendbar. Dann werden so genannte Verlegenheitslösungen, wie beispielsweise das Gesetz über den Bau und Betrieb von Versuchsanlagen zur Erprobung von Techniken für den spurgeführten Verkehr, zur

Abbildung 2 Zusammenhang von allgemein anerkannten Regeln der Technik mit dem Stand der Technik und dem Stand von Wissenschaft und Technik

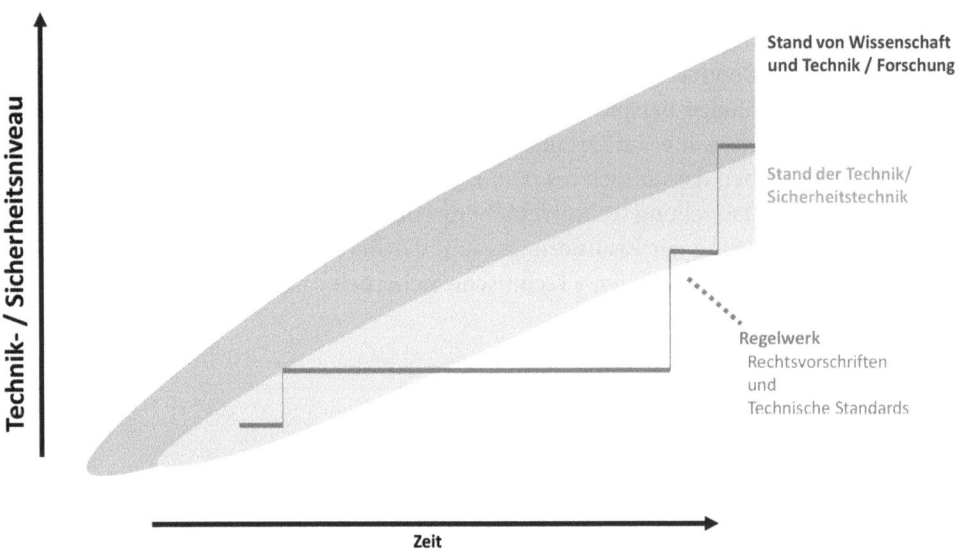

Hilfe genommen. Ferner muss für diese Fälle auch die Aufsicht definiert werden und natürlich wird mindestens der Stand der Technik heranzuziehen sein, wenn nicht sogar auf den Stand von Wissenschaft und Technik zurückgegriffen werden muss.

Verlegenheitslösungen unzureichender Art aber ergeben sich aus Zeit- und Geldmangel auf der Basis nicht wahrgenommener Verantwortung. Im Falle des Kölner Archivs ist beispielsweise die Aufsicht der ausführenden Firma übertragen worden. Eine fast unglaubliche Verantwortungslosigkeit, sofern die Meldung in der Presse wirklich zutreffend ist.

Auch beim Einsturz der Halle in Bad Reichenhall sind bezüglich der Aufsicht, der Sachverständigengutachten und darüber hinaus schon bei dem Konzept und der Definition Ungereimtheiten zu erkennen, die letztlich noch der Klärung harren.

In Abb. 2 findet sich eine Darstellung des Zusammenhanges vom Stand der Technik, dem Stand von Wissenschaft und Technik sowie zu den allgemein anerkannten Regeln der Technik. Näheres dazu findet sich auch in der VDI-Denkschrift.

Aus diesen Betrachtungen heraus wird deutlich, dass es sich bei der Ereignisauswertung keinesfalls nur um Unfälle oder auch Beinahe-Unfälle handelt, sondern dass der gesamte Lebenszyklus eines Produktes oder Systems betrachtet werden muss. So endet ja der Planungsprozess mit der Freigabe, die aber nur erteilt wird, wenn alle Planungsschritte erfolgversprechend ausgeführt wurden. Auch in diesem Bereich gibt es Fehlentscheidungen, die systematisch zu untersuchen wären. Allerdings fallen Ereignisse im Planungsprozess nicht in die öffentliche Betrachtung, sie bleiben vielmehr firmenintern. Ähnliches vollzieht sich im Realisierungsprozess, der mit einer Abnahme endet. Vielfach wird dieser Realisierungsprozess nicht in einem einzigen Durchlauf abgewickelt werden können, sondern es werden auch hier Iterationsschritte nötig, weil Fehler in der Ausführung vor der Inbetriebnahme auffällig geworden sind. Und nur die Unfälle und Störungen im Betriebsprozess erreichen auch in vielen Fällen die Öffentlichkeit.

Die zu betrachtenden unerwünschten technischen Systemzustände können sich also auf verschiedenen Eskalationsstufen realisieren. Sie können sowohl durch Bedienungsfehler als auch auf vorgelagerten Entscheidungsstufen durch Management-, Wartungs- und Konstruktionsfehler sowie durch praxisuntaugliches Design hervorgerufen werden. Letztendlich sind auch die Desaster der letzten Zeit, wie die Kernreaktor-Katastrophe in Fukushima oder der massive Ölunfall der »Deepwater-Horizon«-Plattform im Mexikanischen Golf hier ursächlich einzuordnen.

Die Ereignisse, die zu einer Störung im Betrieb führen, sind die Ereignisse der dritten Art. Sie sind häufig öffentlichkeitswirksam, in jedem Fall auch über den Betrieb bzw. die unmittelbare Situation hinaus beobachtbar. Sie wirken unmittelbar zurück auf den Betriebsprozess.

Ereignisse der zweiten Art sind jene, die in der Abnahme des Produktes, des Systems auftreten. Sie wirken unmittelbar zurück in die Herstellung und in die Entwicklung/Konstruktion.

Ereignisse der ersten Art sind jene, die im Rahmen der Freigabe erkennbar werden. Sie wirken unmittelbar zurück auf den Planungsprozess. Die Abb. 3 zeigt die Iterationsschleifen im Lebenszyklus von Technischen Produkten bzw. Systemen.

Nun haben sich in jedem Fachgebiet Besonderheiten herausgebildet, so dass bereichsübergreifende Betrachtungen erschwert werden. Diese grundsätzliche Feststellung gilt auch für den Bereich der Ereignisauswertung, also der so genannten Lessons Learned. Gerade hier aber könnte aus den Ereignissen nicht nur im jeweiligen System gelernt werden, sondern vor allem auch fachgebietsübergreifend. Allerdings hat die Zahl der Fachgebiete laufend zugenommen und zu einer in entsprechenden Rechtsbereichen gefassten Isolierung geführt. Um den maximalen Nutzen aus den Ereignissen ziehen zu können, müssen die Begriffe und die Bewertungsprozesse unbedingt vergleichbar sein, die Dokumentation und die Veröffentlichung müssen zum Vorteil der Volkswirtschaft nach einvernehmlichen Regeln gestaltet werden. In jedem Fall muss das so genannte Beinahe-Ereignis integraler Bestandteil der Erfassung und Auswertung sein, da hier ein enorm großes Lernpotenzial vorliegt und aus volkswirtschaftlicher Sicht nicht ungenutzt bleiben darf. Emil Ninov berichtete in 2002, dass auf einen Unfall mit schwerer Verletzung 10 Unfälle mit leichter Verletzung und 30 Unfälle mit Sachschaden sowie 600 Beinah-Unfälle ohne Schäden kommen.

Abbildung 3 Iterationsschleifen im Lebenszyklus Technischer Produkte/Systeme

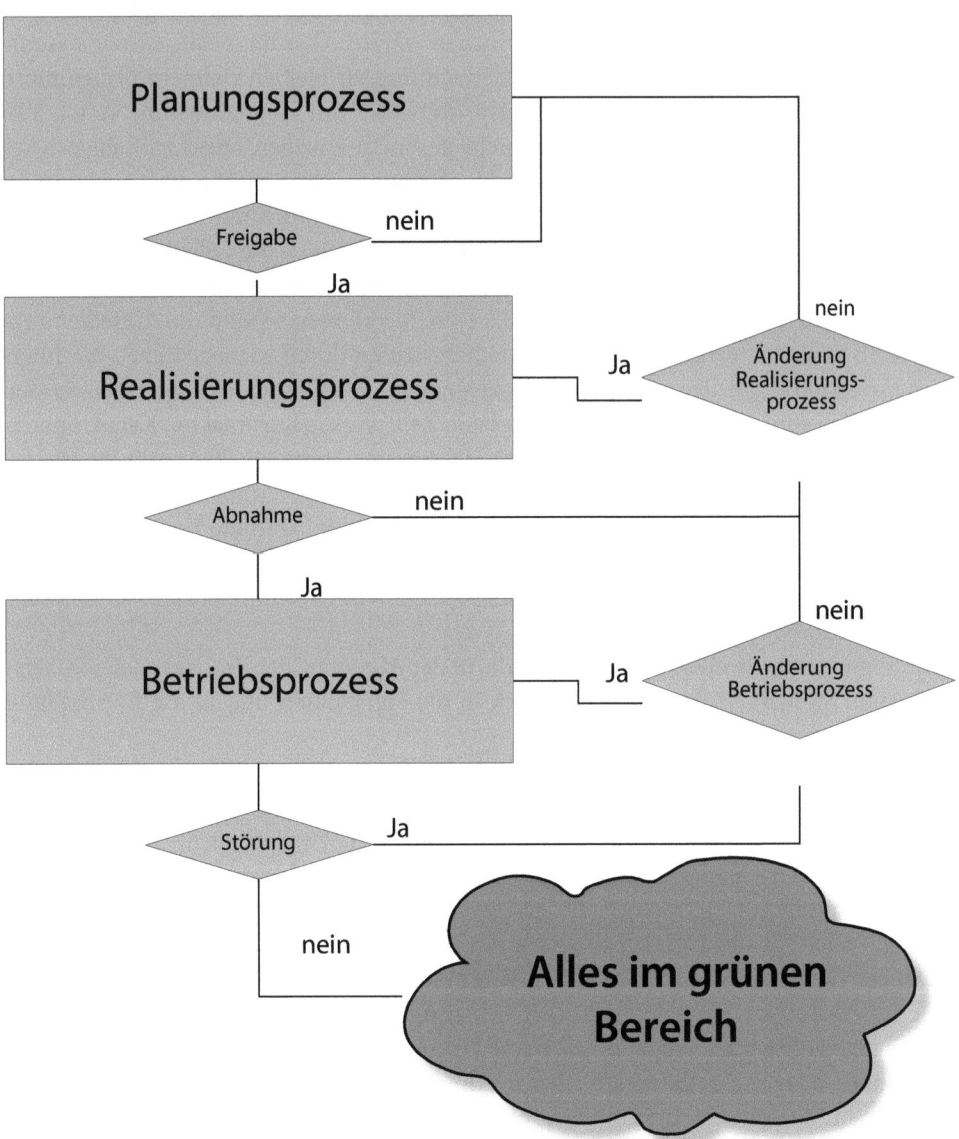

Abbildung 4 Kopplung von innerem und äußerem Regelkreis

Der äußere Regelkreis – Stand der (Sicherheits)Technik

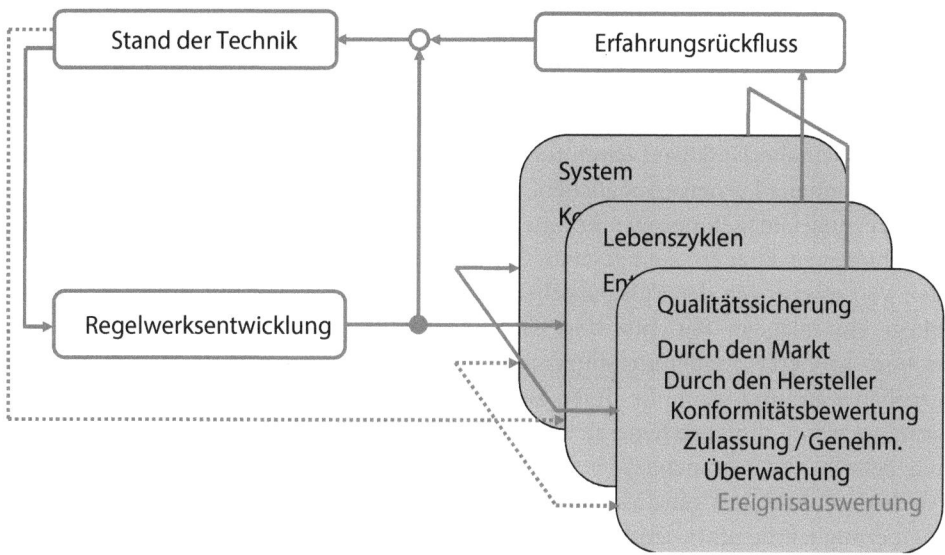

Es gilt also, den Prozess der Generierung von Sicherheit als einen Regelkreis anzusehen und sämtliche Ereignisse in diesen Kreis einzubeziehen. Dazu ist es notwendig, die folgenden Punkte stärker zu beachten und voranzutreiben:

1) Erkenntnisse aus Ereignissen aus allen relevanten Technikfeldern gemeinsam nutzen
2) Kooperationen proaktiv eingehen und fördern
3) Ressort-und Ländergrenzen überwinden
4) Ereignisauswertung und Nutzung der Erkenntnisse internationalisieren
5) Fehlerkultur verbessern und in Lernkultur überführen
6) Informationsfluss stärker institutionalisieren
7) Unabhängigkeit der Ereignisauswertung gewährleisten
8) Untersuchungen im Einzelfall ermöglichen

So bildet die VDI-Denkschrift einerseits die Grundlage für den zur Zeit abzuleitenden Leitfaden zur Generierung von Sicherheit in allen Technikfeldern, wie andererseits die engeren Regelkreise sichtbar gemacht werden müssen, um sie in einen äußeren Regelkreis zum Nutzen der Volkswirtschaft und in vielen Fällen auch der jeweiligen Betriebswirtschaft einzufügen, s. Abb. 4.

IV Botschaft

Angesichts der Folgen technischer Stör- und Unfälle für Mensch, Betrieb und Volkswirtschaft ist eine verbesserte Prävention und ein intensiveres Lernen aus Ereignissen geboten. Wie oben beschrieben, kann von einer umfangreicheren und strukturierteren Datenlage wesentlich profitiert werden, indem besondere Betriebsereignisse – auch unterhalb der derzeitigen gesetzlichen Berichtsschwelle – erfasst, untersucht und dokumentiert werden. Hier gilt es, unter Einbeziehung von nicht-meldepflichtigen Ereignissen und Beinahe-Unfällen Lehren für die Praxis technischen Handelns zu ziehen, also organisationales Lernen ermöglichen.

Auf Einzelanlagen bezogen könnten entsprechende Erkenntnisfortschritte auf den verschiedenen Ebenen – eingesetzte Stoffe, Prozesse und Komponenten – zu laufenden Verbesserungen der Anlagensicherheit führen.[1] Mehr noch: die Bereitstellung und Pflege einschlägiger Berichts- und Analysedatenbanken könnten diese Lernprozesse in noch größerer Breite unterstützen, wenn ihre anlagenübergreifende Zugänglichkeit gegeben wäre und wenn die ihnen zugrundeliegenden Kategoriensysteme einheitlich gestaltet wären. Entsprechend strukturierte Informationsangebote würden dann nicht nur betriebs- oder branchenweit von Interesse sein, sondern auch sicherheitsbezogene Analogieschlüsse auf ganz andere Anlagen erlauben. Diese Möglichkeit der Verallgemeinerung würde umfassende Sicherheitskonzepte und fortschrittliche Regelsetzungen unterstützen, die letztendlich national und zunehmend europäisch, eventuell auch international Anerkennung und Anwendung finden könnten.

Darüber hinaus würde eine Institutionalisierung der systematischen Ereignisanalyse auch zu einer Neuausrichtung von Fehlerkultur hin zu einer Lernkultur beitragen, die die negativen Anreize der bisherigen »Schuldkultur« vermeidet. So krankt das hier derzeit angewandte Schuldprinzip daran, dass Fehler im Betrieb oft nicht gemeldet werden, da ihre Meldung Sanktionen nach sich ziehen kann. Anreizsysteme sind zu überdenken, um mehr Transparenz und Effektivität in die Organisation technischer Sicherheit einzuführen. Erste Gedanken hierzu könnten hin zu einer begrenzten Anonymisierung von Ereignisdaten evtl. in Verbindung mit einer Abschwächung des Verursacherprinzips – nicht der erstmalige Fehler, sondern nur seine Wiederholung ist stark zu ahnden – weisen.

Gerade vor der augenblicklichen Entwicklung der Strukturen im zusammenwachsenden Europa und auch weltweit ist es zwingend notwendig, die Gewährleistungsverantwortung des Staates mit der Durchführungsverantwortung der Akteure immer wieder neu auszubalancieren.

Eine zwingende Voraussetzung für diese Balance ist eine Datenlage, die aufgrund übersichtlicher und transparenter Vorgaben zur Verfügung gestellt wird. Mit geeigne-

---

1 Vergl. OECD Workshop on Lessons Learned from Chemical Accidents and Incidents; http://www.oecd.org/env/accidents

ten Methoden, die entsprechend normiert sind, können dann verlässliche Erkenntnisse über die Güte der technischen Systeme abgeleitet werden.

Sicherlich ist es besser, zukünftig von einer Lernkultur zu sprechen anstatt von einer Fehlerkultur. Die Technik muss sich dazu deutlicher in die Diskussionen zu Technologie und Gesellschaft einbringen und darf das Feld nicht länger primär den Juristen und Volkswirten überlassen. Der VDI, die Leopoldina, die Ingenieurkammern, die acatech und viele anderen stakeholder der Technik wie die Technischen Universitäten und die einschlägigen Wissenschaftsorganisationen müssen sich einer Struktur bewusst werden, aus der heraus sie die gesellschaftlichen Erfordernisse maßgeblicher mitgestalten können. Beispielsweise hat die Europäische Akademie zur Erforschung von Folgen wissenschaftlich-technischer Entwicklungen eine Projektskizze »Fehlerkultur und technische Sicherheit« erarbeitet (September 2011), was der Unterstützung hinsichtlich Inhalt und Förderung bedarf.

Der VDI schlägt im Übrigen in seiner Denkschrift vor, die Idee eines Technikrates weiter zu verfolgen, eine Konzeption zu erarbeiten und letztlich die Etablierung zu ermöglichen. Und auf dem Weg dorthin müssen die Diskurse breit unterstützt werden. Zahlreiche einzelne Aktivitäten von zivilgesellschaftlichen Organisationen wie der Robert Bosch und der Heinrich Böll Stiftung oder auch seitens einiger Behörden (z. B. der angekündigte Technikdialog der Bundesnetzagentur im Frühjahr 2012) sind verstärkt wahrnehmbar. Erlaubt sei in diesem Zusammenhang auch ein Hinweis in eigener Sache: In Berlin hat sich derzeit das FORUM Technologie & Gesellschaft etabliert, auf dessen Veranstaltungen Technik sowohl als integraler Bestandteil unseres Lebensalltages, aber eben auch als wichtiger Innovationstreiber verstanden und entsprechend diskutiert wird (www.forum46.eu). Hier kommen Vertreter und Multiplikatoren aus allen gesellschaftlichen Bereichen zusammen, um in einer aufgeschlossenen Atmosphäre nachhaltige Lösungsansätze zu entwickeln. Jeder ist herzlich eingeladen, diese Herausforderungen mit branchenübergreifendem Verständnis und persönlichem Engagement anzunehmen. Letztlich wird es darauf ankommen, Risiken und Chancen der Technik nicht einseitig und ideologisch zu bewerten, sondern gemeinsam ein am Menschen orientiertes Technikverständnis weiter zu entwickeln.

Kooperation von Mensch und Maschine in der Luftfahrt

Peter Hecker
Institut für Flugführung, TU Braunschweig

Individuelle Mobilität ist elementares Grundbedürfnis heutiger und zukünftiger Gesellschaften. Entwicklung von Mobilität erfolgt allerdings im Spannungsfeld gesellschaftlicher Bedürfnisse, ökonomischer Randbedingungen und ökologischer Notwendigkeiten. Mobilität soll kostengünstig, sicher und umweltfreundlich sein. Alle drei Dimensionen gleichermaßen zu berücksichtigen ist schwierig, weil sie sich teilweise widersprechen. Doch das Ziel muss darin bestehen, ihre Schnittmenge zu vergrößern. Je besser dies gelingt, umso größer ist die Nachhaltigkeit des Transportsystems (Abb. 1).

Zu diesen primären Qualitätsparametern kommen noch weitere Anforderungen, die sekundären Qualitätsparameter. Dazu zählen beispielsweise Pünktlichkeit und Passagierkomfort. Doch sie besitzen im Verglich zu den primären Dimensionen, die Nachhaltigkeit gewährleisten können, eine nachrangige Priorität.

Abbildung 1

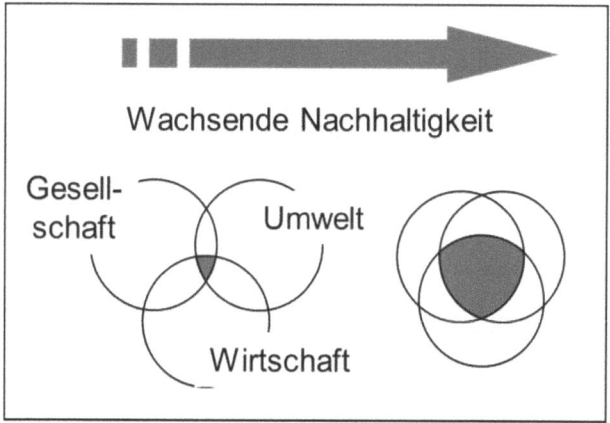

Abbildung 2 Unfallstatistik (Quelle: Boeing 2013)

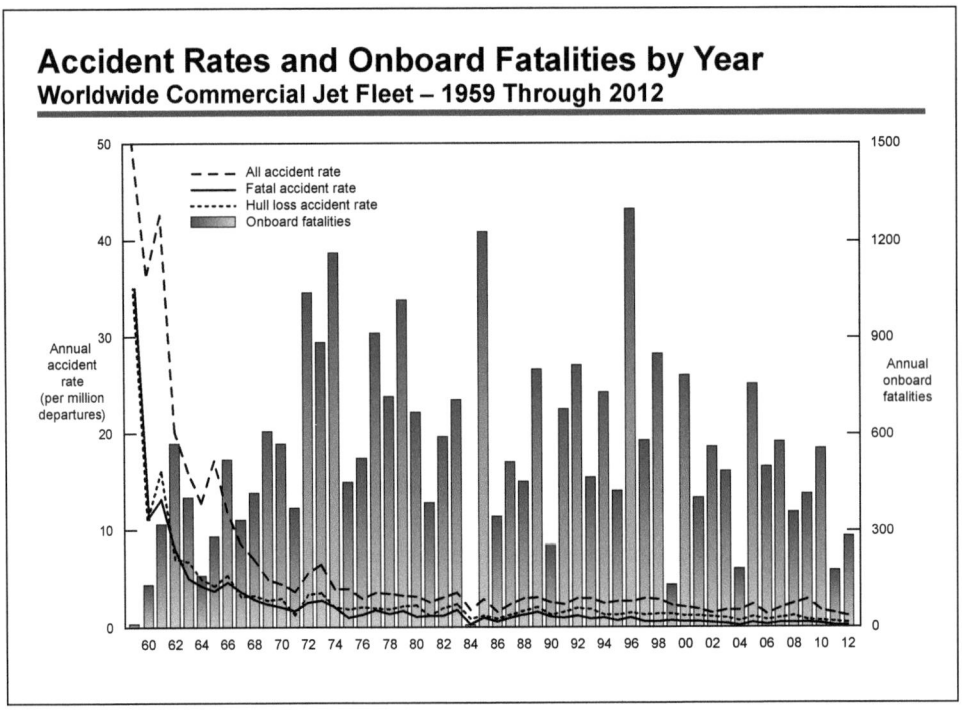

Über allem muss indes die Sicherheit im Flugverkehr stehen. Diese Dimension, die auch für die Akzeptanz des Flugzeugs als Transportmittel zentral ist, soll im Folgenden adressiert werden. Eine langjährige Statistik über Unfallzahlen in der kommerziellen Luftfahrt ist Diagramm (Abb. 2) gegeben. Dort zeigt die durchgezogene Linie die Raten der Unfälle mit Verlust an Menschenleben pro einer Million Starts. Nach einer hohen Anzahl in den frühen 1960er Jahren sank sie, dank der immer weiter entwickelten Piloten-Assistenz-Systeme, immer weiter ab. Diese technischen Systeme unterstützen den Piloten in allen wesentlichen Aufgaben von der Situationserfassung und -interpretation, der Planung und Planimplementierung bis hin zur Flugüberwachung. Gleichzeitig lassen sie sein Aufgabenfeld kontinuierlich komplexer werden.

Probleme

Als Folge »konventioneller« Automation, bei der technologiegetrieben Einzelfunktionen losgelöst vom operationellen Kontext automatisiert werden, können sicherheitsrelevante Zwischenfälle auftreten. Dies kann an einem exemplarischen Fall, dem Absturz

Abbildung 3 Absturz LH 2904 bei Warschau am 14.09.1993 (Quelle: www.baaa-acro.com/Photos d‹accidents 1993.htm)

der LH 2904 bei Warschau (Polen) am 14.09.1993 (Abb. 3), illustriert werden. Hierbei handelte sich um einen planmäßigen Flug von Frankfurt nach Warschau/Okecie. Die Bahn 11, die eine Länge von 2800 m besitzt, wurde für die Landung freigegeben. Bei einsetzendem Regen warnte die Anflugkontrolle warnte den anfliegenden Verkehr vor *Wind Shear*, plötzlich verändernden Windrichtungen. Wie das Handbuch vorsieht, erhöhte der Pilot (PF, Pilot Flying) daraufhin die Anflug- und die Landegeschwindigkeit. Das Flugzeug setzte auf regennasser Bahn auf. Aufgrund von drehenden Windrichtungen sowie weiterer, im folgenden betrachteter Gründe, wurde nach dem Aufsetzen die Flugzeuggeschwindigkeit zu langsam abgebaut, so dass als Folge *Runway Overshoot* auftrat, d. h. das Flugzeug rutschte über die Landebahn hinaus.

Die Ursachen des Unfalls liegen in den Problemen konventioneller Automation. Warum das so ist, lässt sich an der Funktionsweise des automatisierten Bremssystems erläutern. Die Beschreibung ist hierbei in Teilen vereinfacht, um klarer auf die sich ergebenden und grundlegenden Herausforderungen in der Automatisierung von Flugsystemen hinzuweisen.

Setzt ein Flugzeug auf der Landebahn auf, aktiviert sich das Bremssystem mit automatisierter Bremshilfe, d.h. *Ground Spoiler* und *Engine Reverser* werden aktiviert. Die Ground Spoiler (Bremsklappen an den Flügeln) klappen hoch, um die Geschwindigkeit zu verlangsamen (Abb. 4a). Demselben Zweck dient der Engine Reverser, der die Antriebsysteme auf Schubumkehr schaltet (Abb. 4b). Ground Spoiler und Engine Reverser kann der Pilot automatisiert betreiben, indem er die Stärke des Bremsvorgangs am *Auto-Brake Panel* einstellt (in Abb. 4c rot umrandet). Das Bremssystem funktioniert dann, wenn die automatisierter Bremshilfe eingeschaltet ist, wie folgt: Die Ground Spoiler fahren aus, wenn beide Hauptfahrwerke eingefedert sind (weil sie auf dem Boden aufsetzen), oder wenn die Radgeschwindigkeit der Fahrwerke eine vorgegebene Marke überschreitet (weil das Flugzeug Bodenkontakt bekommen hat). Die Engine Reverser werden aktiviert, wenn beide Hauptfahrwerke eingefedert sind.

Abbildung 4a Spoiler (Bild: L. Shyamal)

Abbildung 4b Reverser (Bild: A. Pingstone)

Abbildung 4c Auto-Brake Panel (Bild: K. Bayram)

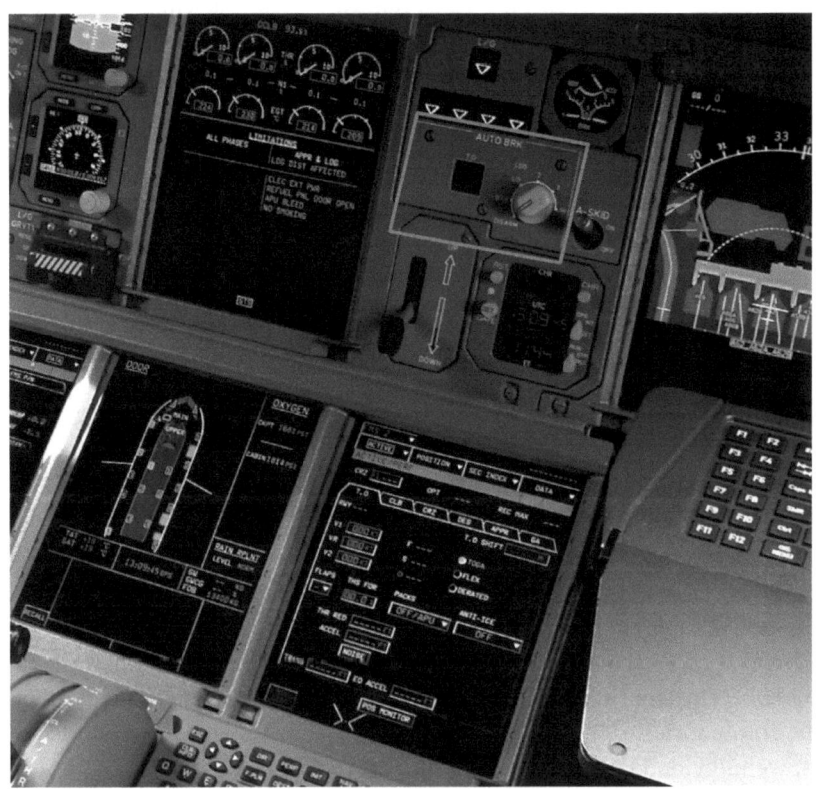

Wind Shear trug wesentlich zum Unfall beim Landevorgang des Fluges am 14.09.1993 bei. Das Flugzeug sollte eigentlich an der »Schwelle« der Landebahn aufsetzen. Der erste Bodenkontakt des rechten Fahrwerks kam sehr spät, da der Pilot wegen Rückenwind die Geschwindigkeit erhöhen musste. Im problemlosen Normalverlauf hätten zuerst die beiden Hauptfahrwerke aufgesetzt, und dann das Bugfahrwerk, und nach dem Einfedern aller Fahrwerke hätte die Bremsautomatik eingesetzt. Doch im vorliegenden Fall geschah das – wegen des drehenden Windes – nicht. Zuerst federte das rechte Fahrwerk ein, anschließend das Bugfahrwerk, und dann erst das linke Fahrwerk. Nun erst (1.525 m nach der Schwelle) kam die Freigabe von Ground Spoiler und Umkehrschub durch die Schaltlogik der automatischen Bremshilfe. Die Bremsautomatik setzte also zu spät ein. Die verbleibenden 1.275 m Landebahn reichten unter den gegeben Witterungsbedingungen nicht zum Abbremsen. Deshalb verständigten sich Pilot (PF) und Kopilot (PNF) kurz vor Ende der Landebahn, das Seitenruder nach rechts herumzureißen. Trotzdem war die Kollision mit dem Erdwall, der sich 90m hinter Bahnende befindet, nicht mehr zu vermeiden.

Rückblickend kann hierbei festgestellt werden, dass u.a. Defizite im Zusammenwirken von Mensch (Pilot) und Maschine (automatisiertes Bremssystem) in der gegebenen Situation zu einer katastrophalen Situation geführt haben.

Herausforderungen

Das Lufttransportsystem wächst kontinuierlich um zwei bis drei Prozent pro Jahr. Wirtschaftswachstum, Globalisierung und rasche Entwicklung der Schwellenländer tragen dazu bei. Mit dem Wachstum des Luftverkehrsaufkommens steigen auch die Anforderungen an die Piloten. Sie müssen mit dichterem Verkehr in komplexeren Szenarien zurechtkommen.

Das Lufttransportsystem ist gekennzeichnet durch einen hohen Grad an Einbindung menschlicher Bediener in die Führungsprozesse. Der Pilot trägt die Verantwortung für sicheren Flug von Gate zu Gate, der Fluglotse für die sichere Koordination der Luftverkehrsströme.

Als Folge der drohenden Überforderung von Piloten findet zunehmend konventionelle Automatisierung im Cockpit statt. Das Wort »konventionell« sagt in diesem Kontext, dass die Automatisierung einzelner Funktionen technologiegetrieben erfolgt, dass der Stand der Technik also vorgibt, was Technik übernehmen kann. Der Pilot, der die Gesamtverantwortung trägt, kann Einzelfunktionen an Automaten delegieren. Aber problematisch ist dabei die steigende Zahl von unabhängigen Automatismen. Die Cockpittechnologie (Super Constellation) des Jahres 1951 war noch überschaubar, aber auch sie ist durchaus beeindruckend (Abb. 5). In den folgenden Jahren weisen Komplexität und Quantität der Systeme zur Mensch-Maschine-Kooperation (Anzeige- und Bediensysteme) allerdings eine stark steigende Tendenz auf. Bei der Concorde des Jahres 1969

Abbildung 5 Cockpittechnologie 1951 (Quelle: Super Constellation Flyers Association (SFCA))

Abbildung 6 Cockpittechnologie 1969 (Quellen: Cockpit: Matt Midgley, http://soarlikethebirds.com/tag/concorde/ – Concorde: http://www.museumofflight.org/concorde)

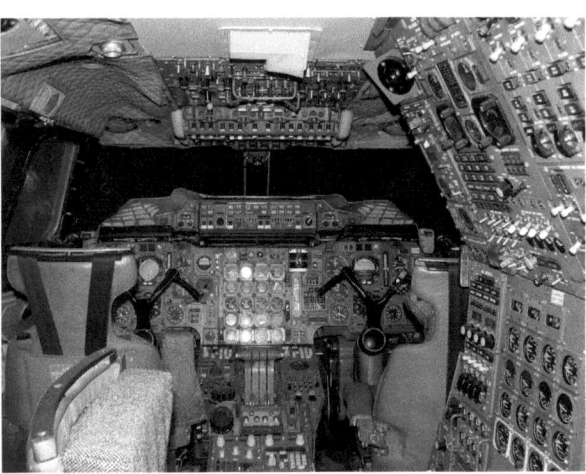

Abbildung 7 Faktor Mensch in der Luftfahrt

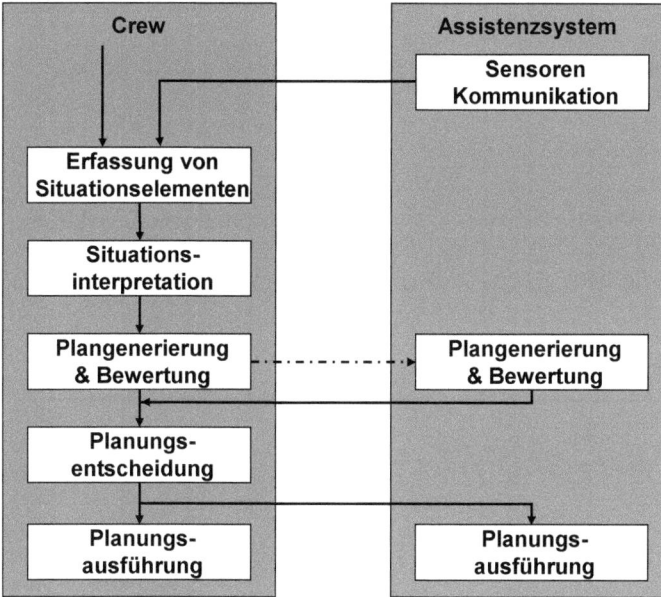

ist die Zahl der Geräte im Cockpit immens gewachsen (Abb. 6). Die nachfolgenden Flugzeugausrüstungen mit sog. »Glas-Cockpits« (unter Verwendung von Computer-Bildschirmen), wie z. B. in der Airbus A-320 Familie führen diese Tendenz fort.

Der Pilot kann Aufgaben an Geräte delegieren. Er hat eine zunehmende Zahl von Apparaturen im Cockpit, trägt aber Verantwortung dafür, welche er eingeschaltet hat. Seine Verantwortung für Sicherheit umfasst die operationelle Anwendbarkeit und die kontextbezogene Sicherheit. Er muss entscheiden, ob die vorhandenen technischen Geräte für eine gegebene Situation angemessen sind. Prinzipiell jedoch stellt die durchgängige Kenntnis des jeweiligen Delegationsrahmens eine große Herausforderung dar, weil die Automatisierung einen sehr hohen Komplexitätsgrad erreicht hat.

Grundsätzlich nimmt der Pilot seine Flugführungsaufgabe im Rahmen eines sog. »Recognize-Act-Cycles« war. Dabei erfasst er eine gegebene Situation und interpretiert sie unter Einbeziehung von Vorwissen. Darauf aufbauend entwirft er, bezogen auf seine Aufgabe (Flug von A nach B), einen Plan und entscheidet ggf. zwischen alternativen Planvarianten und -parametern. Für bestimmte Situationen kann er sich der Hilfe von automatisierten Systemen bedienen, und z. B. den Autopiloten einschalten. Ein schematischer Ablauf der Handlungsstränge in einer konventionellen Arbeitsteilung zwischen Mensch (Crew im Cockpit) und Automaten (von Ingenieuren als Assistenzsystem entworfen und implementiert), lässt sich im Diagramm der Abb. 7 darstellen.

Abbildung 8   Dilemma bei der Entwicklung komplexer teil-automatisierter Systeme

Pilot:
++ fliegerische/betriebliche Ausbildung
O   wissenschaftlicher Hintergrund

- Führung des Luftfahrzeugs anhand v. Systemen
- Anwendung prozeduralen Wissens

trägt Gesamtverantwortung

Ingenieur:
++ technisch/wissenschaftliche Ausbildung
O   operationeller Hintergrund

- denkt Szenarien vor
- entwirft Automatismen/Systeme

übernimmt (Teil-)Verantwortung

Abbildung 9   joint teams

Wie eingangs angedeutet, ergibt sich nun mit zunehmender Komplexität von Flugsystemen ein Dilemma. Auf der einen Seite befindet sich der Pilot mit seiner fliegerischen Ausbildung. Er trägt die volle Verantwortung für die sichere Durchführung eines Fluges. Dabei führt er das Flugzeug anhand von Systemen, die Ingenieure entwickelten. Er wendet sein Wissen prozedural an. Er ist trainiert, Handlungsanleitungen zu befolgen, und er hat dies habitualisiert. Auf der anderen Seite befindet sich der Ingenieur. Er ist technisch gut ausgebildet, besitzt aber in der Regel nur ein begrenztes operationelles Grundlagenwissen. Sofern er die Avionik gestaltet, indem er beispielsweise ein automatisiertes System entwickelt, das dem Piloten dienen soll, übernimmt er im ideellen Sinne einen Teil der Verantwortung für den sicheren Flug (Abb. 8). Der Entwickler denkt für den Piloten Szenarien »vor«, er übernimmt Verantwortung, um in Situationen von Überlast die Belastung durch Automatisierung auf ein erträgliches Maß zu reduzieren. Der Pilot nutzt die komplexen Systeme des Cockpits im Allgemeinen mit begrenzter Detailkenntnis der technischen Interna in den Flugsystemen und deren Einsetzbarkeit in einem gegebenen situativen Kontext.

Das Dilemma tut sich also durch die Kluft zwischen den beiden beteiligten Zugangsweisen auf, nämlich dem Piloten mit fliegerischer Ausbildung auf der einen und dem Ingenieur als technischem Experten auf der anderen Seite. Es zu bewältigen, erfordert neue Prozesse der Systementwicklung, deren Kern »Joint Teams« bilden können (Abb. 9). Dabei geht es im Prinzip darum, dass Ingenieure die erforderlichen Systeme gemeinsam mit den Anwendern entwickeln. Vorteilhaft ist dabei die Beteiligung »technischer Piloten«, also von Piloten, die über eine fundierte Basis technischer Kenntnisse verfügen. In solchen Joint Teams ist die Verantwortung nicht mehr auf den Piloten und den Ingenieur aufgeteilt, sondern liegt bei diesen Teams.

Change Management

Dieses neuartige Management der Technikentwicklung führt zu Veränderungen im Zusammenwirken von Mensch und Maschine. Ein begleitender Effekt der Joint Teams ist die Steigerung der Akzeptanz seitens des Anwenders. Dies ist insbesondere deshalb von großer Bedeutung, da in der Vergangenheit des Öfteren die Einführung neuer Automatisierungsansätze durch Anwender nur zögerlich aufgegriffen worden ist. Auch deshalb ist hilfreich, Änderungsprozesse gemeinsam mit Nutzern im Sinne eines »Change Management Prozesses« sorgfältig zu planen.

Joint Teams können in geeigneter Weise ganzheitliche Automatisierungsansätze entwickeln (Abb. 10). Wesentlich dafür ist, funktionale Fähigkeiten bei Mensch und Maschine parallel anzulegen. Das kann zu einer situationsabhängig veränderlichen, gewissermaßen partnerschaftlichen Funktionsverteilung führen. Die Rollenverteilung von Mensch und Maschine ist nicht mehr starr. Der Pilot bewertet den Flug. Die automatisierten Systeme, die den Piloten unterstützen (Crew Assistant), sind in der Lage, Situa-

Abbildung 10 ganzheitliche Automatisierungsansätze

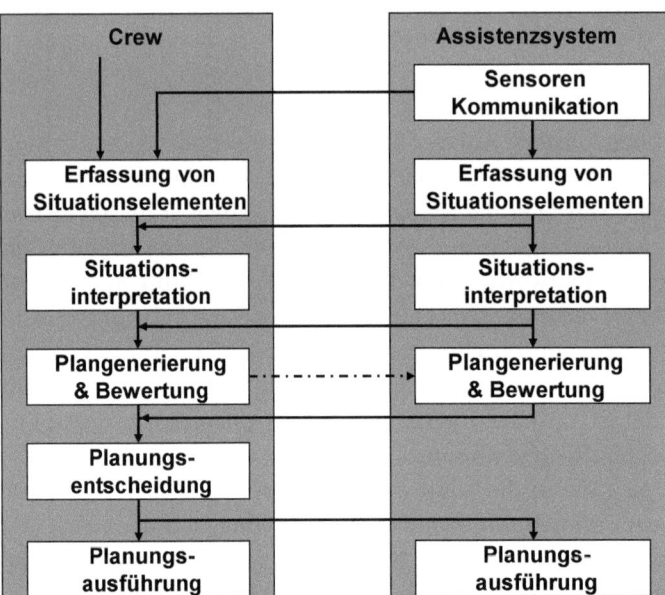

tionen zu erfassen und zu bewerten, und sie können sogar Pläne generieren und bewerten. Durch solche Parallelfähigkeiten von Mensch und Maschine wird der Pilot entlastet, wobei die Planungsentscheidung nach wie vor in seiner Verantwortung liegt.

Mit solchen Entwicklungen arbeiten Ingenieure gemeinsam mit den Beteiligten aus der Crew daran, den Begriff der Verantwortung im Flugverkehr neu zu definieren. Die Sicherheit des zivilen Luftfahrtsystems, die bereits seit den 1960er Jahren beträchtliche Fortschritte erreichte, wird auf eine höhere Stufe gehoben.

Was bei der Planung und Herstellung einer Eisenbahntrasse relevant sein kann

Hans-Hermann Prüser
Abteilung Bauwesen, Jade Hochschule/Oldenburg

Vorbemerkungen

Die Anlagen der Infrastruktur sind für den Wirtschaftsstandort Deutschland von herausragender Bedeutung. Sie vernetzen Wohn- und Arbeitsstätten; sie sind die Plattform für den Austausch von Gütern, Energie, Halbfertigprodukten und Komponenten zur Sicherstellung einer konkurrenzfähigen Produktion und sie sind Grundlage zur Befriedigung der Freizeitbedürfnisse der Bevölkerung.

Die Notwendigkeit zum Erhalt, Aus- und Umbau der Infrastruktur ist grundsätzlich unstrittig. Die Akzeptanz, ist insbesondere bei Neubauten innerhalb der betroffenen Bevölkerung oft nur schwer erreichbar, da die Umgebung nachhaltig verändert wird. Die Verkehrsträger Straße, Schiene, Wasser oder Luft haben deshalb ihre Neubauplanungen im Rahmen umfangreicher Planfeststellungsverfahren einer Genehmigung zuzuführen. Im Ergebnis wird eine Lösung angestrebt, die Einflussfaktoren Ökonomie, Ökologie sowie die Lebens(=Wohn)qualität im Sinne einer gesellschaftlichen Gesamtbetrachtung optimiert.

Die planenden Ingenieuren/innen nehmen in diesem Zusammenhang ausgesprochen verantwortungsvolle Aufgaben wahr. Sie arbeiten sachkundig, unabhängig, interdisziplinär und zielorientiert. Nachfolgend sollen am Beispiel einer Trassenplanung im Eisenbahnbau ausgewählte Problemfelder aufgezeigt werden, in denen die Übernahme von Verantwortung erforderlich ist.

1 Die Übernahme von Verantwortung als individuelle Leistung

Allgemein zählen der statische Nachweis und die Herstellung eines Tragwerkes auf der Baustelle zu zentralen Aufgaben eines Bauingenieurs. So richtig diese Aussage auch dem

Tabelle 1 Prinzipielle Nachweisführung gemäß Euro-Code

	S_{Ed}	$\leq$	S_{Rd}
	Nachweisgröße S aus den Bemessungseinwirkungen	$\leq$	Nachweisgröße S aus den Bemessungswiderstand des Systems gegenüber Versagen
	Biegebeanspruchung [kNm]	$\leq$	Biegetragfähigkeit [kNm]
	zu erwartende Verformung [m]	$\leq$	zulässige Verformung [m]
	zu erwartende Rissbreite im Beton [mm]	$\leq$	zulässige Rissbreite im Beton [mm]
	z. B. Zahlenwert S_{Ed} = 4.82	$\leq$	5.02 = S_{Rd} → Der Nachweis ist erfüllt!
			Ort, Datum, Ingenieurunterschrift

Grunde nach ist, sie wird umso bedenklicher, je strikter hier nach Abgrenzung von Verantwortlichkeiten gesucht wird.

Die Tabelle 1 zeigt die prinzipielle Vorgehensweise bei der Nachweisführung nach dem Euro-Code. Danach wird ein simulierter Bemessungswert für eine Beanspruchung, eine Verformung, etc. dem Bemessungswert der Tragfähigkeit oder zulässigen Parametern des System- oder Bauteilverhaltens gegenübergestellt.

Die Übernahme von Verantwortung als individuelle Leistung erfolgt formal durch die vom Ingenieur/in geleistete Unterschrift. Sie dokumentiert deutlich mehr als z. B. die isolierte Aussage »4.82 < 5.02«, sie erklärt die Richtigkeit und Zuverlässigkeit der Berechnung im technischen, im wirtschaftlichen und im juristischen Sinne. Der/die Unterzeichnende ist sich über die Wechselwirkungen, die zwischen Bauwerk und Umgebung bestehen, bewusst und versichert insbesondere auch, dass

- alle notwendigen, das Tragwerk beanspruchenden Einwirkungen mit ihren richtigen Intensitäten und Kombinationen berücksichtigt sind und dass damit die Tragfähigkeit und die Gebrauchstauglichkeit während der Nutzungsdauer sichergestellt sind,
- nur Baustoffe mit definierten Mindestmaterialkennwerten zu verwenden sind und dass diese unter Baustellenbedingungen auch nachvollziehbar herzustellen sind,
- die verwendeten Rechen- und Nachweisverfahren das reale Verhalten des Bauwerkes hinreichend genau erfassen und dass diese dem Stand der Technik entsprechen,
- die eingesetzten EDV-Programmsysteme zielführend sind und dass ihre Handhabung sicher beherrscht wird,
- die dargestellten Ergebnisse qualitativ wie quantitativ richtig sind und in Stichproben unabhängig verifiziert sind.

2 Die Übernahme von Verantwortung als Ergebnis einer integrierten Gesamtleistung

Im Jahre 1985 wurde die Errichtung einer ICE-Neubaustrecke in den Bedarfsplan für Bundesschienenwege aufgenommen. Nach 17 Jahren, von denen nur die letzten 6 Jahre für den eigentlichen Bau notwendig waren, wurde 2002 diese Strecke in Betrieb genommen. Die Reisezeit zwischen den Hauptbahnhöfen Köln und Frankfurt verkürzt sich von 133 auf 76 Minuten. Die Gesamtmaßnahme beinhaltet entlang der ca. 180 km langen Eisenbahntrasse zahlreiche Tunnel- und Ingenieurbauwerke, den Umbau/die Entwicklung der begleitenden Infrastruktur (Erd- und Straßenbau, Leitungsverlegungen) sowie zahlreiche Ausgleichs- und Ersatzmaßnahmen zur Sicherstellung einer angemessenen Umweltverträglichkeit.

In der Abbildung 1 sind 2 Folien wiedergegeben, die den Zeitbedarf und die untersuchten Varianten der Linienführungen darstellen. Letztlich zur Ausführung gekommen ist eine Linienführung mit den folgenden Haltepunkten:

Köln Hbf – Anbindung Flughafen Köln/Bonn – Siegburg – Montabaur – Limburg – Flughafen/Frankfurt – Frankfurt Hbf und einem Abzweig zu den Landeshauptstädten Wiesbaden und Mainz

Das Ergebnis stellt eine Lösung dar, in der die Anforderungen an den Fahrkomfort, Umweltschutzaspekte sowie die Kosten für Investition und Betrieb gemeinsam optimiert worden sind. Im Ergebnis werden als wesentliche Parameter für den Entwurf definiert:

- Die Strecke ausschließlich für den Personenverkehr unter Einhaltung von Mindestradien und maximalen Steigungen für eine Entwurfsgeschwindigkeit von 300km/h ausgelegt.

Abbildung 1 Zeitbedarf und Inhalte einer integrierten Gesamtplanung

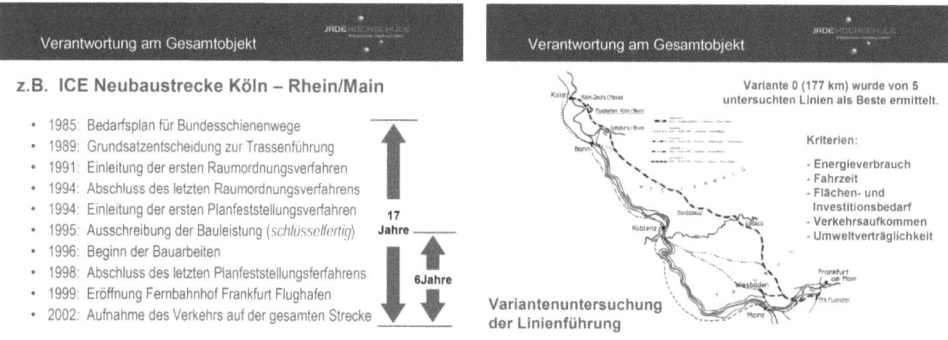

Abbildung 2 Landschaftsverbrauch und Bündelung der Verkehrsträger Schiene und Straße

- Die Trasse wird, dort wo es möglich ist, in enger Bündelung zur bestehenden Bundesautobahn A3 verlegt; die übrigen Bereiche werden durch einen hohen Anteil an Tunnelstrecken landschaftlich schonend behandelt.
- Die erwartete Auslastung der Strecke wird durch die Anbindung von zwei internationalen Flughäfen und der Landeshauptstädte Wiesbaden und Mainz verbessert.
- Die sich im Hochgeschwindigkeitsbetrieb ergebenden hohen Wartungskosten eines Schotterbettes werden durch den Einsatz eines durchgehenden Betonkörpers zur Auflagerung des Schienen/Schwellensystems (Feste Fahrbahn) minimiert.

Wie sich die Optimierung verschiedener Einflussgrößen lokal darstellen kann ist in den Bildern der Abbildung 2 zu erkennen. Das Fällen und Roden zusammenhängender Waldflächen und die enormen Bewegungen von Erdmassen lassen sich nur unter Berücksichtigung der Gesamtmaßnahme verantwortlich vertreten. Das linke Bild der Abbildung 2 zeigt im Vordergrund allerdings auch sehr deutlich den Einfluss einer landschaftsschonenden Trassenplanung. Der Betonkörper zeigt den Anfang eines Tunnels an. Seine Anlegung hat keinerlei fahrdynamische Erfordernisse sondern sie ergibt sich rein aus ökologischen Gesichtspunkten. Hier wird ein wertvolles Landschaftsschutzgebiet mit einer sehr wertvollen Flora und Fauna unterquert.

3 Die Übernahme von Verantwortung als Notwendigkeit zur Entscheidungsfindung

Für den Fortschritt und die Realisierung eines Projektes ist es erforderlich, Entscheidungen vorzubereiten, verbindlich abzustimmen und umzusetzen. Dabei gilt es bei den Betroffenen eine Akzeptanz der Maßnahme insgesamt zu erreichen und dann die verschiedenen Randbedingungen so neutral wie möglich abzuwägen.

Es wird nicht immer gelingen können, Problemlösungen zu finden, die allseits ein positives Echo finden. Es ist dann im Sinne der Verantwortung für die Gesamtmaßnahme die beste Lösung durchzusetzen.

3.1 Die Genehmigungsplanung für eine bauzeitliche Absenkung des Grundwassers

Als Beispiel soll hier eine Teilleistung im Zuge der Errichtung einer Eisenbahnbrücke gemäß Abbildung 3 behandelt werden. Ohne auf Details im Einzelnen eingehen zu wollen: Es ist erforderlich, dass in der Mitte der Brücke in unmittelbarer Nähe zu einem Bachlauf ein Brückenpfeiler zu errichten ist. Die Baugrundverhältnisse erlauben die Flachgründung auf einen Einzelfundament. Die Sohle des Pfeilerfundamentes liegt unterhalb des Grundwasserspiegels, dessen Höhenlage mit dem Gewässerwasserstand kommuniziert. Ohne bauliche Maßnahmen würde sich bei der Herstellung des Pfeilers die auszuhebende Baugrube mit Wasser füllen und der Bachlauf würde durch die Baugrube führen.

Abhilfe schafft die Ausbildung eines wasserdichten Spundwandkastens, der den Gründungsbereich des Brückenpfeilers vollständig umschließt. Das Grundwasser kann dann nicht mehr von der Seite in die Baugrube einfließen, sondern nur noch von unten. Wegen der angetroffenen Bodenverhältnisse (Wasserdurchlässigkeit) sind diese Wassermengen zwar beachtlich; sie sind aber durch Pumpeneinsatz technisch problemlos beherrschbar. Der Bachlauf kann in jedem Fall in seiner natürlichen Lage verbleiben.

Rechts in der Abbildung 3 ist die sich ergebende Situation während der ca. 6 Monate langen Bauzeit dargestellt. Das von unten in die Baugrube einströmende Grundwasser wird, bevor es die Baugrubensohle erreicht, noch im gewachsenen Boden abgepumpt und beseitigt. Dadurch wird die Baugrube trocken gehalten. Um den Spundwandkas-

Abbildung 3 Genehmigung einer Grundwasserentnahme für die Herstellung eines Brückenpfeilers

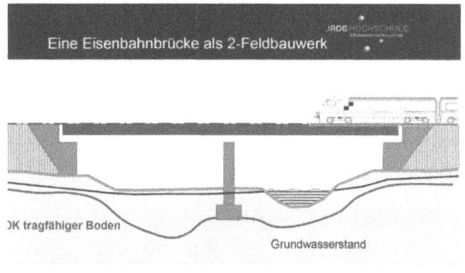
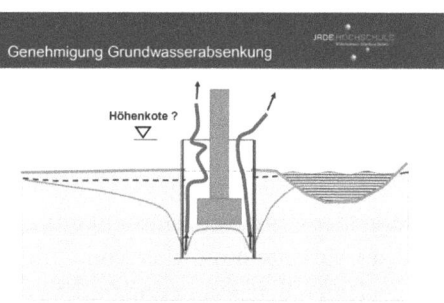

ten herum wird jetzt der Grundwasserstand großflächig abgesenkt. Nachdem das Fundament und der aufgehende Pfeiler hergestellt sind, wird die Baugrube geräumt, die Spundwände werden gezogen und der Grundwasserstand erreicht wieder seine ursprüngliche Lage.

Die Baustelle befindet sich in einem ausgewiesenen Landschaftsschutzgebiet und es ist für die notwendige Grundwasserabsenkung eine Genehmigungsplanung durch den Bauherrn aufzustellen. Dabei sind Abstimmungen zwischen dem ausführenden Baubetrieb und den Belangen des Landschaftsschutzgebietes erforderlich, um eine tragfähige Lösung des Eingriffes »Bauzeitliche Grundwasserabsenkung« zu erarbeiten. Im vorliegenden Fall waren im Wesentlichen drei unabhängige naturschutzrechtliche Fachdienste zu beteiligen. Sie werden nachfolgend *Fische-Freund*, *Gräser-Freund* und *Vogel-Freund* genannt, ohne dass diese vereinfachende Wortwahl herabwürdigend gemeint ist.

Der Baubetrieb suchte nach einer Möglichkeit, das während der Bauzeit geförderte Grundwasser aus dem Baustellenbereich herauszubekommen. Der Ablauf der Abstimmungen erfolgte in mehreren aufeinander folgenden Schritten:

- Variante 1: Das geförderte Grundwasser wird in den Bachlauf eingeleitet. Diese Maßnahme ist mit dem *Fische-Freund* abzustimmen. Es sind dabei die Menge und die Beschaffenheit des geförderten Grundwassers anzugeben.

Die Genehmigung wurde versagt, weil durch die Einleitung des O_2-freien Grundwassers die Sauerstoffkonzentration im Bachlauf insgesamt abnimmt und damit die Überlebensmöglichkeiten der Fische stark einschränken kann. Das gilt insbesondere für die Sommermonate, wenn der Wasserstand und der Sauerstoffgehalt im Bach ohnehin gering sind.

- Variante 2: Das geförderte Grundwasser wird in einem hohen Bogen – freifallend – in den Bachlauf gegeben. Beim Einfallen des Grundwassers in den Bachlauf wird in ausreichendem Umfang Sauerstoff im Wasser gelöst und es besteht keine Gefahr mehr für die Fische.

Die Genehmigung für diese Variante wird jedoch von dem *Gräser-Freund* versagt, denn die in der Nähe des Brückenpfeilers wachsenden Gräser werden durch die Grundwasserabsenkung während der 6-monatigen Bauzeit nicht mehr mit genügend Bodenfeuchtigkeit versorgt und werden folglich Schaden nehmen. Das gilt besonders in den niederschlagsarmen Sommermonaten.

- Variante 3: Das geförderte Grundwasser wird nicht mehr in den Bachlauf eingeleitet, sondern permanent im näheren und weiteren Umfeld der Baustelle mit Hilfe geeigneter Anlagen verregnet. Damit bleibt der Bachlauf unbeeinflusst und die Gräser über der Grundwasserabsenkung erhalten ausreichend Feuchtigkeit.

Dies Variante muss aber von dem *Vogel-Freund* abgelehnt werden. Im Bereich der geplanten Beregnung sind bodenbrütende Vogelarten festgestellt worden. Durch den 6 monatigen Dauerregen werden die Brut und die Aufzucht der Jungen verhindert.

Abbildung 4   … zur Unmöglichkeit die Bedenken aller Beteiligten auszuräumen

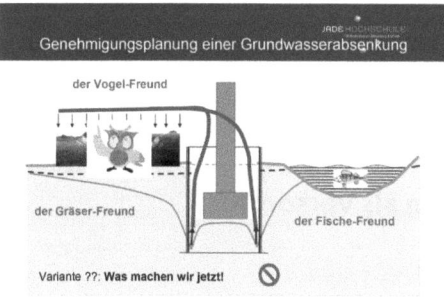
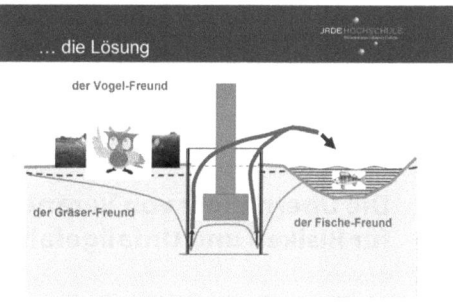

Zugegeben, der Sachverhalt ist etwas überzeichnet dargestellt – aber er charakterisiert sehr deutlich die auftretenden Probleme. Es ist unmöglich, die Bedenken aller Betroffenen gleichzeitig auszuräumen. Es der Verantwortung des planenden Ingenieurs eine Lösung zu finden und umzusetzen, so dass – in diesem Fall – die Eisenbahnbrücke hergestellt und damit die termingerechte Fertigstellung des gesamten Schienenweges realisiert werden können. Hier wurde die Grundwasserabsenkung nach Variante 2 (vgl. Abbildung 4) ausgeführt. *Vogel-Freund* und *Gräser-Freund* konnten also nicht befriedigt werden. Diese Lösung konnte letztlich auch rechtlich abgesichert werden, da in den Richtlinien des Landschaftsschutzgebietes eine extensive und zeitlich limitierte landwirtschaftliche Nutzung[1] nicht ausgeschlossen war.

3.2   Mit welchem Wasserstand im Bachlauf ist zu rechnen?

Für die Herstellung des Brückenpfeilers wird die Baugrube mit einem wasserdichten Spundwandkasten umschlossen und, wie beschrieben, das Grundwasser während der Bauzeit abgesenkt.

Es ist noch zu klären, auf welcher Höhenkote die Spundwand enden soll (vgl. Abbildung 3, rechts). Die Antwort ist einfach: »Natürlich so hoch, dass ein Hochwasser des Bachlaufes nicht zu einem Überschwemmen der Pfeilerbaugrube führt!« Aber niemand weiß, wie sich der maximale Wasserstand im Bachlauf während der Bauzeit einstellen wird. Es liegt damit in der Verantwortung der beteiligten Ingenieure abzuwägen und

---

[1] Zeitlich limitiert bedeutet, dass jemand der eine extensive landwirtschaftliche Nutzung (z. B. Gras mähen) nicht dauerhaft betreiben darf. Das Land muss zwischendurch, wie früher in der Dreifelderwirtschaft, ein Jahr brach liegen bevor erneut geerntet wird. Mit diesem Passus wollte man die gewerbliche/industrielle Landwirtschaft aus dem Landschaftsschutzgebiet hinausdrängen.

unter Berücksichtigung von Kosten und Risiken die Höhe der Spundwandoberkante festzulegen. Für den Eintrittsfall ist ein Szenarium für die Räumung der Baustelle abzustimmen.

Im Betriebszustand entstehen an dieser Eisenbahnbrücke keine besonderen Gefahren.

4 Die Übernahme von Verantwortung als Vorsorge für Risiken und Unfallgefahren

Angesichts der Erfahrung, wonach alles, was schiefgehen kann, auch irgendwann einmal schiefgehen wird (... frei nach Murphy), muss sich eine verantwortungsvolle Planung mit möglichen Risiken und Gefahren befassen, die sich im Umfeld eines Bauwerkes sowohl im Bauzustand als auch im Betriebszustand ergeben. Zur Veranschaulichung wird die Baumaßnahme »Stützwand Elzer Berg« behandelt, die im Zuge der ICE Neubaustrecke Köln-Frankfurt errichtet wurde. Es handelt sich dabei um den Übergang der Eisenbahntrasse zwischen einem Geländeeinschnitt und einen Tunnelabschnitt, der in unmittelbarer Nähe zu einer Autobahn liegt.

Die Abbildung 5 zeigt, dass hier ein erhebliches Gefahrenpotenzial gegeben ist. Die Steckenführungen von Schiene und Autobahn verlaufen annähernd parallel, aber auf unterschiedlichen Höhenkoten. Die Autobahn muss deshalb im Endzustand dauerhaft und im Bauzustand temporär durch eine Stützkonstruktion (»Elzer Berg«; vgl. Abbildung 5) gesichert werden.

Abbildung 5 Lageplandarstellung der Autobahn A3 im Bereich der Stützwandkonstruktion (Elzer Berg)

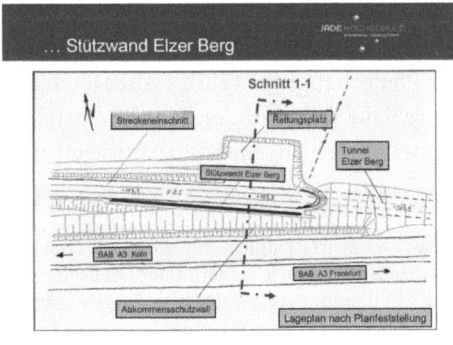

4.1 Risiken und Unfallgefahren aus dem Eisenbahnbetrieb

Die Abwehr von Risiken und Gefahren, die sich im laufenden Eisenbahnbetrieb ergeben, werden im Entwurf berücksichtigt und in den Planfeststellungsunterlagen rechtsverbindlich festgelegt. Einzelheiten können aus der Abbildung 5 den Lageplänen entnommen werden. Wesentlich dabei sind die folgenden Aspekte:

- An der Tunneleinfahrt wird ein Rettungsplatz eingerichtet. Er dient z. B. der Evakuierung eines Zuges der innerhalb des Tunnels, der wegen nicht behebbarer technischer Probleme zum Stehen gekommen ist. Entsprechend ist er inklusive seiner Zufahrt sowohl für den Einsatz von Wartungs- und Bergungsgeräten als auch für einen Busersatzverkehr zu dimensionieren.
- Zwischen der Autobahn und der Eisenbahntrasse wird ein Abkommensschutzwall errichtet (vgl. Abbildung 7 rechts). Er verhindert, dass abirrende Fahrzeuge in die Gleisanlagen stürzen können. Gleichzeitig unterbindet er die Sichtbeziehung zwischen dem Autofahrer und dem Zug, die insbesondere in der Nacht Gefahrensituationen hervorrufen kann.

Durch den Abkommensschutzwall ergibt sich für die Stützwand aus dem einwirkenden Erddruck eine erheblich höhere Beanspruchung, verbunden mit einer deutlichen Kostensteigerung der Konstruktion. Eine zweifelsohne sinnvolle Investition in die Unfallvorsorge und in die Verkehrssicherheit.

4.2 ... während der Herstellung

Die Tiefe des Baugrubenverbaus wird durch einen lagenweisen Aushub erreicht. Die wesentlichen Arbeitsschritte der Herstellung sind in der Abbildung 6 dargestellt. Im Einzelnen:

1) Die Bohrträger (ein mit Laschen verbundenes U-Trägerpaar) werden senkrecht in den Boden eingebracht. Die Böschung zu Autobahn hin wird für die Bauzeit mit einer Magerbetonschicht dauerhaft stabilisiert. Anschließend wird die 1. Lage des Aushubs hergestellt. Die notwendige Aushubtiefe ergibt sich aus der Position der Rückverankerungen.
2) Der frisch abgegrabene, erdfeuchte Boden bleibt zwischen den Trägern senkrecht stehen. Er wird mit einer mattenbewehrten Spritzbetonausfachung gesichert.
3) Nach Aushärtung der Spritzbetonausfachung werden an den U-Trägerpaaren geneigte Horizontalbohrungen zur Aufnahme der Rückverankerungen gesetzt. In die Bohrungen wird Stabstahl eingelegt und Beton zur Herstellung der Verpresskörper eingebaut.

Abbildung 6 Herstellung des Baugrubenverbaus zur Autobahn (wesentliche Arbeitsschritte)

| beginnender Aushub | Einbau der bewehrten Spritzbetonausfachung | Einbau der Rückverankerung | ... rückverankert; jetzt die 2. Lage | ... die Sohle ist erreicht |

4) Nach Aushärtung der Verpresskörper wird der Stabstahl gespannt. Anschließend wird die 2. Lage des Aushubs hergestellt und der frisch abgegrabene Boden wird wieder mit Spritzbeton gesichert.
5) Die endgültige Baugrubentiefe wird schließlich nach mehrmaligem Wiederholen der beschriebenen Arbeitsschritte erreicht.

In dem Lageplan der Abbildung 5 ist die Schnittführung 1-1 gekennzeichnet. In der Abbildung 7 zeigen die dargestellten Querprofile die Einzelheiten der Stützkonstruktionen im Bauzustand und im Endzustand. Der Höhenunterschied der Verkehrswege untereinander beträgt an dieser Position nach Fertigstellung der Baumaßnahme ca. 14m.

Der Baugrubenaushub wird mit einem 6,50 m hohem temporären Verbau in Verbindung mit einer Böschung gesichert (vgl. Abbildung 7). Der Verbau wird mit 3-lagigen Verpresskörpern rückverankert. Nachdem die Stützwand (vgl. Abbildung 7; rechts) fertig gestellt und hinterfüllt ist, nimmt sie den gesamten Erddruck auf. Der im Boden verbleibende Verbau hat dann rechnerisch keine statische Funktion mehr. Der Verbau muss folglich nur während der entsprechenden Bauzeit halten und nicht länger. Während dieser Zeit ist er die einzige wirksame Sicherung des ca. 17m hohen Geländesprunges zwischen der Autobahn und der Baugrubensohle.

Die beschriebene, an sich verlässliche Verbaukonstruktion erweist sich hier jedoch als problematisch, weil das angetroffene Grundwasser betonangreifend ist. Die rückverankernde Wirkung der Verpesskörper wird also mit der Zeit nachlassen, bis der Verbau in einer absehbaren Zeit zwangsläufig einstürzen muss! Angesichts des damit verbundenen, enormen Gefahrenpotenzials sind vorbeugende Maßnahmen zu planen und auf der Baustelle umzusetzen:

Abbildung 7 Stützkonstruktionen »Elzer Berg« im Bauzustand (links) und im Endzustand (rechts)

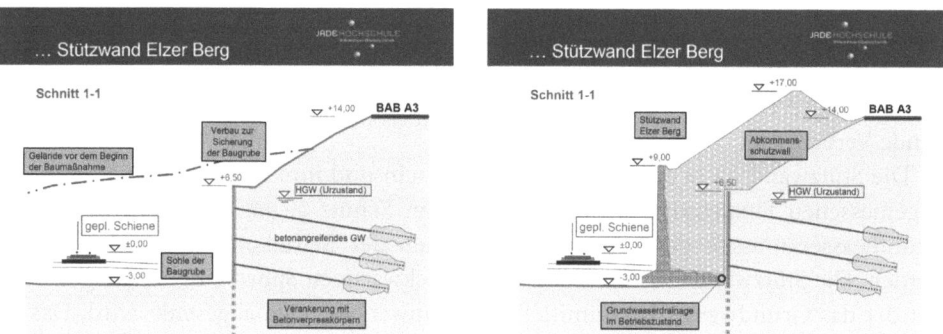

- Die Bauzeit der Stützwandkonstruktion ist möglichst kurz zu halten. In idealer Weise soll die Herstellung von März bis Dezember erfolgen. Vor und zu Beginn dieser Zeitspanne sind auch die erforderlichen Baustraßen anzulegen.
- Bauzeitverzögerungen – z. B. witterungsbedingt – können grundsätzlich nicht ausgeschlossen werden. Lieferengpässe, Streiks, der Konkurs eines Baubeteiligten, … es sind viele Gründe denkbar, die dazu führen können, dass der rückverankerte temporäre Baugrubenverbau deutlich länger als geplant die Autobahn sichern muss.
Es liegt deshalb in der Verantwortung des Ingenieurs dafür Sorge zu tragen, dass die Standzeit des Verbaus ggf. ausgedehnt werden kann.
- Der aktuelle Grad der Schädigung der Betonverpresskörper durch das Grundwasser ist während der Standzeit des Verbaus zu bestimmen. Das Nachlassen der Rückverankerung ist an einer beginnenden Zunahme der horizontalen Verformung des Verbaukopfes in Richtung der Baugrube erkennbar. Entsprechend wird die Spundwand mit einer entsprechenden Ausstattung zur Messung eventuell auftretender Verformungen ausgestattet. Regelmäßige Messkampagnen sind Bestandteil des Pflichtenheftes der Bauüberwachung.
- Der zeitliche Verlauf der gemessenen Verformungen ist zu dokumentieren und zu beurteilen. Treten keine Verformungen am Verbau auf, so sind die Baustelle in der Baugrube und der Autobahnverkehr sicher.
- Ab welcher Größenordnung und in welchem Zeitraum werden Verformungen bedenklich und was ist dann unbedingt zu tun? Ein derartiges Notfallkonzept ist im Vorfeld der Baumaßnahme vollständig durchzuplanen und mit den Beteiligten abzusprechen. Die Maßnahmen reichen vom nachträglichen Einbau zusätzlicher Verpresskörper, über Teilverfüllungen der Baugrube bis zu den im schlimmsten Fall einzuleitenden Verkehrsumlegungen auf der Autobahn.

4.3 ... aus der Dauerhaftigkeit der Konstruktion

Die Abbildung 7 zeigt sehr anschaulich die hohe Beanspruchung der Stahlbetonkonstruktion »Stützwand Elzer Berg«, die sich im Endzustand aus dem Abkommensschutzwall und den Verkehrslasten auf der Autobahn ergibt, nachdem der im Boden verbleibende Verbau seine Tragfähigkeit verloren hat.

Die Stützwand muss dauerhaft standsicher sein und ihre Herstellung hat in einem angemessenen Finanzrahmen zu erfolgen. Zum Schutz gegen das betonangreifende Grundwasser müssen die erdberührten Flächen der Betonkonstruktion beschichtet werden. Die Stützwand erhält außerdem am rückwärtigen Sporn eine Drainageleitung, mit der das Grundwasser im unmittelbaren Bauwerksbereich abgesenkt wird. Das anfallende Grundwasser wird in der Streckenentwässerung der Eisenbahntrasse abgeführt. Damit kann die Bemessung der Stützwand »nur« für Erddruck ohne drückendes Grundwasser durchgeführt werden und die Kosten verringern sich. Zur Kontrolle des Grundwasserstands am Bauwerk müssen Dauermesspegel vorgehalten und beobachtet werden.

Für die Betriebs- oder Lebensdauer einer Verkehrsanlage werden üblicherweise 80 bis 100 Jahre angegeben. Das bedeutet, dass auch alle Planunterlagen entsprechend lange zur Verfügung gestellt und ggf. nach Umbaumaßnahmen aktualisiert werden müssen. Für den sicheren Betrieb der Konstruktion ist entsprechend geschultes Fachpersonal erforderlich. Diese Anforderung ist angesichts der technischen und gesellschaftlichen Entwicklungen eine Herausforderung, die keinesfalls trivial zu erfüllen ist. Ein Blick in die Vergangenheit belegt dieses eindeutig: Vor nur 50 Jahren konnten sich unsere Vorfahren nicht vorstellen, wie die Archivierung von Bestandsunterlagen heute erfolgt.

Schlussbemerkungen

Die erläuterten Beispiele haben aufgezeigt, dass die Übernahme von Verantwortung für Ingenieurleistungen ein komplexer Prozess ist. Welche Voraussetzungen muss ein/e Ingenieur/in also mitbringen, um diesen Anforderungen gerecht werden zu können?

Zunächst einmal ist festzustellen, dass die technische und gesellschaftliche Entwicklung voranschreitet. Auf einer Internetseite ist zu lesen: »*Die Technik von heute kann der Kunstfehler von morgen sein*«![2] Damit ist die Verpflichtung zur Pflege und Weiterbildung des technischen know-how's eine Grundvoraussetzung für die Durchführung von Ingenieurleistungen. Das individuelle Ingenieurwissen ist permanent zu aktualisieren; dazu gehören Vorschriften, der Umgang mit EDV-Werkzeugen und die Verfolgung der einschlägigen Literatur.

---

2 www.bauingenieur-Volker-Ring.de

Die Übernahme von Verantwortung hat immer auch damit zu tun, eine Baumaßnahme in ihrer Gesamtheit zu betrachten. Die Kommunikationsfähigkeit aller Beteiligten ist hier gefordert. Es sind die Belange unterschiedliche Fachdisziplinen zu berücksichtigen. Es ist aus einem Expertenteam heraus – unter inhaltlicher Abwägung der Prioritäten – eine Entscheidung zu treffen. Die »beste Lösung für ein Projekt« wird in der Regel kaum alle, an sich berechtigten Einwendungen befriedigen können. Sie ist zu erarbeiten, vorzustellen, zu verteidigen. Für sie ist zu werben und sie ist notfalls auch gegen Widerstände durchzusetzen.

Es ist akzeptiert, dass sich der Bauherr für die Bereitstellung der Finanzierung, für die Ausgestaltung der Verträge sowie für die Auftragsverhandlung und -erteilung angemessen Zeit nimmt. Andererseits wird für die Vorbereitung und Ausführung einer planerischen Arbeit hingegen oft viel zu wenig Zeit bereitgestellt. Der damit einhergehende Zeitdruck gefährdet die erreichbare Qualität, denn erst nachdem alle Randbedingungen abgefragt und geklärt sind, kann verlässlich geplant werden. Nach Erfahrungen Anderer, die an vergleichbaren Objekten gemacht worden sind, ist zu recherchieren und sie sind ggf. zu berücksichtigen. Man muss sich die erforderliche Zeit nehmen, um eine gute Planung mit anschließender Herstellung zu realisieren. Der/die Ingenieurin benötigt hier ein sehr stark ausgeprägtes Selbstbewusstsein, um auch in den wirklich hektischen Bearbeitungsphasen den notwendigen zeitlichen Rahmen einzufordern, ihn durchzusetzen und damit Fehler zu minimieren und Qualität zu optimieren.

Das verantwortungsvolle Umgehen mit einem Bauwerk endet weder mit der Fertigstellung der Planung noch mit seiner Herstellung. Bestandsunterlagen, in dem das Bauwerk in seiner wirklichen Substanz abgebildet ist sind, zu erstellen. Diese Dokumente müssen auch noch zukünftig sicher hinterlegt und lesbar sein. Sie sind Grundlage für die Bauwerkserhaltung und für die Sicherstellung der Betriebsabläufe.

Verantwortung zu tragen ist also keine selbstverständliche Angelegenheit – aber vielleicht machen ja gerade die damit verbundenen Aufgaben den Reiz des Ingenieurberufes aus!

Energiecontrolling: Erfolgskontrolle für die Anlagentechnik

Hanspeter Boos
Geschäftsführer Boos Klima und Kälte GmbH, Varel

Einführung

Unter Energiecontrolling versteht man die systematische Erfassung des Energieverbrauchs mit dem Ziel, Energieverbräuche zu begrenzen oder zu reduzieren. Analog zum finanziellen Controlling sollte damit auch eine Budgetierung des Energieverbrauchs und ein laufender Soll-Ist-Vergleich einhergehen.

Energiecontrolling ist ein Teilbereich eines umfassenden Energiemanagements; diese Aufgabe rückt heute für Großverbraucher mehr und mehr in den Fokus, da sie durch Zertifizierung Ihres Unternehmens nach DIN ISO 50001 sich von den EEG-Abgaben befreien lassen können.

Energiecontrolling kann aber auch dazu dienen, bei Sanierungen oder Umbauten betriebstechnischer Anlagen (wie Heizung, Lüftung, Elektro) Einsparziele nicht nur zu formulieren, sondern auch deren Einhaltung systematisch zu überwachen.

Ein frühes Beispiel: Wellenbad Baltrum 1986

Nach einer Sanierung der lüftungstechnischen Anlagen stellte der Betreiber des Wellenbades Baltrum einen starken Anstieg der Stromkosten fest. Unsere Firma wurde daraufhin mit der Durchführung einer Ist-Analyse (08/86) beauftragt. Dazu haben wir mit einem vorübergehend installierten digitalen Regelsystem zwei Wochen lang Betriebsabläufen protokolliert, Temperatur- und Feuchtewerte aufgezeichnet sowie den Stromverbrauch sowie die Schalthäufigkeit und Einschaltdauer wichtiger Elektroverbraucher mit Hilfe eines Thermodruckers aufgezeichnet. Die Auswertung der Daten führten zur Entwicklung eines Sollkonzepts, das im Februar 1987 vor Ort umgesetzt wurde. Eine nunmehr fest installierte DDC-Regelungsanlage (DDC=Direct Digital Control) beseitigte

Abbildung 1

```
001 Wellenbad Baltrum      20.05.1989 00:00
Ankommender Ruf
D :01902 001 ANRUFAUSLOEG DURCH    $000
D :01000 002 E-ZAEHLER             807845.8      KWH
D :01001 002 G-ZAEHLER             56816         CBM
D :01010 001 AUSSENTEMPERATUR      12.4          oC
D :01011 001 SCHWIMMHALLE          29            oC
D :01012 001 SCHWIMMHALLE          60.2          %R.F.
D :01022 004 UMKLEIDERAEUME        28.2          oC
D :01023 004 UMKLEIDERAEUME        55.3          %R.F.
D :01030 003 VORLAUF KESSEL        73.1          oC
D :01031 003 BRAUCHWASSER          66.3          oC
D :01032 001 BECKENWASSER          26.7          oC
D :01101 003 BRENNER               0             0=NORMAL
D :01403 002 TAGESMAXIMUM          102.8         KW
D :01404 002 WOCHENMAXIMUM         104.8         KW
D :01405 002 MONATSMAXIMUM         108           KW
D :01406 002 ERREICHT AM           02-MAY-89
D :01407 002 UM                    17:01:35      UHR
D :01301 006 ACHSE 1 ZULUFT        119:59        H:MIN
D :01302 006 ACHSE 1 UMLUFT ST1    89:49         H:MIN
D :01303 006 ACHSE 1 UMLUFT ST2    21:5          H:MIN
D :01304 006 ACHSE 1 KAELTE        18:28         H:MIN
```

die festgestellten Schwachstellen. Sie regelte die Lüftung, schaltete die Kessel lastabhängig und begrenzte (durch zeitweise Abschaltung der Klimakompressoren in den Lüftungsgeräten sowie der Wellenanlage) das vom EVU verrechnete Elektro-Maximum.

Zur Einregulierung auf optimalen den Betriebszustand wurde die Anlage (über ein von der Post gemietetes Modem mit 300 bd) fernaufgeschaltet. Einmal täglich wurden nun die wichtigsten Betriebsdaten übermittelt und protokolliert (Abb. 1).

Wöchentlich haben wir dann den tatsächlichen Energieverbrauch dem zuvor ermittelten Wert gegenübergestellt und die Anlage schrittweise optimiert (Abb. 2).

In den folgenden Jahren konnte der Energieverbrauch des Schwimmbades um 23 % gesenkt werden. Ich führe dieses Beispiel auf, um zu zeigen, dass ein systematisches Energiecontrolling auch schon mit den technischen Mitteln der 80er Jahre möglich war.

Von der Drittfinanzierung zum Einsparcontracting

1988 empfahl die Kommission der Europäischen Gemeinschaften ihren Mitgliedsländern die »Beschleunigung von Einzelinvestitionen für eine rationellere Energienutzung durch Drittfinanzierung«, um die damals beabsichtigte CO_2-Reduzierung von 20 % bis 1995 zu erreichen. Der Firmenverbund OMNIUM TECHNIC erstellte für seine Mitgliedsfirmen den Mustervertrag »Betriebsoptimierung«. Auf dieser Basis haben wir damals mit dem Berufsförderungszentrum der Handwerkskammer in Bremen und der Firma Joh. Osmers, Bremen, das erste Projekt dieser Art gestartet. Für 90 000 DM wurde eine DDC-Regelung eingebaut, deren Kosten sich 1993 bereits durch die erzielten Einsparungen amortisiert haben.

Abbildung 2

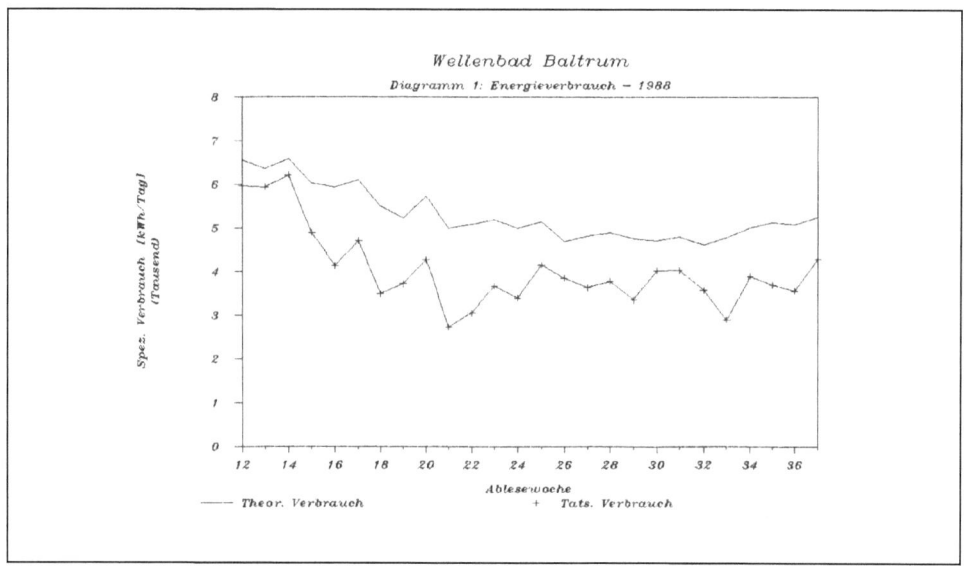

Bis dahin hatte unsere Firma – in ihrer Rolle als Anlagenbauer – lediglich betriebstechnische Anlagen nach detaillierten Vorgaben von Planungsbüros errichtet. In den auch heute noch üblichen Ausschreibungsverfahren nach VOB war zwar der Auftrag an das wirtschaftlichste Angebot zu vergeben, das wurde aber häufig mit dem billigsten Angebot gleichgesetzt. Alternativvorschläge, die zwar von der Investition her teurer waren, dafür aber zu geringeren Folgekosten führten, hatten keine Chance. Mit dem Drittfinanzierungsmodell hatten wir die Möglichkeit, eigene Ideen umzusetzen. Wir übernahmen erstmals die Verantwortung nicht nur für die einwandfreie Funktion, sondern auch für die wirtschaftliche Betriebsweise der Anlage. Dafür setzten wir eigenes Kapital ein, das wir nur zurückerhielten, wenn die im Angebot gemachten Vorhersagen hinsichtlich der Energieeinsparung auch eintraten.

Beim St. Johannes-Stift in Varel wir im Jahr 1990 einen Betrag von 230 000 DM in die marode Heizzentrale investiert. Ein neuer Brennwertkessel mit einer Leistung von 1 MW und eine frei programmierbare DDC-Regelung wurden installiert. Die überdimensionierten Zubringerpumpen für die einzelnen Gebäudeteile wurden auf eine reduzierte Drehzahl umgestellt – heute erreicht man das über die in der Pumpe integrierte Regelung. Der Gaszähler wurde automatisch abgelesen, der Verbrauch monatlich über ein Kalkulationsblatt mit den gemessenen Außentemperaturen verglichen. Der witterungsbereinigte Verbrauch konnte während der Vertragslaufzeit um 23 % gesenkt werden.

Ein Folgeprojekt beim St. Willehad-Hospital in Wilhelmshaven (mit einer Investitionssumme von 350 000 DM) verlief ähnlich erfolgreich. Die beiden Krankenhäuser

Abbildung 3

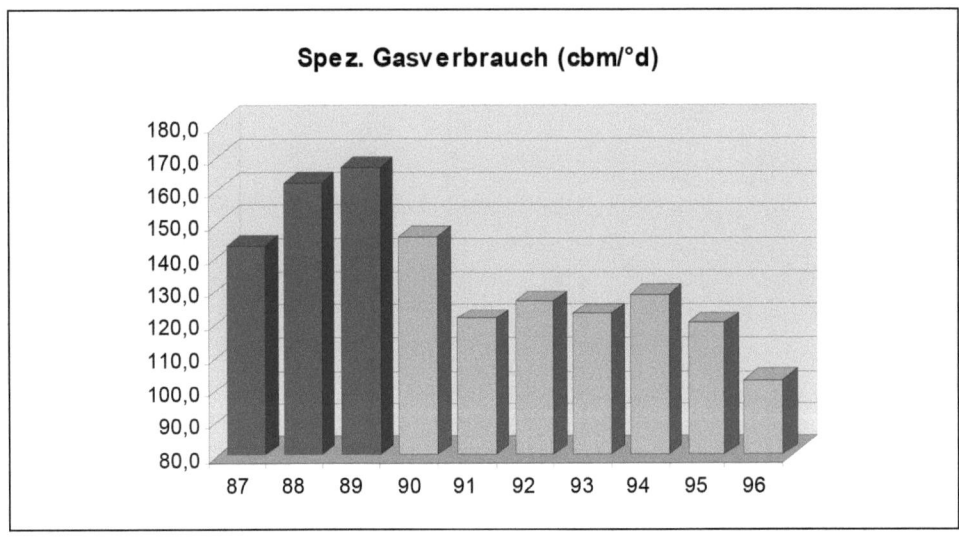

konnten auf diesem Wege ihre veralteten Anlagen sanieren, gleichzeitig wurde kostbare Primärenergie eingespart und die Umwelt geschont.

Leider wurden die Empfehlungen der EG-Kommission nicht zügig von den Mitgliedsländern umgesetzt. In Deutschland haben einige Bundesländer diese Gedanken aufgegriffen und z. B. Leitfäden für Einsparcontracting-Projekte herausgegeben. In voller Breite kam dieses nützliche Instrument jedenfalls nicht zum Einsatz.

Energiecontrolling heute

Ein konsequentes Energiecontrolling ist auch heute noch für viele Großverbraucher – seien es Kommunen, Behörden oder Wirtschaftsunternehmen – ein Fremdwort. Es wird häufig noch manuell durchgeführt. Der Hausmeister liest den Verbrauch monatlich am Zähler ab und übermittelt ihn an die Verwaltung, die ihn in eine Datenbank einträgt. Einfache Ablesefehler werden nicht erkannt und beeinflussen die Auswertung. Der Abgleich mit der Außentemperatur des Verbrauchszeitraums erfolgt später, ein Jahresbericht muss von Hand erstellt werden und liegt erst im April vor und dann weiß man, wieviel kWh man wieder mehr verbraucht hat als im Vorjahr.

Verbrauchsspitzen werden so zu spät erkannt; ihre Ursachen können im Nachhinein nicht mehr gefunden werden. Eine automatische Erfassung – kombiniert mit einem Frühwarnsystem – würde es dagegen ermöglichen, sofort zu reagieren, die exakten Zeiten der Ausreißer zu erkennen und so die Energielecks zu stopfen.

Abbildung 4

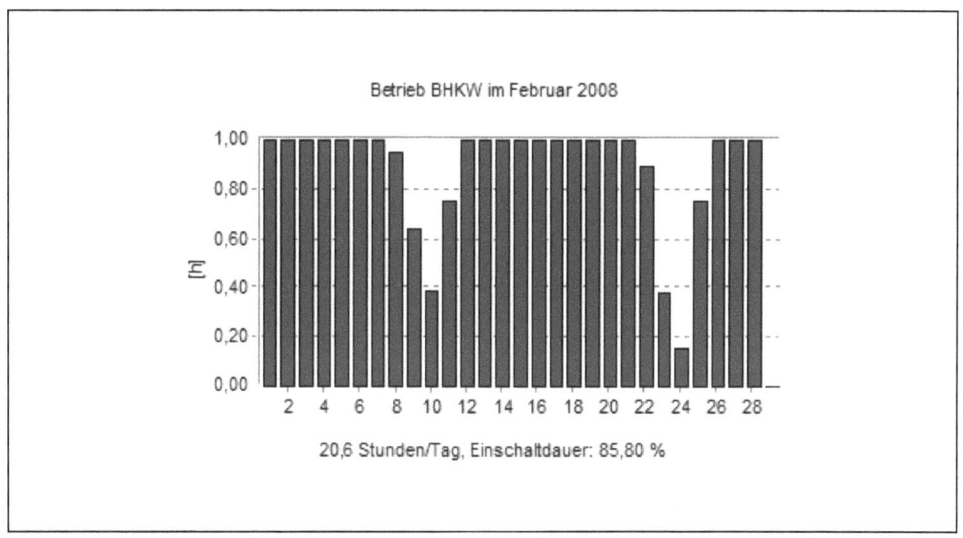

Moderne Energiecontrolling-Systeme – wie z. B. das von ennovatis – zeichnen mit einem kompakten Datenlogger vor Ort Temperaturen und Verbrauchswerte auf und übermitteln mehrfach am Tag an einen zentralen Server, der die Daten nicht nur abspeichert, sondern sie auch gleich auswertet und die Verbrauchsdiagramme im Intranet oder im Internet visualisiert. So haben wir die Verbrauchsdaten unseres Betriebsgebäudes seit 2005 täglich aktualisiert im Internet veröffentlicht, unter der Adresse http://www.boos-varel.de/energie/web/index.htm. Dort können Sie z. B. die Laufzeiten unseres Blockheizkraftwerkes (BHKW) erfahren oder die täglichen Erträge unserer Photovoltaik-Anlage ablesen. Über diese beiden Anlagen – ein Mini-Blockheizkraftwerk mit konstanten 5,5 kW elektrischer Leistung und eine Photovoltaik-Anlage mit einer Spitzenleistung von 32,2 kWp – decken wir übrigens 94 % des jährlichen Strombedarfs in unserem Firmengebäude ab.

Beim Stichwort »Energiewende« denkt man zunächst an den Ausbau der regenerativen Energien. Genauso wichtig ist aber auch der verantwortungsbewusste Umfang mit den immer knapper werdenden Ressourcen. Steigende Energiepreise sind eine notwendige Folge der bisherigen Verschwendung. Sie machen Investitionen in eine bessere Effizienz oder Kontrolle wirtschaftlich und sollten als Chance gesehen werden, kostbare Primärenergie sparsamer einzusetzen.

Denn über die regenerativen Energien lassen sich nur maximal 50 % unseres derzeitigen Energiebedarfs decken. Die restlichen 50 % müssen eingespart werden – durch effizientere Technik und durch die Beeinflussung des Verbrauchsverhaltens. Dazu ist Energiecontrolling ein wirksames Werkzeug!

Von der schwierigen Aufgabe des Prüfens

Messtechnische Aspekte beim Prüfen geometrischer
Toleranzen in der Fertigungsmesstechnik

Hero Weber
Institut für Mess- und Auswertetechnik, Jade Hochschule/Oldenburg

1 Einleitung

Die Fertigungsmesstechnik beschäftigt im Maschinenbau insbesondere mit dem Vermessen von Werkstücken wie beispielsweise Kolben, Nockenwellen, Einspritzdüsen oder auch Aggregaten in Schiffsmaschinenräumen und Rumpfsektionen im Flugzeugbau. Drei wichtige Ziele verfolgt die Fertigungsmesstechnik dabei:

a) Fertigungsprozesse mit besonders hohen Stückzahlen an Werkstücken sollen so überwacht werden, dass nach Möglichkeit keine Ausschussteile produziert werden. Hierzu werden stichprobenartig Produktionsteile gemessen und Ergebnisse auf statistisch signifikante Trends untersucht, um in den Fertigungsprozess ggf. regelnd eingreifen zu können *(Prozessüberwachung)*.
b) Vor dem Start einer Fertigung kann es für Werkstücke, die nicht aus Regelgeometrien bestehen, sondern womöglich manuell modelliert wurden, erforderlich sein, deren Oberflächenverlauf zu erfassen. Diese Messergebnisse werden in einem CAD-System so aufbereitet, dass eine Datei mit Steuerdaten die CNC-Maschinen für den Herstellprozess steuern kann *(Informationsgewinnung)*.
c) Eigenschaften von Werkstücken wie z. B. Durchmesser, Abstände, Winkel oder auch deren Härte werden in Konstruktionszeichnungen eingetragen und mit zulässigen Toleranzen versehen. Die Toleranzhaltigkeit von Werkstücken zu prüfen, ist die zentrale Aufgabe der Fertigungsmesstechnik und soll im Folgenden näher betrachtet werden *(Funktionsprüfung)*.

Dieser Beitrag will nun zeigen, mit welch hohem Aufwand speziell beim Prüfen geometrischer Größen Ingenieurinnen und Ingenieure in der Lage sind, für einen unter Umständen sehr weitreichenden Prüfentscheid Verantwortung zu übernehmen.

2 Von der Konstruktion zur Prüfung

2.1 Konstruktion und Tolerierung

Die Gestalt eines Werkstücks wird in einer Konstruktionszeichnung in den meisten Fällen durch Maße und Positionen von Regelgeometrien festgelegt (wie beispielsweise Ebenen, Zylinder oder Kegel); wir sprechen hier von sogenannten *Nennmaßen*. In dem sich anschließenden Fertigungsprozess ist unvermeidbar, dass das produzierte reale Werkstück von der vorgegebenen idealen Darstellung der Konstruktionszeichnung abweicht. Für diese Abweichungen zulässige Grenzwerte *(Toleranzen)* so festzulegen, dass der vorgesehen Einsatz des Werkstücks dennoch sichergestellt ist (Werkstückfunktion), ist eine in hohem Maße verantwortungsvolle Aufgabe der Konstruktion. Beispiel: *Festlegung einer zulässigen Rundheitsabweichung an den Lagerstellen einer Nockenwelle derart, dass die Aufgabe »150 000 km Laufleistung« sichergestellt ist.* Diese Aufgabe der Konstruktion mag im ersten Moment einfach erscheinen, ist jedoch im Wettstreit insbesondere der Anforderungen »Funktion des Werkstücks« und »Kosten des Fertigungsprozesses« zu sehen. Nur mit großer Erfahrung ist es möglich, Toleranzen nur so klein wie nötig vorzugeben. Gerne hört man »*Leichthin vom Tausendstel redet der normende Jüngling, bis er das Hunderstel schafft, ist er ein würdiger Greis.*« Nennmaß und Toleranz bilden in ihrer Gesamtheit eine *Spezifikation* für die geometrischen Eigenschaften eines Werkstücks.

2.2 Prüfung

Beim *Prüfen* wird nun festgestellt, ob die tatsächlichen Maße, Abstände usw. eines gefertigten Werkstücks nur innerhalb der vorgegebenen Toleranzen von den Nennmaßen abweichen. Am Ende des Prüfvorgangs steht also die verantwortungsvolle und ggf. weitreichende Konsequenzen nach sich ziehende *Entscheidung*, ob das Werkstück verwendet werden kann oder ob es als Ausschuss deklariert werden muss (Abb. 1).

Beim sogenannten subjektiven Prüfen verlassen wir uns auf unsere fünf Sinne. Beispielsweise wird im Automobilbau auf diese Weise geprüft, wie sich die Innenauskleidung des Fahrzeuges anfühlt, mit welchem Klang die Fahrzeugtür zuschlägt oder wie gleichmäßig die Metallic-Lackierung aussieht.

Wenn wir es mit einer hohen Anzahl an Prüfungen zu tun haben (Beispiel: *Ein Werk produziert mehrere Millionen Nockenwellen pro Jahr*), ist eine Automatisierung des Prüfprozesses fast immer zwingend erforderlich. Wir fällen dann den Prüfentscheid »objektiv« meistens auf Grundlage eines Messergebnisses.

Abbildung 1 Zur Systematik des Prüfens

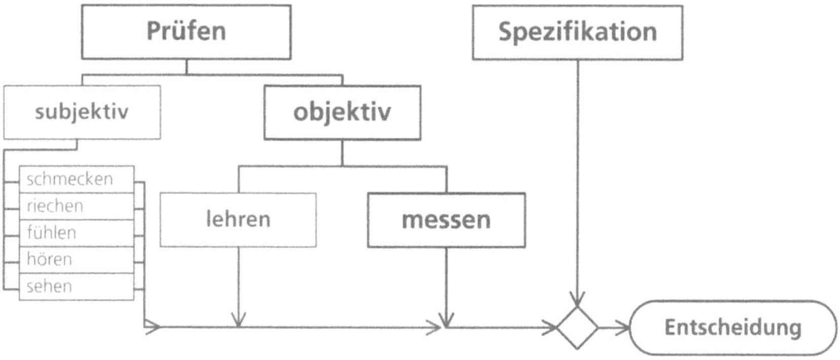

2.3 Messungen in der Fertigungsmesstechnik

Wir wollen uns auf das weit verbreitete Prüfen geometrischer Größen beschränken. Zu diesem Zweck verwendet die Fertigungsmesstechnik besondere Geräte, die die Werkstückoberfläche punktweise in 2D- oder 3D-Koordinaten erfassen können (z. B. Koordinaten-, Form-, Kontur- oder Rauheitsmessgeräte, Abb. 2). Moderne Messgeräte tasten heute die Werkstückoberfläche in hoher Dichte mit Messpunkten ab; Punktabstände kleiner 1 µm (also 0,001 mm) sind Stand der Technik. Die Messung der Punktkoordinaten kann dabei mit einer Auflösung von 1 nm (also 0,001 µm) und kleiner erfolgen. Eine solch »nahezu vollständige« Erfassung der tatsächlichen Oberfläche, durch die auch Gestaltabweichungen mit lokal kleiner Ausprägung detektiert werden können, bildet die wesentliche Grundlage für den Prüfentscheid.

Abbildung 2 Messsituation eines typischen Formmessgerätes. Die Abtastung durch das Tastelement erfolgt während der Rotation des Werkstücks und der translatorischen Bewegung entlang der Werkstückmantelfläche

2.4 Messabweichungen und Bedeutung der Messunsicherheit

Die Entscheidung, ob ein Werkstück die vorgegebene Spezifikation erfüllt oder nicht erfüllt, ist nun nicht so einfach, wie man denken könnte. Beispiel: *Der Durchmesser einer Bohrung ist mit einem Nennmaß von 100 mm und einer Toleranz von ±0,1 mm spezifiziert, so dass der tatsächliche Durchmesser zwischen 99,9 und 100,1 mm liegen darf. Gemessen wurde ein Wert von 100,085... mm. Durch direkten Vergleich von Nenn- und Ist-Maß könnte man entscheiden, dass die Bohrung die Spezifikation erfüllt.*

Allen Messungen ist nun immanent, dass sie immer mit Messabweichungen behaftet sind. Diese *Messabweichungen* machen den ermittelten Wert unsicher, d. h. wir wissen nicht, auf wie viele Dezimalstellen unser ermittelter Wert (hier Durchmesser) überhaupt »genau« ist. Liegen die Messwerte an den Grenzen der Spezifikation, so kann ein Werkstück als Ausschuss deklariert werden, obwohl es die Spezifikation erfüllt, und umgekehrt.

Jede Messgröße (z. B. Durchmesser) besitzt einen so genannten wahren Wert, der sich messtechnisch – »leider« – niemals realisieren lässt. Abweichungen zwischen diesem wahren Wert und dem gemessenen Wert heißen Messabweichungen, die wir nach ihrer Wirkungsweise in systematische und zufällige unterteilen. Systematische Messabweichungen treten bei wiederholter Durchführung der Messung jedes Mal mit demselben Betrag und demselben Vorzeichen auf. Durch Vergleichsmessungen zu Messgeräten mit übergeordneter Genauigkeit können diese festgestellt werden, so dass der ermittelte Messwert korrigiert werden kann, ja sogar korrigiert werden muss.

Zufällige Messabweichungen, die mit unterschiedlichen Vorzeichen und Beträgen auftreten, sind nicht korrigierbar, können aber in ihrer Ausdehnung statistisch abgesichert geschätzt werden. Diese und die verbleibenden unbekannten systematischen Messabweichungen ergeben zusammen die *Messunsicherheit*, die zu jedem ermittelten Messwert angegeben werden muss (Abb. 3).

Abbildung 3 Zur Wirkungsweise von Messabweichungen und ihrer Bedeutung für die Messunsicherheit

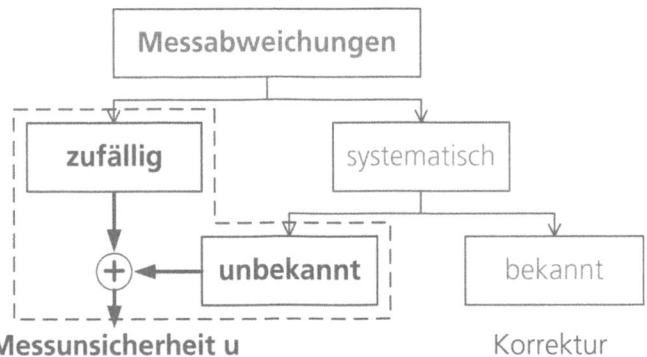

Abbildung 4 Zur Bedeutung der Messunsicherheit beim Prüfentscheid

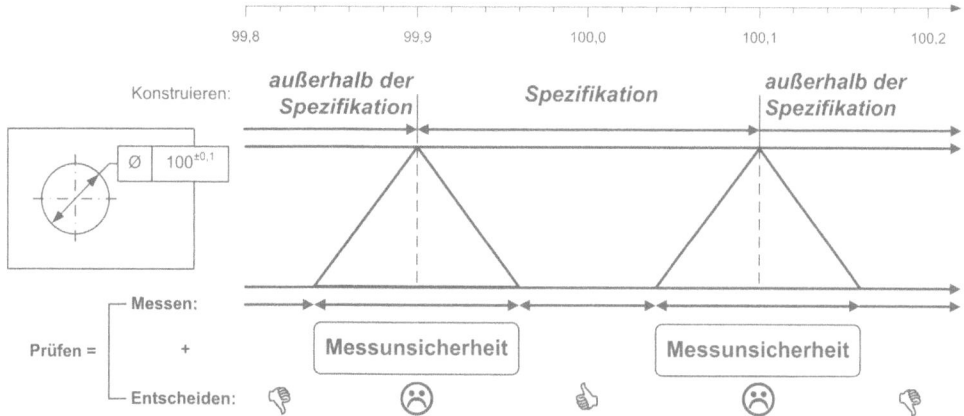

Ein Prüfentscheid im Randbereich der Spezifikation ist also immer dann nicht möglich, wenn der Messwert in die durch die Messunsicherheit aufgeweitete Spezifikationsgrenze fällt (Abb. 4). Beispiel: *Beträgt im vormals genannten Beispiel die Messunsicherheit 0,03 mm, so können wir bei Messwerten, die in den Bereichen 99.87 ... 99.93 mm und 100.07 ... 100.13 mm liegen, keinen Prüfentscheid fällen.*

3 Maßnahmen zum verantwortungsvollen Prüfentscheid

Für ein Messverfahren, das nun zu einer verantwortungsvollen Toleranzprüfung herangezogen werden soll, ist also das Verhältnis zwischen Toleranz und Messunsicherheit von entscheidender Bedeutung *(Messgerätefähigkeit)*. Um insbesondere bei Serienfertigungen hoher Stückzahl die Fälle, in denen kein Prüfentscheid getroffen werden kann, möglichst zu vermeiden, entscheidet die Prüfplanung sich häufig für ein Verhältnis $\frac{30}{1} < \frac{\text{Toleranz}}{\text{Messunsicherheit}} < \frac{10}{1}$. Beispiel: *Bei einer Durchmessertoleranz von ± 0,001 mm muss ein Messgerät gewählt werden, dass diese Messung mit einer Messunsicherheit von 0,000 1 bzw. 0,000 03 mm durchführt.*

Diese hohen Anforderungen an den Messprozess können nur erreicht werden, wenn systematische Messabweichungen soweit irgend möglich korrigiert und die Streuung der zufälligen Messabweichungen so klein als möglich gehalten werden. Die Korrektur von Messabweichungen findet heute häufig bereits in Echtzeit direkt in den Messgeräten statt (z. B. Korrektur von Kippbewegungen oder Temperatureinflüssen). Aber auch durch geschickte Messstrategien können systematische Messabweichungen ausgeschaltet werden. Beispiel (Abb. 5): *Auf einer Formmessmaschine wurde der Zylindermantel einer geschliffenen Welle entlang von Kreisschnitten punktweise erfasst. Die daraus*

Abbildung 5 Korrektur systematischer Geradheitsabweichung zur Prüfung der Zylinderformabweichung einer geschliffenen Welle

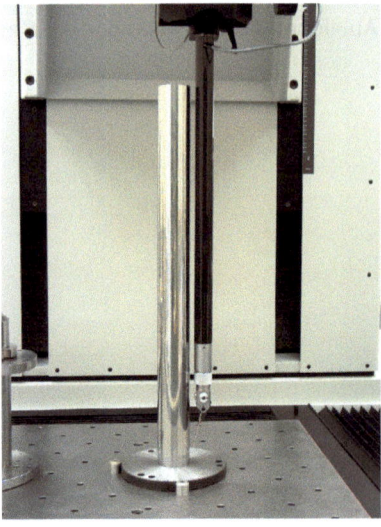

Ohne Geradheitskorrektur der Führungsachse

Mit Geradheitskorrektur der Führungsachse

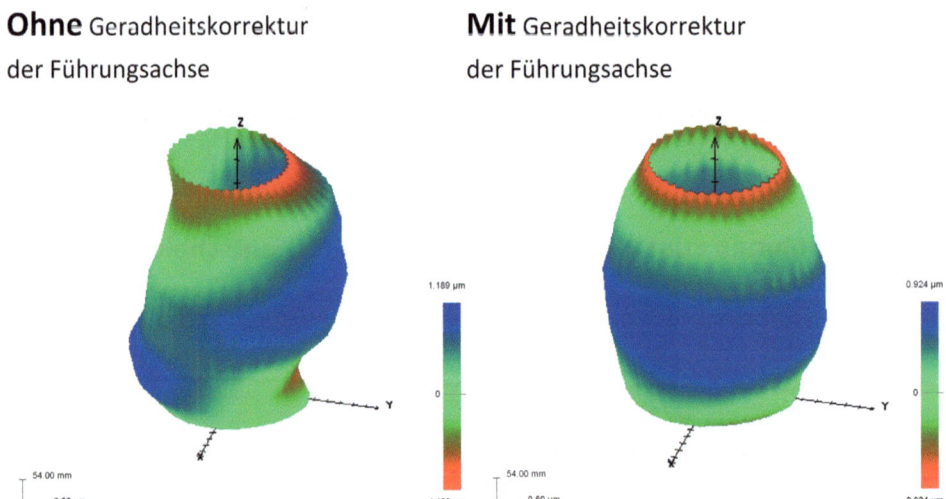

Abbildung 6 Beispiel für 100 Wiederholungsmessungen an einem Kugelnormal mit einem Formmessgerät. Die zufälligen Messabweichungen besitzen eine Standardabweichung von 0,002 μm = 2 nm; der systematische Anteil beträgt weniger als 0,036 μm.

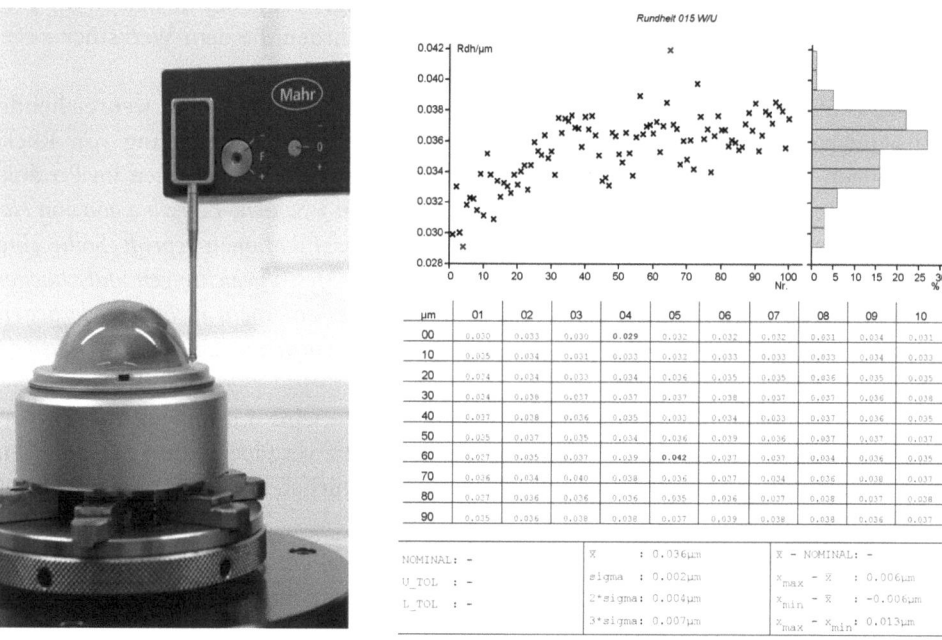

ermittelte Formabweichung ist überlagert von der systematisch wirkenden Geradheitsabweichung der Messmaschine; durch eine geschickte Messstrategie kann diese systematische Messabweichung ermittelt und als Korrektur angebracht werden. Ergebnis ist eine Zylinderformabweichung, wie diese für geschliffene Wellen typisch ist.

Zufällige Messabweichungen können z. B. durch angepasste Messgeschwindigkeiten oder schwingungsfreies Aufstellen reduziert werden. Um den Ablauf der Messung weitgehend vom Bedienereinfluss zu entkoppeln, werden die häufig recht komplexen Messabläufe an den Messmaschinen in einer Skript-Sprache programmiert, so dass sie dann automatisiert und ggf. gekoppelt mit automatisierter Werkstückzuführung arbeiten *(Automatisierung)*.

In recht ausgereiften *Abnahmeprozeduren*, die teilweise mehrmals täglich die Messgeräte in den Firmen durchlaufen müssen, wird sowohl der Anschluss an die Einheit Meter als auch die Fähigkeit des Messgerätes nachgewiesen. Häufig werden hierzu an einem zertifizierten Normal Wiederholungsmessungen durchgeführt.

4 Zusammenfassung

Die Festlegung von Toleranzen in der Konstruktionszeichnung eines Werkstücks ist eine Aufgabe mit hoher Verantwortung: Zu kleine (Angst-)Toleranzen treiben die Produktionskosten in die Höhe, zu große Toleranzen gefährden die dem Werkstück zugedachte Funktion.

Das Prüfergebnis der Spezifikation am gefertigten Werkstück kann weitreichende Konsequenzen haben: Funktionssicherheit des Werkstücks, Vermeidung von Rückrufaktionen, Stabilität des Arbeitsprozesses, Sicherheit von Arbeitsplätzen im Produktionsbetrieb. Ein konkretes Beispiel: *Eine Firma stellt im 3-Schicht-Betrieb 4 000 000 Nockenwellen pro Jahr her. Stichprobenartig werden die Spezifikationen geprüft. Sollte eine Spezifikation aufgrund zu großer oder nicht korrigierter Messabweichungen »fälschlicher Weise« als nicht erfüllt entschieden werden, so kann dies zu einem nicht erforderlichen Fertigungsstopp führen: Angehörige einer Arbeitsschicht würden so lange nach Hause geschickt, bis die Ursache gefunden ist.*

Um dieser hohen Verantwortung gerecht zu werden, wird mit hohem Aufwand an den Messmaschinen eine Messunsicherheit erreicht, die verglichen zur vorgegebenen Toleranz ausreichend klein ist. Dieser Aufwand steht natürlich häufig im Widerstreit mit wirtschaftlichen Gesichtspunkten.

Literatur

Wolfgang Dutschke, Claus P. Keferstein: *Fertigungsmesstechnik.* 2005. Vieweg+Teubner Verlag.

Edgar Dietrich, Alfred Schulze, Stephan Conrad: *Eignungsnachweis von Messsystemen.* 2008. Hanser Fachbuch.

Guide to the expression of uncertainty in measurement (GUM). Joint Committee for Guides in Metrology 2008.

Schlusswort

Hans-Ullrich Kammeyer

Die fachlichen Beiträge der Ingenieurinnen und Ingenieure, die sich an den Veranstaltungen des *Symposium zur Ingenieurverantwortung* beteiligten, zeigten deutlich, dass die Bandbreite von Fragestellungen und Problemen im Zusammenhang mit einer verantwortungsvollen Ausübung des Ingenieurberufs einer intensiven ganzheitlichen Diskussion bedarf.

Technik bestimmt unser Leben und hat Auswirkungen auf alle elementaren Lebensbereiche. Sie ist zunehmend relevanter für den Einzelnen und bestimmender für die Gesellschaft. Mit spürbar deutlichen Auswirkungen auch auf die Strukturen menschlichen Zusammenlebens wird die Dominanz von Technik vor allem in den Kommunikations- und Nachrichtenbereichen erkennbar. Die Technik erweitert das Wirkungsfeld des Einzelnen, stellt ihn immer mehr in den Mittelpunkt und verändert soziale Verflechtungen.

Mit dem Einfluss auf den Einzelnen sowie ihrer zunehmenden Relevanz für die Gesellschaft wird die Wahrnehmung der Ambivalenz von Technik differenzierter und kritischer. Der Einsatz von Technik mit ihren womöglich unerwünschten Auswirkungen, Gefahren und Risiken für Mensch und Umwelt wirkt gesamtgesellschaftlich und beeinflusst Sicherheit und Ordnung des Gemeinwesens. Ingenieurinnen und Ingenieure entwickeln sich immer mehr zu Sachwaltern für die Umwelt in der technisierten Welt. Diese Schlussfolgerungen lassen sich auch aus den Beiträgen der Philosophen und Theologen ziehen, die sich dieses Themas aus Sicht der Gesellschaft und der wandelnden gesellschaftlich tätigen Akteure widmen.

Technische Entwicklungen haben in allen Jahrhunderten wichtige Resultate mit Einwirkungen auf die Menschheit und den Kosmos hervorgebracht und das Leben des Einzelnen wie sein Zusammenleben mit Anderen stetig verändert. Der Einfluss von Technik hat sich im 20. und 21. Jahrhundert in einer nicht vorhersehbaren Weise multipliziert. Technische Innovationen prägen die heutige Gesellschaft so stark wie nie zuvor. Der Mensch setzt heute nicht nur Technik täglich ein, er ist auch immer mehr der

Technik ausgesetzt. In der Berufstätigkeit werden Aufgaben beschleunigter erledigt, wobei die Aufgabenfülle steigt. So müssen aus objektiver Hinsicht die jeweils komplexer werdenden Wechselwirkungen, auch vereinzelt, nicht mehr nur von Menschen sondern auch von weiteren Systemen kontrolliert werden.

Zu den Handlungsoptionen von Ingenieurinnen und Ingenieure gehört es, die Sicherheit von Anlagen, Geräten oder Systemen unter dem Gebot der Nachhaltigkeit anzustreben. Vor dem Hintergrund der Komplexität von Zukunftsaufgaben verstärken die technischen Herausforderungen die Anforderungen an den Ingenieurberuf hinsichtlich fachlicher Kompetenz und Beurteilungsfähigkeit. Gesellschaftlich kommt dem Berufsstand der Ingenieurinnen und Ingenieure dabei eine besonders verantwortliche Position zu. Herausforderungen für diese und nachfolgende Generationen müssen das Gleichgewicht von Natur, Umwelt, Kosmos und Mensch berücksichtigen. Auch das Sicherheitsbedürfnis der Menschen in Bezug auf Technik, die Bewertung und Abschätzung von Gefahren und Risiken, ist als wichtige Bedingung der Ingenieurverantwortung in den Handlungsrahmen mit einzubeziehen.

Die Gesellschaft setzt besonderes Vertrauen in das Wirken von Experten. Weil technische Entwicklungen komplexer werden, werden auch ihre Auswirkungen immer undurchschaubarer für Laien in Politik, Wirtschaft und Verwaltung sowie für den Bürger. Diese Informations- und Wissensasymmetrie zwischen Experten und Laien nimmt zu und macht die Divergenz des Systems deutlich. Technikanwendung setzt voraus, dass in die jeweilige Kompetenz des Experten vertraut werden kann. Das Technikvertrauen ist daran gekoppelt, wer als Experte gilt und welchen Handlungsrahmen wir diesen Expertinnen und Experten in der Ausübung ihrer verantwortungsvollen Tätigkeiten zumessen. Die Transparenz von Qualität und Qualifikation ist notwendig, um Vertrauen der Gesellschaft nicht nur in technische Systeme, sondern in die technisch Handelnden sicherzustellen. Die Gesellschaft braucht Vertrauen in Technik und ihre Experten. Ihre fachliche Kompetenz ist der entscheidende Faktor. Dies setzt verbindliche Vorgaben in Bezug auf Qualität und Qualifikation sowohl in der Berufsausbildung als auch in der Berufsausübung voraus.

Die Hochschulausbildung ist Voraussetzung für die notwendig hohe fachliche Qualifikation. Die Qualitätsanforderungen werden allgemein in den Hochschulausbildungen festgelegt und von den Hochschuleinrichtungen definiert. Im Rahmen einer hochwertigen Ausbildung steht die fachliche Vermittlung von Kernkompetenzen im Vordergrund und insbesondere Grundlagenwissenschaften müssen den entscheidenden Bestandteil bilden. Diese Kompetenzen sollten sich in einer ganzheitlichen Betrachtung von Technik zunehmend auch an berufsständischen und ethischen Anforderungen orientieren. Ingenieurethik und Ingenieurverantwortung sind gleichermaßen zugehörig zum Wissensstand von Ingenieurinnen und Ingenieuren zu machen.

Neben den unabdingbaren Qualitätsvorgaben für die Hochschulausbildung besteht zur Sicherung von Qualität und Kompetenz insbesondere in anspruchsvollen und sicherheitsrelevanten Tätigkeiten Regelungsbedarf für die Ausübung des Ingenieurberufs. Dringend erforderlich ist daher, Regelungen in Bezug auf den Ingenieurberuf zu stärken, die über den Schutz der Berufsbezeichnung ›Ingenieur‹ hinausgehen. Diese ist zwar geregelt, jedoch nicht die Art und Weise der Berufsausübung. Darüber hinaus bedarf es der Sicherstellung, dass Aufgaben, die von der Gesellschaft als besonders schützenswürdig angesehen und deren Erledigung zur präventiven Gefahrenabwehr dienen, ausschließlich von dafür qualifizierten Ingenieurinnen und Ingenieuren durchgeführt werden. Auf diesem Wege ist die einzelne tätige Person, die die Berufsbezeichnung ›Ingenieur‹ führt, in besondere Pflicht gestellt. Komplexe technische Leistungen in vor allem sicherheitsrelevanten Bereichen, die Auswirkungen auf die Belange der Allgemeinheit wie auch auf den Bürger haben, erfordern zusätzlich zu umfangreichen technischen Kenntnissen spezifisches Beurteilungsvermögen, welche nur Personen besitzen, die die Berufsbezeichnung ›Ingenieur‹ führen dürfen. Einen solchen Berufsrechtsvorbehalt gebietet die Notwendigkeit der präventiven Gefahrenabwehr, welche dem Staat auf Grund seiner Fürsorgeverpflichtung gegenüber dem Bürger obliegt.

Diese berufsrechtsvorbehaltene Qualitätssicherung verbunden mit der klaren Zurechnung von Verantwortung dient dem Schutz der Gesellschaft aber auch der tätigen Ingenieurinnen und Ingenieure. Ingenieurleistungen wirken in der Regel nicht nur gegenüber dem Auftraggeber, sondern insbesondere auch gegenüber der Öffentlichkeit und der Gesellschaft. Infolge des jeder Ingenieurleistung innewohnenden Gefährdungspotenzials, der wachsenden Abhängigkeit von Technik und der zunehmenden Automatisierung technischer Steuerungssysteme besteht ein großes Schutzbedürfnis der Allgemeinheit. Unter Berücksichtigung dieses Schutzbedürfnisses ist Vertrauen nur möglich, wenn im Bewusstsein des Bürgers verankert ist, dass im Bereich sicherheitsrelevanter Ingenieuraufgaben hochkompetente Personen tätig werden. Nur so kann dem Gebot des Schutzes der Allgemeinheit sowie der vorbeugenden Gefahrenabwehr Rechnung getragen werden. Diese qualitätssichernden Bedingungen sind in Bereichen der Energietechnik ebenso wie in der Luft- und Schifffahrttechnik oder der Straßen- und Verkehrstechnik unumgänglich und in gesetzliche Vorgaben des Sicherheits- und Ordnungsrechts oder des entsprechenden Baurechts einzubinden.

In diesem Zusammenhang erscheint es anachronistisch, wenn Ingenieurleistungen im Allgemeinen auch von Nichtingenieuren erbracht werden können. Dies ist umso paradoxer, da technische Aufgabenstellungen immer komplexer und anspruchsvoller werden und Ingenieurleistungen in aller Regel Wirkungen nicht nur gegenüber dem jeweiligen Auftraggeber oder Arbeitgeber, sondern auch gegenüber Öffentlichkeit und Gesellschaft entfalten. Folgerichtig existiert ein System des Berufsrechtsvorbehaltes bei einer großen Anzahl Freier Berufe. Dies trägt einer Allgemeinwohlverpflichtung Rechnung und soll die Abhängigkeit von rein ökonomischen Aspekten zu verringern helfen. Es ist unverständlich, dass dieses System bei dem Großteil der Freien Berufe, jedoch nicht bei der hochkomplexen für die Gesellschaft prägenden Ingenieurtätigkeit gesetzlich geregelt ist, obwohl der Ingenieur wie kein anderer Beruf Einfluss auf bedeutende Rechtsgüter hat. Regelungen zur Qualitätssicherung durch Aus- und Fortbildung wie auch die Differenzierung von Fachbezeichnungen für Ingenieurinnen und Ingenieuren sind daher für einen verantwortlichen Staat unabdingbar. Die vergleichbaren Freien Berufe haben ein System berufsständischer Selbstverwaltung entwickelt, das den Dienstleister nicht nur verpflichtet, sondern ihn auch gegenüber Abhängigkeiten insbesondere von sicherheitsrelevanten ökonomischen Zwängen durch Auftraggeber oder Arbeitgeber schützt.

Der Ingenieur übt einen geistig-schöpferischen Kulturberuf mit langer Tradition aus, der heutzutage von großer Daseins- und Zukunftsbedeutung ist. Der Schutz des Allgemeinwohls wie des Individuums, der Schutz von Natur und Umwelt ebenso wie ein sorgsamer Umgang mit unseren Ressourcen zeigen, wie wichtig Instrumentarien sind, Gefahrenpotentiale oder -momente wirksam zu verhindern.

Der Austausch zu Bewertungen von technischen Phänomenen über die fachlichen Grenzen hinaus, wie im Rahmen der *Symposien zur Ingenieurverantwortung* möglich geworden, schafft auch Raum für den ethischen Diskurs, der Ingenieurinnen und Ingenieuren ermöglicht, sich ihrer bei der Ausübung der beruflichen Tätigkeiten gesellschaftlichen Verantwortung bewusst zu sein und sich eines Berufsethos zu verpflichten.

Autorinnen und Autoren

Böhrnsen, Jens-Uwe, Dr.-Ing., promovierte 2002 an der Fakultät für Bauwesen an der TU Braunschweig und führt seit 1998 ein Büro für Bauplanung und Tragwerksplanung, koordiniert derzeit das Graduiertenkolleg des Sonderforschungsbereiches 880 (Hochauftrieb künftiger Verkehrsflugzeuge) an der TU Braunschweig.

Boos, Hanspeter, Dr.-Ing., Studium des Maschinenbaus an der RWTH Aachen, 1976 Promotion zum Dr.-Ing. am Forschungsinstitut für Rationalisierung, seit 1980 tätig zunächst als Projektleiter, später Geschäftsführer in einem mittelständischen Familienbetrieb in Varel. Spezialgebiete: Energiemanagement, Energieeffizienz durch Gebäudeautomation.

Garbe, Heyno, Prof. Dr.-Ing., Studium der Elektrotechnik, Promotion 1986 zum Dr.-Ing. an der Universität der Bundeswehr Hamburg, 1986 bis 1992 ABB Forschungszentrum Schweiz, Dättwil, zuletzt als Geschäftsführer der ausgegründeten Firma EMC Baden, seit 1992 Professor an der Leibniz Universität Hannover, Leiter des Fachgebiets Elektromagnetische Verträglichkeit und zurzeit geschäftsführender Leiter des Institutes für Grundlagen der Elektrotechnik und Messtechnik. Fellow der Institution of Electrical and Electronics Engineers (IEEE), USA.

Hecker, Peter, Prof. Dr.-Ing., Studium der Elektrotechnik an der TU Braunschweig mit dem Abschluss Dipl.-Ing. 1989, von 1989 bis 2000 Wissenschaftlicher Mitarbeiter am Deutschen Zentrum für Luft- und Raumfahrt DLR e.V. in den Bereichen Funknavigation, Flugführung, Luftverkehrsführung, Pilotenunterstützung, von 2000 bis 2005 Abteilungsleiter Pilotenassistenz am DLR e.V., Promotion an der TU Braunschweig im Jahre 2002, seit 2005 Professor (Lehrstuhl: Flugführung) und geschäftsführender Leiter des Instituts für Flugführung an der TU Braunschweig. Forschung und Lehre in den Gebieten der Ortung und Navigation, Mensch-Maschine Systeme, Flugmechanik, Flugregelung, Flugführung und Luftverkehrsführung.

Heimsch, Rainer, Dipl.-Ing., seit 1982 Inhaber des Ingenieurbüros Rainer Heimsch in Rastede, Mitglied im Verband Beratender Ingenieure (VBI), Verein Deutscher Ingenieure e. V. (VDI) und in der Arbeitsgemeinschaft ökologischer Forschungsinstitute e. V. (AGÖF). Arbeitsgebiete: technische Gebäudeausrüstung, Bauphysik, Energiekonzepte, Kirchenheizung. Mitautor Kirchliches Bauhandbuch der EKD, Mitarbeit in nationalen und europäischen Normenausschüssen.

Hieber, Lutz, Prof. Dr. rer. pol. habil. Diplom-Physiker, Studium der Physik an der Rheinischen Friedrich-Wilhelms-Universität Bonn, anschließend Studium der Soziologie und der Politischen Wissenschaft und Promotion, 1981 Venia Legendi für das Fachgebiet Soziologie, 1987 Professor, lehrt am Institut für Soziologie der Leibniz Universität Hannover. Arbeitsgebiete: Techniksoziologie, Kultursoziologie und Mediensoziologie.

Horeschi, Heike, Prof. Dr.-Ing., Studium Maschinenbau, Fachrichtung Angewandte Mechanik an der TU Dresden, Promotion 1998 an der TU Bergakademie Freiberg, seit 2003 Professorin an der Privaten Fachhochschule für Wirtschaft und Technik Vechta/Diepholz/Oldenburg, Studienbereichsleiterin Studienbereich Ingenieurwesen »Dr. Jürgen Ulderup« Diepholz, dort tätig in Lehre, Projektbearbeitung und angewandter Forschung in den Bereichen Technische Mechanik, FEM, Betriebsfestigkeit.

Kammeyer, Hans-Ullrich, Dipl.-Ing., Beratender Ingenieur. Präsident der Ingenieurkammer Niedersachsen (Hannover) seit 2004, Präsident der Bundesingenieurkammer (Berlin) seit 2012.

Krafczyk, Manfred, Prof. Dr.-Ing. Diplom-Physiker, 1995 Promotion im Fachgebiet Numerische Methoden der TU Dortmund, von 1997 bis 2001 Akad. Rat am Lehrstuhl Bauinformatik der TU München, 2001 Habilitation an der TU München, seit 2001 geschäftsführender Leiter und Professor für Strömungssimulation und Bauinformatik am Institut für rechnergestützte Modellierung im Bauingenieurwesen der TU Braunschweig.

Langer, Sabine Christine, Prof. Dr.-Ing., Studium des Bauingenieurwesens, Promotion im Bereich Angewandte Mechanik. Seit 2003 Juniorprofessorin für Wellenausbreitung und Bauakustik an der TU Braunschweig, 2005 bis 2008 Vertretung des vakanten Lehrstuhls für Festkörpermechanik an der TU Clausthal, dann Kommissarische Leitung des Instituts für Angewandte Mechanik der TU Braunschweig, seit 2013 Professorin für Vibroakustik an der TU Braunschweig.

Mathis, Wolfgang, Prof. Dr.-Ing. habil., Studium der Physik und Mathematik an der TU Braunschweig, Promotion zum Dr.-Ing. 1990 bis 1996 Professor an der Bergischen Universität Wuppertal und 1996 bis 2000 an der Otto-von-Guericke-Universität Magdeburg, seit 2000 Professor für Theoretische Elektrotechnik an der Gottfried Wilhelm Leibniz Universität Hannover. Fellow der Institution of Electrical and Electronics Engineers (IEEE), USA. Korrespondierendes Mitglied der Nordrhein-Westfälischen Akademie der Wissenschaften, Mitglied der Deutschen Akademie der Technikwissenschaften (acatech).

Meinerzhagen, Bernd, Prof. Dr.-Ing. habil., Studium an der RWTH-Aachen (Dipl.-Ing. Elektrotechnik und Diplom-Mathematiker), Promotion zum Dr.-Ing. 1985, Habilitation 1995. Seit 2003 Professor für Elektronische Bauelemente und Schaltungstechnik der TU Braunschweig, dort verantwortlich für die Grundlagenvorlesungen »Wechselströme und Netzwerke« und »Schaltungstechnik«.

Meins, Jürgen, Prof. Dr.-Ing., Studium der Elektrotechnik an der TU Braunschweig mit dem Abschluss Dipl.-Ing.im Jahre 1973, Promotion am Institut für Elektrische Maschinen, Antriebe und Bahnen (IMAB) der TU Braunschweig im Jahre 1981, anschließend Beschäftigung bei Thyssen Henschel, Kassel, von 1992 bis 1994 Professor an der Fachhochschule München, seit 1994 Professor an der TU Braunschweig (Institut für Elektrische Maschinen, Antriebe und Bahnen).

Nickl, Peter, Dr. phil. habil., Studium der Philosophie in München und in Pavia. 1991 bis 1999 Wiss. Assistent am Forschungsinstitut für Philosophie Hannover, 2003–2010 Professurverwalter am Philosophischen Seminar der Leibniz Universität Hannover, 2010 bis 2012 Professurvertretung an der Westfälischen Wilhelms-Universität Münster. Projektleiter des »Festivals der Philosophie« an der Leibniz Universität Hannover und apl. Prof. an der Universität Regensburg.

Noske, Harald, Dipl.-Ing., studierte Maschinenbau an der Universität Hannover mit der Fachrichtung Verfahrenstechnik und Anlagenplanung, ab 1982 bei der Stadtwerke Hannover AG tätig, nach verschiedenen Aufgabenbereichen seit 2005 Vorstandsmitglied (Technischer Direktor) der Stadtwerke Hannover AG (enercity). Mitglied in zahlreichen energiewirtschaftlichen Gremien, so u. a. auch Kurator des Forums für Zukunftsenergien e. V.

Prüser, Hans-Hermann, Prof. Dr.-Ing., Studium Bauingenieurwesen an der Leibniz Universität Hannover mit Abschluss Dipl.-Ing., Promotion 1991, Berufstätigkeit von 1992 bis 1999 bei HaasConsult Hannover und von 2000 bis 2002 bei QTB Projektsteuerung Hannover, 2002 Berufung als Professor zunächst an die Fachhochschule Hannover und später Versetzung an die Jade Hochschule in Oldenburg, Forschungsschwerpunkt: Building Information Modelling (BIM).

Schaumann, Peter, Prof. Dr.-Ing., Studium des Bauingenieurwesens und Promotion an der Ruhr-Universität Bochum. Nach Tätigkeiten in Industrie und Consulting im Jahre 1996 Berufung zum Professor und Leiter des Instituts für Stahlbau der Leibniz Universität Hannover. Tätig als Beratender Ingenieur, Gutachter und Sachverständiger im Bauwesen. Seit 2009 Geschäftsführer der SKI Ingenieurgesellschaft in Hannover. Seit 2010 im Nebenamt Standortleiter Hannover des Fraunhofer Instituts für Windenergie und Energiesystemtechnik (IWES). Vorsitzender/Mitglied in zahlreichen nationalen und internationalen Verbands- und Normungsgremien auf den Gebieten Stahlbau, Windenergie und baulicher Brandschutz.

Schulz-Forberg, Bernd, Dr.-Ing., Studium des Maschinenbaus an der Technischen Universität Berlin mit Abschluss Dipl.-Ing. im Jahr 1966; Promotion an der Technischen Universität München im Jahr 1984. Sicherheitswissenschaftliche Beratung und Beiträge zum aktuellen Diskurs und den Zukunftsfragen im Spannungsfeld von Technologie und Gesellschaft. Leitung des FORUM Technologie & Gesellschaft im FORUM 46 – Interdisziplinäres Forum für Europa e.V. – und stellvertretende Leitung des VDI-Ausschusses »Technische Sicherheit« sowie stellvertretende Leitung des Arbeitskreises »Sicherheit« im VDI, Bezirksverein Berlin-Brandenburg.

Seume, Jörg, Prof. Dr.-Ing., Studium an der Berufsakademie in Mannheim mit Abschluss Dipl.-Ing. (BA), 1984 Master of Science der University of Wisconsin in Madison und 1988 Ph.D. University of Minnesota in Minneapolis (USA). Ab 1989 Entwicklung solar betriebener Stirling-Motoren bei der Firma Sunpower Inc. in Athens, Ohio (USA), 1991 Wechsel zu Siemens in Mülheim/Ruhr und 1993 nach Berlin, wo er Gasturbinen entwickelte, testete und Managementtätigkeiten auch im Qualitätsmanagement und der Produktion ausübte. Seit 2000 Professur für Strömungsmechanik und Strömungsmaschinen an der Leibniz Universität Hannover, seit 2010 der Dekan der Fakultät Maschinenbau.

Weber, Hero, Prof. Dr.-Ing. Dipl.-Ing. Vermessungswesen (TU Berlin), Promotion zum Dr.-Ing. im Bereich der Koordinatenmesstechnik (Helmut Schmidt Universität Hamburg), Entwicklungsingenieur einer Firma für Form-, Rauheits- und Konturmessgeräte, seit Wintersemester 1996/97 Professur an der Jade Hochschule in Oldenburg.

Wegner, Gerhard, Dr. theol., Apl. Prof. für Praktische Theologie an der Universität Marburg und Direktor des Sozialwissenschaftlichen Instituts der Evangelischen Kirche in Deutschland in Hannover.

Zimmerli, Walther Ch., Prof. Dr. phil. habil., studierte am Yale College und an den Universitäten Göttingen und Zürich Philosophie, Germanistik und Anglistik. Seit 1978 Professuren für Philosophie an der TU Braunschweig, an den Universitäten Bamberg und Erlangen sowie Marburg. Ab 1999 Präsident der privaten Universität Witten/Herdecke, der AutoUni Wolfsburg und der BTU Cottbus. Seit 2013 ist er Associate Fellow des Collegium Helveticum der ETH und der Universität Zürich und Stiftungsprofessor an der HU Berlin. Zu seinen weiteren Aufgaben zählen u. a. die Tätigkeit als Vorstandsmitglied des DAAD, sowie die Mitgliedschaft am Institute for Corporate Culture Affairs (ICCA), der Schweizerischen Akademie für Technikwissenschaften (SATW) und an der nationalen Akademie der Technikwissenschaften (acatech).

If you have any concerns about our products,
you can contact us on
ProductSafety@springernature.com

In case Publisher is established outside the EU,
the EU authorized representative is:
**Springer Nature Customer Service Center GmbH
Europaplatz 3, 69115 Heidelberg, Germany**

Printed by Libri Plureos GmbH
in Hamburg, Germany